城乡规划新空间新思维丛书

［国家自然科学基金青年基金项目(批准号 51208329)］
［江苏省高校优势学科建设工程项目资助］

身体·建筑·城市

楚超超　著

东南大学出版社
SOUTHEAST UNIVERSITY PRESS

南京·2017

内容提要

身体作为与建筑学十分密切相关的主题，从维特鲁威到现在，一直印记在建筑学之中，虽然身体曾经被现代建筑学所漠视，但是当代建筑学的发展开始关注身体的回归。本书以“身体”作为研究切入点，探讨其如何在形式上、精神上以及与其他学科的交叉上来激发并扩展了建筑学的领域，并与建筑和城市发生关联，同时分析了相关关键词之间的交织关系，如建筑学中对比例、几何学、神人同形同性、崇高的美学、离奇、权力、事件等的讨论。

本书可供建筑学、城市设计、城乡规划等领域的学生学习或参考，也可作为建筑师、城乡规划师以及对此主题感兴趣的相关专业人士的参考书。

图书在版编目(CIP)数据

身体·建筑·城市 / 楚超超著. — 南京 :东南大学出版社，2017.11

(城市规划新空间新思维丛书)

ISBN 978-7-5641-7501-6

Ⅰ. ①身… Ⅱ. ①楚… Ⅲ. ①城市建筑—研究 Ⅳ. ①TU2

中国版本图书馆 CIP 数据核字(2017)第 296013 号

书　　名:身体·建筑·城市

著　　者:楚超超

责任编辑:孙惠玉　徐步政　　邮箱:894456253@qq.com

出版发行:东南大学出版社　　社址:南京市四牌楼 2 号(210096)

网　　址:http://www.seupress.com

出 版 人:江建中

印　　刷:南京新世纪联盟印务有限公司　　排版:南京南琳图文制作有限公司

开　　本:787 mm×1092 mm　1/16　　印张:12.5　　字数:293 千

版 印 次:2017 年 11 月第 1 版　2017 年 11 月第 1 次印刷

书　　号:ISBN 978-7-5641-7501-6　　定价:49.00 元

经　　销:全国各地新华书店　　发行热线:025-83790519　83791830

前言

“身体”一直是西方文化中关注的议题。西方的哲学也正是从关注身体开始，以身体为出发点来了解和思考客观世界，但是身体在西方的哲学理解中从来不是一成不变的。对身体的探索和研究也影响了建筑学的发展，如建筑现象学的关注和身体、建筑与媒体的结合等。西方建筑的形成，尤其经典建筑的形成，浸润了当时的社会文化、政治、经济及其哲学观，是许多综合因素的沉淀。“身体”作为西方哲学中的一个主要概念，一直是影响建筑的重要因素。人们对身体的认识必然也体现和沉淀在当时的建筑和城市中，反过来，建筑和城市的形成也影响了人们的身体体验。人类的身体与空间的关系，明显影响了人们彼此之间的互动方式。这种互动以及互动方式，正是本书所研究的内容。

那么，“身体”是如何出现在西方建筑学的话语中的？它是如何与建筑发生关系的？如何与空间发生关系的？如何在建筑中被表达、隐喻、遗忘的？又如何再一次出现在建筑学的话语中的？

最重要的是，为什么选择“身体”来进行这种建筑学的讨论呢？

对“身体”的研究成为维德勒(Anthony Vidler)探讨后现代文化中建筑特性的一个重要切入点。他认为当代建筑学出现的种种问题，某种程度上都是与身体的缺失有关。

1）以形式之名批判形式的谬误

在建筑形式的研究中，美学一直是重要的判断标准，最终建筑的形式必然也将会承载某种美学观念。从过去各种为了建立自身正统性而产生的建筑论述中可以看到，诸多的建筑思考仍必须要借助于美学来实践，这些研究大多是将建筑视为静态的人造物体，因此往往只是以形式为研究重心。这种“形式主义”的讨论方式，造成了今日尽管各种流派、学说纷纷扰扰，但是对于真正的研究目的——对现代主义建筑的反省来说，却没有任何真正的突破，它总是被关于风格问题的循环这样的讨论所主宰。国内建筑界的讨论更甚一层，因为缺乏对各种流派的更深一层的文脉分析和社会变革的研究，对许多概念学说的理解仍然关注其表面形式的变化，最为突出的就是对“解构主义”的理解和“极少主义”的关注。这种试图将“解构主义”理解为表面形式的分裂与破碎，将盖里与屈米混为一谈的认识，将“极少主义”看作是一种单纯的表面材质的卖弄，这些皆是陷入到了以形式批判形式的谬误之中，失去了对内在本质的判断。或者说，即使最初的思考是从本质出发，但最终也无法摆脱纯粹形式美学的梦魇，成为另一种学说批判的对象。

2）二元对立的困扰

自笛卡尔的启蒙时代开始，世界就完全被分割成两大相对的阵营，科学/宗教、理性/感性、秩序/混沌、男人/女人等，同样的二元对立也出现在建筑学中，客体/主体、形式/功能、理性/诗意等。这种二元对立使得建筑师将建筑作为客体来进行形式化的操作，自身凌驾于这种客体之上，使二者完全对立起来，这导致了在漠视主体感受的同时，也将建筑沦为一种人造产品，忽视了社会与环境对建筑的刻画及影响。这样的二元对立所导致的

“无灵魂的容器建筑”受到了广泛的抵制。

3）视觉图像的建筑物

建筑学对视觉的偏重从来没有像在过去几十年内这样明显，一种能够产生视觉冲击的视觉图像建筑，一直成为被追逐的对象，如饱受争议的中央电视台（CCTV）大厦。建筑物转变成一种与存在的深度相分离的图像。大卫·哈维（David Harvey）将在当代表达中的“暂时性的消失和寻求瞬间的冲击”与体验的丧失相联系起来。弗雷德里克·杰姆逊（Fredric Jameson）采用了“人为的无深度”的观点来描述当代文化的状况，并认为这种视觉图像是“不具有持久能力的瞬间冲击”。

当然这与建筑学的传统也有莫大的关系，西方建筑理论自阿尔伯蒂（Leon Battista Alberti）以来，首先研究的就是视觉知识、和谐与比例问题。阿尔伯蒂认为“绘画就正是一种在一定的姿态下、一个固定的中心和一束固定光线下的视觉交叉”，这种陈述勾勒出了透视画法的范例，同时也成为建筑思考的工具。视觉在建筑的实践中，有意识或者无意识地占据了霸权，逐渐与无身体的观察者的观点结合在一起。

4）知觉体验的缺失

上述视觉图像的建筑物所直接导致的结果就是知觉体验的丧失，观察者仅仅通过视觉，加之后现代社会中的图像繁殖，从一种与具体化环境的联系中脱离出来。同时，后现代社会中的资本运作方式，使得越来越多的建筑沦为资本运作的产物，它使人的身体与建筑同时沦为一种工具。现代交通工具的迅速发展也压抑了身体的感觉功能，弱化了人们的感受能力。当城市空间的功能变成了纯粹交通功能的时候，城市空间本身也就失去了吸引力。而人们快速移动的身体也加大了身体与空间的隔断。

如果将上述的种种问题看作是对身体的缺乏和漠视，那么重新研究“身体”问题是否能够解决这些问题，身体又是从哪些层面上介入到建筑学的讨论中的呢？

本书以“身体”这一关键词作为研究切入点，探讨其与建筑和城市之间的关联，共分7章：

第1章“相关理论研究综述”，主要对国内外相关文献的研究进行分析总结，介绍了西方哲学语境中出现的与建筑学相关的“身体”概念。

第2章以“古典建筑中的身体投射”为题，探讨了古希腊、古罗马和文艺复兴时期中的“身体”在建筑中的直接体现。古希腊时期，身体是以一种裸体表现出来，裸露、暴露身体的行为，经常被认为是人们对于自己和对于自己城市感到骄傲的象征。人们认为展示健康的身体是一种文明的体现，古希腊的建筑则是以一种近乎“裸露”的状态向人们展示出来，同时，古希腊的身体观也塑造了古希腊民主的城市空间；古罗马阶段，主要探讨的是皇帝哈德良（Publius Aelius Traianus Hadrianus）完成万神庙的这一历史时期。罗马人执着于身体几何学，从维特鲁威的《建筑十书》即可看出端倪，维特鲁威将人限定在一个几何方形和一个几何圆形中，表达了罗马人对几何学的追求，这种追求同样体现在古罗马的建筑设计和城市规划中。视觉形象的表达完全控制了古罗马人的视野。文艺复兴时期，许多理论家纷纷诠释了维特鲁威的身体与建筑之间的类比，通过身体与柱式、建筑、城市之间的类比，形成了建筑学形式上的自治。基督教堂本不属于古典建筑的范畴，但其中一些相关的概念，如“神人同形同性”等一些理念影响建筑师对建筑和城市的理解，为使阅读有一定的连贯性和完整性，将基督教堂也纳入此章进行探讨。

第 3 章是以“空间中的身体体验”为题，探讨了身体在空间中的体验，建筑表达的不再是有机的身体形式，而是一种内在的精神状态和体验。19 世纪移情理论的发展及其对空间概念的阐释，为身体在空间的体验提供了理论基础。施马索夫、森佩尔、路斯及西特的空间概念和作品对身体在空间中的体验的理解有着重要作用。19 世纪大都市的发展同样带来了“离奇”的空间体验，“离奇”与“崇高”美学是相互关联的，二者皆来自心理分析对身体的研究。“离奇”被维德勒看作是一种工具，可以唤醒人们逐渐麻木的意识。20 世纪 20 年代初期，施莱默在包豪斯期间做出其自己独特的对“身体-空间”的探索，他以自己所创作的“Vordruck”为空白的形式，基于此模板创作了许多服饰类型和舞台表演中的人物运动类型，他的研究方法和教学方法独树一帜，并影响了包豪斯教学中对“身体”概念的研究。

第 4 章以“身体在建筑现象学中的回归”为题，主要探讨了建筑现象学中对“身体”概念的研究。“身体”是现象学的重要主题，尤其是梅洛-庞蒂在《知觉现象学》中，明确提出了“身体”的概念。本章以梅洛-庞蒂的知觉现象学为理论基础，探讨了建筑理论学者们对“栖居”的理解，以及对现代主义“无家感”的反思。匡溪艺术学院在教学上以现象学为指导，探索了身体与周围世界之间的“交战”。最后以斯蒂文·霍尔、帕拉斯玛和卡洛·斯卡帕的建筑实践作品为例，分析了他们的建筑思想以及他们基于身体知觉的一些建筑创作。

第 5 章以“后现代身体在建筑中的隐喻”为题，探讨了身体在后现代的更新。经过尼采、福柯与德勒兹的诠释，身体不再是古典主义时期有机的身体，而是一种力，一种介质、触媒，承载着后现代社会中的权力和欲望。后现代同时将“异质性”和“差异”这些特性赋予到身体上，这些对身体的理解反映在蓝天组、建筑电讯派和伯纳德·屈米的建筑中，他们的建筑多表达了对后现代都市的反映。建筑电讯派试图依赖技术来完成对建筑乌托邦的梦想，而屈米则以身体为载体，激发建筑与社会产生了一系列的事件。

第 6 章以“身体变异与建筑的结合”为题，探讨了新科技下的身体发展所带来的建筑及其空间变革。数字技术的发展使得身体突破了物理存在的限制，并且完全脱离了笛卡尔坐标的束缚，创造出了更具动态更具变化的建筑空间。施莱默的某些“身体-空间”概念在这里得到了具体的实现。身体与技术、媒体的结合拓展了建筑学的领域，使得建筑、媒体、身体三者形成了新的有机体。迪勒与斯科菲迪奥是将身体与当代数字技术结合得最突出的建筑师——他们采用媒体技术拓展了身体、空间与建筑学的理解，思考了身体的本性。

第 7 章是研究结论，以“身体”为研究切入点，讨论对当前中国建筑设计的借鉴。

楚超超

2017 年 1 月于苏州

目录

1 相关理论研究综述

在过去 20 年左右的时间里，作为各种理论研究基础的“身体(Body，人体)”引起了人们特别的兴趣。大卫·哈维(David Harvey)认为，之所以产生这一现象，“是因为当代对先前早已确立的范畴缺乏信心，这导致了向身体的回归，把它作为不可还原的理解基础。但是把身体视作为决定全部价值、含意和意义的不可还原的核心，这并不是最近的事。这是前苏格拉底哲学流派的根本问题，而且‘人’或‘身体’是‘万物的尺度’这种观念也有着漫长有趣的历史。例如，对古希腊人来说，‘尺度’超越了外在标准的概念。它是一种‘形式’，借以洞察通过感官和心灵而被感知的‘所有事物的本质’”[1]。

维特鲁威(Marcus Vitruvius Pollio)在《建筑十书》(*De Architectura*，30—15 BC)的第三书中，将人的身体与建筑物进行类比。他直接将人的身体所产生的比例、几何体现在建筑物上，认为建筑的比例应该直接与身体进行类比，这就是著名的“维特鲁威人”(Vitruvian Man)，它所代表的不仅仅是一种身体测量、几何以及单纯的比例关系，“身体”在这里代表了一种微观世界，他被看作是人类之父亚当——甚至是造物主——的身体。根据基督教文及一些著名神父的著作，特别是从清教徒的观点来看，人类的身体就是精神需求的唯一真实的神庙[2]。从某种角度上，这种对身体的尊崇产生了“维特鲁威人”，并直接为建筑学提供了基础。

从维特鲁威开始，到阿尔伯蒂(Leon Battista Alberti)、菲拉雷特(Antonio Averlion Filarete)、弗朗切斯科·迪·乔迪奥·马尔蒂尼(Francesco di Giorgio Martini)和莱昂纳多·达·芬奇(Leonardo da Vinci)，“身体”概念就一直处于西方建筑学话语的核心之中。约瑟夫·里克沃特(Joseph Rykwert)在他的著作《柱式之舞——建筑学中的秩序》(*The Dancing Column：on Order in Architecture*，1966)中将身体与建筑的关系追溯至古希腊的柱式，指出柱式其实就是身体。在现代主义者中，虽然勒·柯布西耶(Le Corbusier)几乎一直在独自追求一个以人类为基础的比例体系——模度(the Modulor)，但是建筑和身体之间的关系还是在极大程度上被功能主义建筑师所忽视，他们似乎将身体遗忘了，更多地选择了漠视。安东尼·维德勒(Anthony Vidler)认为这种现代主义的焦虑状况，以及所有与空间恐惧相关联的恐惧症，包括恐旷症以及幽闭恐惧症，都源自于现代主义者对身体的遗忘和漠视，维德勒将这一现象称为是“建筑的离奇”[3]。

在与现代主义对抗的体系中，身体再一次被带入到西方建筑话语中，当前对身体的关注主要集中在现象学(Phenomenology)、后结构主义(Post-Structualism)和女性主义(Feminism)三个讨论方向中[4]。

首先，建筑现象学关注身体在建筑中的知觉和体验，强调记忆、场所和生活世界，同时对功能主义者以及形式主义者的建筑提出质疑。这种研究方法直接源自于 20 世纪初的法国现象学。建筑理论家诺伯格-舒尔茨(C. Norberg-Schulz)、佩雷斯-戈麦兹(A. Pérez-Gómez)，建筑师斯蒂文·霍尔(Steven Holl)、帕拉斯玛(J. Pallasmaa)、卡洛·斯卡帕

(Carlo Scarpa)等都是这一研究领域的代表人物。同时现象学的"面对事物本身"的研究方法促使建筑师对当前过多异化的建筑以及对建筑的种种异化状态提出思考,他们开始关注建筑中更本质的特性,如材料的表现、空间的体验以及光线氛围的营造等,瑞士建筑师卒姆托(Peter Zumthor)就是其典型代表。这种思考方式曾一度引发国内建筑界对材料本性和建造逻辑的关注。

其次,后结构主义者也谈到了这种身体的缺席。在建筑学领域中,许多建筑师如蓝天组(Coop Himmelblau)、伯纳德·屈米(Bernard Tschumi)和丹尼尔·里伯斯金(Daniel Libeskind)都在他们的作品中重新唤起对身体的关注。他们以隐喻代替具体表达,碎片代替整体,散漫式的话语(discursive discourse)代替宏大叙事(grand narrative)。他们的思想很大程度上受到法国哲学家福柯(Michel Foucault)、德勒兹(Gilles Louis Réné Deleuze)和巴塔耶(Georges Bataille)等的影响。这种身体不可避免地与"权力"(power)相关联,权力对身体规训和编码的同时,身体自身逐渐成为片段化的、扭曲的和难以识别的,甚至自身也模糊不清。同样,他们的建筑看上去也是片段化的、扭曲的、故意撕裂的,这种表面上的分崩离析并不是单纯地解构旧体系,重新构建新体系,它似乎是永远地处于这样的破碎之中。

第三,自 1970 年代后期,女性主义理论逐渐渗透到空间学科中,如地理学、建筑学和城乡规划等。建筑和城市史学家多琳·海顿(Dolores Hayden)是对城市生活及城市建造的女性主义批判的重要人物之一,她的著作深受列斐伏尔(Henri Lefebvre)日常生活批判的影响,批判性地探讨了美国人文环境的历史地理学。而且,后现代空间女性主义不再束缚于男人/女人的对立,他们将视野带入到差异和同一性并存的开放性空间中,将我们从过去或城市既定的环境中解脱出来,定位在边缘性中以及定位在当代"日常生活"空间的心理、社会和文化边界的交叠中。这种对城市空间的差异性的研究是一种更广阔地对身体、城市、权力等这些相互交织的力的解读。在建筑学领域中,戴安娜·阿格雷斯特(Diana I. Agrest)曾经提及到女人的身体一直被建筑"体系"所压制[4]。同样的讨论还存在于莱丝丽·维斯曼(Leslie Kanes Weisman)的著作中。但是"一个没有性别差异的城市是什么样?"或者"一个女性主义的建筑是什么样?"这样的问题都没有具体的答案。女性主义者是通过对城市中的弱势群体的身体进行观察和分析,进而对主流话语进行一种批判性思考。这样的边缘性、差异性的身体也是后现代主义身体的一大特征。

最后,在以上三者重新召唤身体的同时,另一种身体也出现在西方的建筑话语中,这就是身体自身结合科技的发展和变异。媒体的发达和信息的交流使得传统的身体消失在虚拟的电子空间中,身体、建筑与机械和媒体的结合似乎更能适应这种变革。这样的探讨出现在迪勒与斯科菲迪奥(Diller+Scofield)的案例中,他们的案例与媒体语言结合的同时,仍然探讨了被作为权力铭刻场地的身体。

这些讨论对"身体"的兴趣,一方面是出自于对现代主义建筑发展所带来的种种困惑,另一方面出自于对后现代时期特性的分析。当代建筑学或过多地关注表面的塑造、形式的追求和了无生气的功能需求,或过多地受到社会政治经济的影响。前者的空间沦落为一种形式和表皮玩弄下的副产品,而后者的空间则成为社会政治的附庸,变为权力实施或经济运作的工具。二者都导致了大部分现代建筑的单调呆板,整个城市环境也了无生趣。

随着现代人对身体的感觉与自主性的重视，这种感官剥夺则更加显著。虽然这种感官剥夺可以看作是建筑师的失败，因为他们都无法主动地将人类的身体与建筑设计和城乡规划结合起来，但是随着文献的阅读和整理，可以逐渐地发现，这种感官剥夺以及对身体的忽视其实有着更深远的历史因素和哲学观念的影响。

1.1 西方哲学语境中的“身体”概念

身体是一个哲学概念，在正式记载的西方哲学文献中，最早涉及身体的是柏拉图(Plato)的著作，柏拉图将身体与灵魂对立起来，认为身体就是罪恶的肉体，这在柏拉图的《斐多篇》《高尔吉亚篇》和《理想国》中都有叙述。柏拉图认为：“我们要接近知识只有一个办法，我们除非万不得已，得尽量不和肉体交往，不沾染肉体的情欲，保持自身的纯洁。”[5]柏拉图关于灵魂与身体的论述，构成了一个基本的二元对立框架，身体等同于充满欲望的肉身(flesh)，基本上处在了被灵魂主宰的位置上。在柏拉图的哲学论点下，灵魂是一切善与德行的主题，身体只会将人带向背离真理的道路。如此的论断却逃避了一个事实：规避了凭借身体所获得的“感知(perception)”。然而，感性知识的取得，通常是透过身体“感官(sensory organs)”。[6]也就是说，为了获得感性知识，必须透过身体的外部感官(诸如：视觉、听觉、嗅觉、味觉与触觉等)发挥作用。因此，柏拉图明显地忽略了当下身体所习得与经验的感性知识。柏拉图哲学所认定的身心二分，延续着苏格拉底对于身体的逃避与压制，但这种压制也同时肯定了身体的存在，身体仅是站在与灵魂相对立的立场。

柏拉图的这种灵魂与肉体的二元对立对西方哲学产生了深远的影响，这种两重世界的划分、知识论的取向以及由此而来的二元对立景观，在根本上成为了西方哲学最为基本的构架。罗素将柏拉图哲学的二元论总结为“实在与想象，理念与感觉对象，理智与感觉知觉，灵魂与身体，这些对立都是相联系着的，在每一组对立中，前者都优越于后者，无论是在实在性还是在美好性方面”[7]。在柏拉图的这个二元论中，身体基本上处在被灵魂所宰制的卑贱——真理的卑贱和道德的卑贱——位置。自此之后，西方哲学主流走上了二元对立之路，身体也陷入了哲学的漫漫黑夜。美国精神分析学家诺尔曼·布朗(Norman O. Brown)一语道破：“把人的身体想象为排泄物，要求人进行升华，把整个宇宙想象为‘低级物质’的混合体，把天地当作一个巨大的宇宙升华的蒸馏器——这一切都可以追溯到柏拉图。”[8]

一直到中世纪，身体仍然受到指责和嘲笑，它同时受到哲学和宗教的双重责难，这种责难主要是来自于道德伦理，这种道德伦理上的压制针对的依然是充满欲望的肉身。奥古斯丁的《上帝之城》将上帝之城同世俗之城对立起来，认为只能禁欲修身，才能更加接近于真理，接近于上帝。同时，对自身肉体的鄙视带来了对基督身体的膜拜，这也导致了基督身体在中世纪时期的宗教建筑与要塞和城市中的投射。

文艺复兴时期，由于人文主义的热情，出现了对身体美感的热烈赞美，但这一赞美之声并未长久。17 世纪开始，哲学和科学逐渐战胜了神学，国家逐渐击退教会，理性逐渐击退信仰，身体逐渐走出了神学的禁锢，可以说，身体摆脱了压制，但并没有获得激情洋溢的自我解放。哲学此刻的主要目标是摧毁神学，而不是解放身体。因为神学的对立面是知识，压倒一切的任务是激发对知识的兴趣。身体不再是罪恶的肉体，但却作为是与主体相对的客体，而受到主体的控制和主宰。人们不在哲学中谴责身体了，但这意味着身体消失了，消失在心灵对知识的孜孜探求中。笛卡尔更坚决地坚持了柏拉图的身心二分，将意识同身体分离开，“我思故我在”，身体彻底在主体的思考中被漠视了，这种漠视一直延续到20世纪。

20世纪有3个伟大的传统将身体拖出了意识（主体）哲学的深渊。追随胡塞尔的梅洛-庞蒂将身体毅然地插入到知识的起源中，他取消了意识在这个领域中的特权位置，但是，他并没有让身体听到社会历史的轰鸣。涂尔干、莫斯、布尔迪厄这一人类学传统重视个人的身体实践和训练，这一反复的实践逐渐内化进身体中并养成习性，但是这个习性不仅仅是身体性的，它也以认知的形式出现。布尔迪厄试图用他的实践一元论来克服身体和意识的二元对立，尤其是要克服意识在认知和实践中对身体的压制，身体和意识在此水乳交融。尼采和福柯的传统根本不想调和身体和意识的关系，在这个传统中，只有身体和历史，身体和权力，身体和社会的复杂纠葛。[9]

从汪民安的论述中，可以看出20世纪的3个伟大传统赋予了身体哲学主角的位置，一个是梅洛-庞蒂（Maurice Merleau-Ponty）的身体现象学，一个是涂尔干（Emile Durkheim）、莫斯（Marcel Mauss）、布尔迪厄（Pierre Bourdieu）的人类学传统的社会实践性身体，一个就是尼采与福柯的历史、政治身体观。

1）个体的“身体”

现象学是对意识哲学的批判，是对笛卡尔的绝对的身心二分，从而衍生的主体/客体、主观/客观、理性/感性、理智/诗性的这种二元对立的批判。对于“个体的身体”的强调主要就是以现象学为理论背景的。

现象学区分了现象学意义的身体（德文：Leib；英文：Living body，Lived body，animate organism，或大写的Body）与物理意义上的躯体/肉体（德文：Körper；英文：material body，physical body，object body，或小写的body）[10]，在不同程度地容纳肉体感性的同时，也不同程度地捍卫着身体的精神性。梅洛-庞蒂的身体现象学，堪称这种身体的典型，他开拓了现象学意义上的身体维度，完成了内在自我与实在世界的联系。

莫里斯·梅洛-庞蒂是当代法国最伟大的哲学家之一。知觉现象学是梅氏重要的主张。梅氏的著作非常丰富，所涉及的范围也非常广泛，其相关的作品有《行为的结构》（*The Structure of Behavior*，1942），《知觉现象学》（*Phenomenology of Perception*，1945），《知觉的优越性》（*The Primacy of Perception*，1964），《意义与无意义》（*Sense and Non-Sense*，1964），《可见的与不可见的》（*The Visible and the Invisible*，1968）。梅洛-庞蒂对身体的看法有很多方面受到“完形理论”（the Gestalt Theory）的影响。梅氏所发展的身体哲学乃是将完形的概念提升到知觉的层次。由知觉出发，梅洛-庞蒂从物理的（physical）、生命的（vital）、人文的（human）层次来掌握身体的面貌。梅洛-庞蒂强调身体功能的整体辩证性。

《知觉现象学》彻底地提出了一种“身体”现象学的概念，将人的身体看作是人在世界中的存在。本书重视“现象的身体（phenomenal body）”，身体是“在世身体（the-body-in-the-world）”，重点研究身体的存在，提出“身体-主体（body-subject）”的概念，认为我们的身体才是真正的“感觉主体(the subject of perception)”。梅洛-庞蒂强调身体本身(body itself)、身体体验(bodily experience)、知觉的时空性(spatiotemporal factors on perception)等等,对身心的关系作了反笛卡尔式的思考,回归“我”在。在现象学的思想中,“身体从来不是一个简单的生理性客体,而是意识的‘体(embodied)’现,是意图以及各种实践的起源地”[11]。

在试图理解人的知觉的过程中,梅洛-庞蒂断定,知觉总是从一个特殊地点或角度开始的。正是从身体的“角度”出发,外向观察才得以开始,如果不承认身体理论,就不能谈论人对世界的感知。身体是主动积极的,是外向的。身体并不是自为的客体,它实际上是“一个自发的力量综合、一个身体空间性、一个身体整体和一个身体意向性,这样,它就根本不再像传统的思想学派认为的那样是一个科学对象”[12]。

梅洛-庞蒂提出了一个理解“身体”的核心概念——“肉”,依照梅洛-庞蒂的态度,“身体既不只是肉体,由各自为政的器官组成,只提交传统意义上的感觉材料,什么意识联想;也不只是由心灵和思想支配的动力机。身体在前,身体是最先的。不要想把我们这个身体或者还原到躯体和肉体,或者拔高到灵魂和思想。在这两者之间的身体更为原本。它并不仅仅是一个手段、过渡。……它是最原本的意义的发生境域”[13]。这种境域就是一种身体场,是一种身体-时空整合,从“场”的角度来理解身体,是梅洛-庞蒂的特殊之处。

梅洛-庞蒂的身体中的灵魂与肉体关系不是传统哲学中二元对立,而是一种模棱两可的关系,就像左右手相握而部分不分的关系。他以格式塔心理学为背景提出了“身体图式”的概念,以身体出发消解肉体与心灵的对立,“我在一种共有中拥有我的整个身体。我通过身体图式得知我的每一条肢体的位置,因为我的全部肢体都包含在身体图式中”[14]。身体器官在“身体图式”中表现出的是一种协调性和相互性,身体不再是柏拉图、笛卡尔所认为的封闭的、静止的某个点,而是一种与世界共存、不断变化、不断生成、在时间中展开的“身体场”。

就其思想渊源来看,梅洛-庞蒂的知觉现象学是把胡塞尔的生活世界现象学和海德格尔的存在哲学加以创造性综合的结果。他的《知觉现象学》主要强调体验的普遍性与个体性,了解身体的主体性与能动性,强调身体体验、知觉等个体化的身体。他通过把知觉活动的主体确定为肉身化的身体-主体,揭示了知觉的暧昧性特征,从而批判了形而上学的二元论的思维方式。

2) 社会的“身体”

对意识哲学的批判以及对身体地位的重新确立不仅仅是来自身体现象学,还来自马克思、韦伯等人的社会学思想。“仔细读马克思、韦伯、涂尔干的著作,我们可以发现,其实他们有很多观点是对身体的研究提出了新的认识,是不同于医学认识上的身体的,例如马克思早期的著作中很强调积极的主动的身体,集体性的、生产性的身体。”[15]他们都强调社会性的身体。

马克思在经济研究的框架下用唯物的观点提出劳动的、集体的身体实践活动的重要性。但在马克思的研究中,劳动者的身体仅仅是资本运作中的一个实践的工具,是一个集体性的概念,对身体本身并没有提出更多的研究。

法国社会学家埃米尔·涂尔干在《宗教生活的基本形式》(*The Elementary Forms of*

Religious Life, 1912)里提出,认识"双向"的人(man is double),他既有其生理性与个体性,又有其社会性,而且社会性的身体是更高层次的身体。[12]

涂尔干的学生,马赛尔·莫斯(Marcel Mauss)从一种进化的、历史性的观点关注身体问题,他第一个论述了社会成员对身体的实际应用和社会运用。在莫斯看来,身体是"人类最最自然的工具"。莫斯的"身体技术(Techniques of the Body)"有三个基本特征。首先,它们是技术的,因为它们是由一套特定的身体运动或者形式组成的;其次,它们是传统的,因为它们是靠训练和教育的方式习得的,"没有传统就没有技术和传递";最后,在一定意义上,它们是有效的,因为它们服务于一个特定的目的、功能或者目标(比如行走、跑步、跳舞等)。

将"身体"作为承载社会、文化生活的"工具",涂尔干、莫斯这一脉的社会科学研究者,把身体从个体性过渡到社会性。通过身体的训练和实践来强调身体的社会性。

玛丽·道格拉斯(Dame Mary Douglas)在著作《自然象征》(*Natural Symbols*, 1970)中,把人的身体分为生理的身体与社会的身体这样的"两种身体",并且认为"社会的身体限制了生理的身体被感知的方式"[16],强调身体是一种象征系统。身体被理解成一个象征系统。对道格拉斯来说,身体是一个整体社会的隐喻,因此,身体中的疾病也仅仅是社会失范的一个象征反应,稳定性的身体也就是社会组织和社会关系的隐喻。

身体从理念上被认为是一个象征系统。身体是一个交流系统,这样一个观点立场很完善地奠定在人文和社会科学中。对身体的象征性所作的思考极大地取决于恩斯特·康托洛维茨(Ernst H. Kantorowicz)的著作《国王的两个身体》(*The King's Two Bodies: A Study in Mediaeval Political Theology*, 1997),在这部著作中,作者对政治统治权的历史发展作了明确的分析。其认为国王的统治权是通过国王的身体理论得以表述的。实际上,王权最初是驻扎在国王的肉体里,随着政治理论和权力体制的发展,国王的实际肉体和象征身体开始分离了,国王的象征身体最终表现为抽象的统治权,这样国王具有两个身体:一个易腐败毁坏的肉体,还有一个抽象的神圣的身体。正是国王的这种象征性身体才保证了统治性的国家权力的持续性。[12]

可以看出,玛丽·道格拉斯和恩斯特·康托洛维茨倾向于将"身体"的概念看作是象征性的。身体的物质性与个体性在这里让位于身体的社会性和象征性。"尽管(这些研究)不乏对于日常生活的仪式的涉及,但个体和有生命力的'身体'并没有得到讨论。物质性的身体作为思考的起点,被作为象征语言的资源,转移到对社会与道德秩序的讨论。"[11]

3) 政治的"身体"

身体政治(bodily politics)主要指"对于身体,不管是个体的身体还是集体的身体的管理、监督与控制。它可以发生在生殖、性领域,也可以发生在工作、休闲领域,也可以发生在疾病以及其他形式的反常领域"[17]。身体政治理论与后结构主义思想紧密相连,在福柯那里得到了极致的表达。

从某种意义上说,政治的身体是社会的身体的一种形式,因为不管是强调对个体的身体的管制还是对集体的身体的管制,身体在这里只是表达某种社会控制的中介。但是政治的身体所侧重的是控制性的、政治性的社会文化,与上面所表达的社会的身体有所不同,并且这种身体政治与后结构主义理论更加紧密。这方面研究最为主要的就是福柯的身体思想。

福柯的《规训与惩罚》(*Discipline and Punish*:*The Birth of the Prison*, 1975)、《疯癫与文明》(*Madness and Civilization*, 1961)从历史的角度具体地研究了权力对于身体的作用方式:从酷刑暴力到监狱式的改造以及各种方式的规训。身体在这里成了被权力生产、改造和监控的对象。福柯用"全景式监视(Panopticism)"一词来表达权力对人体的控制。同时,权力并不是外在地作用于身体,而是已经成为了身体的一部分。在福柯这里,身体是臣服的、规训的,不具有能动性与主动性。

通过对历史文献的"散漫的"(discursive)阅读与分析,福柯解构了那些存在于我们的日常生活中的对身体的管理方式如何成为被人们所接受的"正常的""理所当然的"事情,从而揭示了"正常"背后的权力运作。

4) "身体"的定义

身体是人类物质的本体,它经常被描绘成与思想或者灵魂相对。一些哲学家界定"自身(person)"和"自我(self)"以作为一个由身体和灵魂组成的整体。[4]虽然,每一个研究"身体"的人都会对身体下一个定义,但"身体"究竟是什么?

我们每个人都拥有一个身体,并且我们天天会面对他人的身体。人的存在,也是首先最基本的存在,就是人的身体的存在。那么身体是肉体吗?身体(body)并不能完全等同于肉体(flesh),因为身体蕴含着多层次、多维度的意义。对处于不同生活环境中的人群来说,对不同地域、不同性别的人而言,身体的内涵远非一致。根据社会学家约翰·奥尼尔(John O'neil)的考察,有五种意义上的身体:世界身体、社会身体、政治身体、消费身体和医学身体。其中,只有当身体被看作是生理医学研究和关心的对象时,它才等同于肉体。安东尼·阿尔托(Antonin Artaud)有一个著名的说法,即"身体是有机体的敌人",应该存在着一个"无器官的身体(the body without organ)",这个无器官的身体,在某种意义上是一个无中心的身体,就是说,身体内部并没有一个核心性的东西来主宰一切。身体并不是被生殖器官所控制的,一旦没有这样一个器官,那么身体的每一个部分都可能是自主的、独立的。这样的身体不是一个有机体,在很大程度上,这样的身体也是一个个部分没有紧密关系的碎片。既然这样的身体是碎片,它当然就可以反复改变、重组,可以被反复地锻铸。

那么身体是主体吗?主体常常是与客体相对,也就是英文中的 subject 与 object,阿尔托还有一个著名的论述:"我是我爸爸""我是我妈妈""我是我弟弟"……他的意思是,身体在很大程度上突破了自我的界限,"自我"和身体并没有一个对应的关系,身体并不一定属于我。阿尔托的身体和主体是断裂的,同时也是没有边界的。[15]从阿尔托的说法来看,身体不能说是一个客观的存在,身体永远不是确定的,不是固定的,阿尔托的身体是历史性的、过程性的、经验性的身体。这很像后来克里斯蒂娃(Julia Kristeva)讲的文本理论、互文性理论。克里斯蒂娃认为文本之链像河流一样,文本总不是独立的,它和别的文本永远不会截然分开,身体和身体的关系就类似文本和文本的关系,身体是众多身体中的一个环节,同其他身体永远不是脱节的,而且没有一个界限。

那么,身体是个体的身体吗?古典哲学中的身体概念,更多地将关注点放在个体身上,这源自于古希腊对个体肉身的赞美。当代哲学中,现象学的研究也没有超越对个体的重视。梅洛-庞蒂的身体现象学是对笛卡尔身心二元对立的批判，是对“身体”下等化的批判。在梅洛-庞蒂那里，身体是唯物的，但是已经不是一个简单的生物体，是具有主体意识的，是一种“身体-主体”的概念。但是，在涂尔干、莫斯、道格拉斯的“身体”框架中，虽然身体被分为生理的身体与社会的身体，但生理的身体又被他们遗弃了，身体成为一个象征体系。政治的身体也是如此，是一个权力体系。人们已不再关注身体本身是什么，而是“身体”代表了什么。19 世纪以来，社会科学从社会的角度对身体有大量的论述。最早的奠基者有马克思、韦伯和涂尔干。马克思在早期的著作中很强调积极主动的身体，集体性的、生产性的身体，身体在这里成为经济学的工具。他们对身体的研究已超越了个体的“身体”。

廖炳惠所编著的《关键词 200——文学与批评研究的通用词汇编》中，这样注解“body 身体”：

在文学与文化研究中，“身体”的概念有三个层面经常被提及。第一个层面是早期文学作品中所出现的“国王的身体”，国王的“身体”不单是“肉体”的生理性存在，其“身体”与“政体”，乃至“天体”彼此呼应，形成政权合法性的基础及印证关系。国王与王后的“身体”，不单对“政体”和“国家命运”产生重大的影响，也与自然灾变、“天体”、疾病及和谐有着“天人合一”的彼此对应关系。第二个层面则是，在人类学与后起的文学表达中，身体的种种特征与疾病，经常是社会问题出现的征兆，因此身体的干净与否，以及整体的医疗救助系统，都与社会的文明程度有相当大的关联。第三个层面则是“身体”与“性别”之间的关系，在性别研究的范畴中，特别是福柯的理论，以及女性主义对福柯所提出的修正理论中，“身体”与性别角色的调教，以及性别训练的机制，都和“性别认同”的养成有密切关联。福柯在《规训与惩罚》一书中，讨论“身体”与公民、医学、监狱和“驯服的身体(docile body)”之间的关系；他在《性史》(*The History of Sexuality*, 1978)中，又将“身体”与性别训练及种种权力话语交织结合在一起，“身体”不单是表面上所见的“肉体”而已，它与文化建构、权力、知识形成的体系都有很密切的关系。[18]

在廖炳惠对身体的解释中，主要是从文学与文化研究的角度出发，关注的是身体的社会性，强调身体的象征，以及身体的认同。广义来说，他也没有涵盖所有对身体的研究。

在冯珠娣、汪民安的《日常生活、身体、政治》中同样谈到了德勒兹的身体概念，汪民安认为德勒兹的身体概念很像中医的理论，德勒兹认为“身体是力和力之间的关系”。只要有两种不同的力发生关系，就形成身体：不论是社会的、政治的、化学的身体，还是生物的身体。身体就是力的差异关系本身。[15]从这一点来看，德勒兹同样是反笛卡尔的绝对客观的身体，是反再现论的，同样也是反固化形态的，因为力总是处在生成(becoming)的过程中，总是处在一种流动(flow)的过程中的。理解德勒兹的身体概念，从而有益于理解屈米的建筑概念。特别是屈米在拉维莱特公园中的所设计的“follies”。在屈米看来，这些“follies”同德勒兹的身体概念是一样的，毫无定形，时时刻刻借助于身体的运动而发生变化，是流动的，总是处在变化的过程之中。

身体并没有一个放之四方而皆准的定义，它总是随着研究者的兴趣而发生变化，确切来说，“身体”的概念是流动而变化的，它需要了解分析者的思想来得出相应的理解。而在建筑中所体现的“身体”则存在更多的差异性。在古典主义的建筑中，身体代表的是宇宙秩序，一种微观世界，是基督完美身体的再现。但随着心理学和移情理论的发展，身体的精神层面代替了对物质层面的研究。身体与体验、知觉发生关联。在后结构主义哲学家那里，身体代表了欲望和承载各种因素的力，相互纠结与空间、社会、权力发生关系。这些对蕴含多重内涵的身体的研究，都促使建筑师对建筑本质的思考。

1.2 国外相关研究综述

安东尼·维德勒 1990 年在 AA Files 第 19 期中发表了《疼痛中的建筑——后现代文化中的身体与建筑》，认为建筑中身体的历史有三个阶段对当代的理论似乎是特别的重要：① 建筑物作为身体；② 建筑物成为身体状态的缩影，或更重要的是，作为是基于身体感觉的精神状态的缩影；③ 环境作为一个整体，被赋予身体的，至少是有机体的特征。维德勒以此三种分期为基础，进而探讨了后现代时期中身体的回归。维德勒认为，从维特鲁威，到阿尔伯蒂、菲拉雷特、弗朗切斯科·迪·乔其奥和莱昂纳多·达·芬奇，建筑中对身体的参照有悠久的传统。这个传统似乎已经被遗弃了，现代主义者更加关注对身体的掩饰。在后现代主义时期，许多建筑师如蓝天组、伯纳德·屈米和丹尼尔·里伯斯金都在他们的作品中重新印记了身体。然而这种重新对身体隐喻的呼唤完全不同于古典主义时期人文主义的传统的“身体”。后现代主义时期的身体似乎是片段化的、扭曲的、故意被撕裂和被毁坏的，难以识别。这种身体不再是作为中心，起着固定的作用，其内在或外在的限制，似乎是无限的、模糊不清的。维德勒在文章中介绍了艾伦·斯嘉瑞(Elaine Scarry)的著作《疼痛的身体》，认为后现代时期的建筑同身体一样，处于疼痛煎熬、精疲力竭，甚至破碎之中。遗憾的是本文许多观点都是点到为止，没有作深入的展开，并且其复杂含糊的哲学理论背景和晦涩的文笔阻碍了他人对其观点更好的理解。

在凯特·奈斯比特(Kate Nesbitt)所编辑的《建立建筑理论的一种新议题》中，她将“身体(the Body)”看作是后现代的主要议题之一，认为当前对身体的兴趣主要是以现象学、后结构主义和女性主义三种形式出现。凯特·奈斯比特界定出身体与建筑关系的四种发展过程：“古典建筑中的身体：投射和神人同形同性(Anthropomorphism)”“人文主义投射的结束”“身体的后现代更新”和“身体作为场地的后结构主义观点”。

约瑟夫·里克沃特的《柱式之舞——建筑学中的秩序》中，分析了文艺复兴时期的理论家对身体与柱式之间类比的研究，这些理论学者在维特鲁威的基础上，更加细致全面地发展了身体与柱子、身体与建筑、身体与城市，甚至脸面与檐口之间的类比。研究身体、面部特性的“人相学”也对建筑学中的分类做出了贡献。

由 G. 多兹(George Dodds)和 R. 塔弗诺(Robert Tavernor)主编的《身体与建筑》是一本献给约瑟夫·里克沃特 70 岁生日的文集。该书包括 20 位著名的建筑理论家所写的 20 篇文章，其中大部分文章是 1996 年在宾夕法尼亚大学所召开的“身体与建筑”研讨会上所发表的。这些文章大致可以分为三个部分：首先，前三篇文章关注对古代世界中的建筑和其他人造物品的具体体现及分析；其次，第二部分分析了 15—18 世纪欧洲的一系列文化产品，包括绘画、建筑物、雕刻、堡垒要塞和文本；再次，第三部分对当代社会和文化上的现象做了广泛的研究，其中包括肯尼斯·弗兰普敦(Kenneth Frampton)的“批判地域主义”等。本文的研究范围从古希腊开始，延续到当代，几乎涵盖了所有与“身体”相关的关键词，如“柱式”“神人同形同性”“身体政治”“现象学”等。

理查德·桑内特(Richard Sennett)的《肉体与石头——西方文明中的身体与城市》是一部从城市形成和发展与人类生活互动视角切入的文化史著作。桑内特关注于人类身体和城市这两大要素，思索了人类文明的演进。在桑内特的人类文明史架构中，人类自希腊以来的城市发展史被浓缩为三种身体形象：第一部分古希腊和古罗马的城市反映了“声音与眼睛的力量”，展示了希腊和罗马的人们如何以声音和眼睛来参与城市生活，以及城市的形态如何规训着人们的身体行为；第二部分“心脏的运动”主要探讨中世纪和文艺复兴时期的城市理念和身体的体验，以及这两对矛盾如何体现在空间方面；第三部分“动脉与静脉”，则认为人类身体血液循环理论的发现极大地改变了城市理念，循环系统成为城市结构中最中心的设计。最后，桑内特试图说明，现在的城市理念造成了文化的缺失和人们心灵的麻木，人类只有重新回归身体、回归感觉，才能真正恢复被现代城市文明所排挤掉的人的身体和文化，这是该写作的目的，也是其所得出的结论。

玛莉亚·路易莎·帕伦坡(Maria Luisa Palumbo)在2000年出版的《新子宫——电子化的身体与失序的建筑》中探讨了身体、建筑与信息革命之间的相互关系。帕伦坡大胆地提出了身体在信息时代所具有的全新概念，以及身体与建筑新的发展维度。该书首先重新建构了以身体模型作为建筑典范的历程，探讨从现代时期到当代身体概念逐渐转变的过程，然后通过对1980与1990年代建筑空间的研究，比较不同的空间构成，来说明为何在当代的观念之中，身体已经变成不可测量的。最后通过了解“空间的敏感性(Sensitisation of Space)”，认为建筑将被赋予电子设备，探讨了许多先锋的对身体与建筑之间关系的发展。帕伦坡认为在信息时代，身体的“内部”与“外部”达到了前所未有的连续性。新的电脑科学技术，帮助我们探索到肉眼无法企及的视野，借助于这样的技术，“内”与“外”的概念不再是二分的，我们可以看到我们自身内部组织。这样的技术也成为人与人、事、物和大自然对话的新工具。我们身体的感觉逐渐被新科技所扩张与入侵，并成为某种形态的“建筑”。我们甚至可以将“建筑物”类比成我们的身体组织，而不再只是具有固定秩序或是可以测量的僵硬躯体。建筑将成为更加敏感、有弹性、有智慧，并且具有沟通能力的新居住体。我们的身体借由信息科技而扩张了对空间的定义，而建筑设计正往更具有智慧、更具有感觉的方向上发展，为建筑的未来展示出一个更为多向错综的全新维度。

迪勒与斯科菲迪奥的《肉体——建筑学的探索》中，在许多实践案例上探索了身体、媒体与空间的结合，同时拓展了建筑与媒体之间的结合，并且利用媒体语言探讨了空间、权力、符号等与建筑学相关的主题。

建筑现象学关注身体及其与环境之间的相互影响，认为视觉的、触觉的、嗅觉的和听觉的感觉是对建筑感知的本能部分，是一种三维呈现的媒介。建筑身体和无意识的联系再一次成为一些理论家现象学研究的客体。

查尔斯·W.摩尔(Charles W. Moore)与雕塑家肯特·C.布卢默(Kent C. Bloomer)在1977年共同撰写和出版的《身体、记忆和建筑》一书中特别强调身体和记忆在建筑感知和体验中的重要性。摩尔认为在建筑设计和建筑教育界宣传在考虑如何建造之前，首先要理解人们是如何体验建筑的，他认为身体在此过程中是最为重要和根本的，人通过身体在空间中的体验来衡量建筑。从作为人类感知对象的基本要素出发——空间、建造地段、墙体、屋顶等等，他还意味深长地重新引入了柱式的概念，这种思想使他越来越趋近文艺复兴的“神人同形同性”。在谈到由功能主义理论蜕变而成的所谓“建筑机器化（the Mechanization of Architecture）”时，他认为 18 世纪建筑的“科学”概念，已经偏离了它的基础，因此，他把自己的方法建立在移情说与格式塔心理学（Gestalt psychology）的原则之上。对于摩尔来说，建筑就是那些在象征性和历史记忆中找到了自己确切身份的居住者，在生理上与心理上所占有的一个场所。本书虽然没有明确地提出建筑现象学这个术语，但在很大程度上激发了当代建筑知觉现象学的讨论。

海德格尔在胡塞尔（Edmund Husserl）指导下研究哲学。海德格尔的影响对德里达（Jacques Derrida）的解构主义研究和后现代理论家关于身体研究的影响是明显的。海德格尔的著作是被现代人对存在（Being, or existence）反应的无能力所激发的，他认为这种反应限制了人类的状态。对建筑最有影响的一篇现象学文章是《建居思》[19]，在这篇文章中，海德格尔清楚地表达了建筑物和居住、存在、建造、耕种和节俭之间的关系。追溯到德语单词 bauen（建筑物）的词源学，海德格尔重新发现了表达潜在存在实例的古老内涵和广阔意义。居住被定义为“与某些东西一起的一种停留”。当某些东西（可以聚集地、天、人、神四位一体的元素）首次被命名，他说，那么它们也是被认知的。他的主张一致贯穿全文，他主张，语言形成思想，思考和诗意都是居住所需要的。

在建筑理论领域最早、最完整和系统地讨论建筑现象学的人是诺伯格-舒尔茨（Christian Norgerg-schulz）。1966 年，诺氏出版的第一本著作《建筑意图》，试图建立一种对建筑的系统性描述架构。书中理论基础的知觉作用部分，主要源自杰根森（J. Jorgensen）和博思维克（E. Brunswik），他们都由人类的知觉作用出发，并结合了心理学中的完形理论，皮亚杰（Jean Piaget）的发展理论进一步诠释了知觉作用。诺伯格-舒尔茨在 1980 年出版的《场所精神——迈向建筑现象学》和 1985 年出版的《居住的概念》是最早探讨现象学的两本著作。这两本书与他的另两部著作《建筑的意向》和《存在、空间、建筑》组成了他的现象学研究系列。

诺氏在《存在、空间、建筑》这本书中论述了人们所拥有的环境意象与存在空间的概念。“存在空间”的概念在这里可分为两个互补的概念——“空间”和“特性”，配合基本的精神上功能——“方向感”和“认同感”。而在《场所精神——迈向建筑的现象学》一书则主要在于凸显场所的概念，强调空间的结构、特性与意义。诺氏在这两本书中，参考皮亚杰对空间基模的研究与凯文·林奇（K. Lynch）对都市的分析，提出一套分析存在空间的方法，成为分析意象与生活环境的初步构架。在论述“场所精神”时，其引用了海德格尔的若干概念，强调了“定向（orientation）”与“认同（identification）”对“场所（place）”的重要性。从现象学的立场，他认为空间是“知觉场（perceptual field）”，并有三种特征：“中心性（centralization）”“方向性（direction）”和“韵律性（rhythm）”。诺氏主要是以海德格尔思想为本，认为建筑是人类存在上的立足点，人是被抛弃到这个世界，建筑必须帮助人们安居，使人在虚无彷徨的终极境况中能有根本的立足点和存在的方向以便创造未来。

建筑现象学需要对如何营造深思熟虑，其不仅对建筑的基本元素（墙、地板、天花板等，水平线或边界）认知和赞美，而且激发了对材料、光、色彩的感观上的品质，以及对象征的、有触觉的这些因素的重新兴趣。

从1980年代末到2000年代初，建筑现象学理论在建筑设计理论及设计实践中得到发展。其代表人物是哥伦比亚大学建筑系教授斯蒂文·霍尔（Steven Holl），1989年霍尔在他出版的作品集《锚固》的绪论中，就明确地阐述了他在建筑设计中所采用的现象学思想，霍尔深受梅洛-庞蒂《知觉现象学》的影响，并发展了他的知觉建筑现象学理论。1994年，霍尔在他与帕拉斯玛（Juhani Pallasmaa）和佩雷斯-戈麦兹（Alberto Pérez-Gómez）合著的《知觉的问题——建筑的现象学》中，以自己的作品为实例，系统地阐述了建筑的知觉领域，即建筑的现象问题。2005年，芬兰建筑师帕拉斯玛出版了自己的文集《皮肤的眼睛——建筑和感觉》，提出了对建筑精神上的忧虑，他认为现在的建筑已经逐渐演变成一种"视网膜"建筑，而忽视了视觉、触觉、听觉等其他体验及相互交织的关系。他思考了"感知、梦想和已遗忘的记忆"，并认为其可以通过一个抽象的"寂静的建筑（architecture of silence）"来实现。他的这部著作依旧充满现象学的气息，呼唤着建筑领域中人类体验的回归。

佩雷斯-戈麦兹扩展了海德格尔的居住概念，他宣称建筑要表达无家可归的忧虑需要一个"形而上学上的维度（metaphysical dimension）"，这种维度"揭示出存在的呈现，揭示出在平凡的世界中看不见的呈现"，而看不见必须用有象征的建筑来表达出来。这种对居住的强调与诺伯格-舒尔茨相似，但是佩雷斯-戈麦兹在对表现的要求上更加规范："一座象征的建筑是表达的建筑，是可以作为我们集体梦想的一部分来认知的，是一个完全栖息的场所。"[4]

1.3 国内相关研究综述

国内尚未出版过系统研究建筑学与身体的相关著作，但是一些从身体角度思考建筑学的文章不断地出现在期刊中，这些研究多是针对本土的一些概念所进行的教学实践，或者是理论探讨。

张永和是比较早在他的装置与建筑中探索身体体验的，从空间装置到建筑再到城市，大多数探索了"体验"，进而探索了身体与空间、建筑与城市之间的关系。李巨川曾在《建筑师》与《时代建筑》杂志上陆续发表过《我的匡溪行》（《建筑师》第100期），《南大教学笔记》（《时代建筑》，2003年第5期），探讨了身体与建筑的关系，这些研究主要是通过一些教学实践来探讨身体与空间的关系。在《南大教学笔记》中，李巨川记录了他在南京大学中所做的"身体与建筑"教学实践，他认为，建筑学作为一种特定的知识形式，导致了今天程式化的建筑实践，它将人类建筑经验的众多方面分离开来，将其中许多方面排除在外。李巨川的这次建筑实践的想法是在建筑学形式之外进行一种建筑式的思考，并希望寻找另一种形式，以克服目前人类经验与知识形式之间的分离，找回那些被当代建筑学所排斥和隐匿的建筑经验。身体经验正是通向建筑学之外一种新的建筑可能性的道路，并可使一种新的建筑实践方式成为可能，这种方式不再以物质的结果（建筑物）为最终目标，通过个人的身体活动就可以获得建筑的意义。作业的主题被确定为"身体的痕迹"，这里"痕迹”被理解为是身体与它所处的世界之间构成的“关系”，也就是李巨川自己所认为的“建筑”，他认为建筑物不过是我们身体痕迹的一种。

李巨川的这次建筑实践显然受到了匡溪建筑工作室的教学影响，因此学生的一些建筑作品同样也不可避免地受到匡溪的影响。这种对身体与外在世界相接触(或相交战)的直接演示或体验，并将这种体验或记录、或视觉化、或直接地展现，成为另一种建筑实践。撇开匡溪的影响不谈，李巨川这种对待身体的态度可以说是一种现象学的思考方式，身体、体验、知觉这些都是梅洛-庞蒂的几个主要概念，而李巨川所做的正是对身体与世界交战中所不能言明的体验和感知的深层思考。

东南大学葛明在“概念建筑”课程中，曾以“身体”为主题指导学生设计了身体-建筑系列[20]。身体-建筑是由道具系列与男女系列两组作品构成的，它们所共同关心的是身体在建筑的生成之中占据什么位置。道具系列认为身体既是表演性的，又是社会化的。它关注建筑的生成如何来自社会仪式，又如何形成针对它们的批判性工具；社会仪式如何作用于身体，铭记在身体之上，反过来这种身体作用于空间。对这种身体-仪式-建筑三者相互关联的思考带着一丝海杜克(John Hejduk)的神秘气息。男女系列则关注建筑的生成如何来自于身体与身体、身体与物体的日常啮合，空间作为啮合的展现如何形成了我们的建筑，这个系列有一些现象学的思考。实际上，建造模型的本身就是一种现象学式的思考过程，建造本身也就融进了建造者的“身体”。

天津大学博士生魏泽崧的博士论文《人类居住空间中的人体象征性研究》(2006)涉及建筑与人体象征的概念，论文系统地总结了人体象征性主题在原始社会、文艺复兴、现代建筑、后现代建筑以及我们当代人类居住空间中的表达。论文提出了“人体象征(Body Symbolism)[1]”的概念。该论文更多的是从人类学的角度谈到了建筑中的人体象征，这更接近于英国人类学家乔弗莱·司谷特的(Geoffrey Scott)《人文主义建筑学》、美国人文地理学家拉普普特(A. Rapopot)《住屋形式与文化》和法国社会学家列维·布留尔(Lucien Lévy-Bruhl)的《原始思维》的研究方法。这篇论文在国内首次较为系统地用“人体象征”的概念探索了人体与建筑之间的关系，但论文更多地涉及一些人类学上的概念，对于现象学和后结构主义略有提及，并没有详细地展开论述，并且没有谈及建筑空间与身体相互交织的关系。

相关文献还有唐克扬在2004年8月《建筑师》第110期发表的《私人身体的公共边界——由非常建筑谈表皮理论的中国接受情境》，他以“社会的”身体探索了建筑中的“公共领域”和“私人空间”。李翔宁2003年10月在《建筑师》第105期发表的《城市性别空间》，以性别的差异特性来分析城市空间。

相较而言，“身体”这一关键词本身就是西方哲学的产物，相关领域对身体与城市、建筑之间的研究也更全面，涉及哲学、社会、地理学等各种学科。在中国传统文化中，更注重对“身心”的阐释，是一个形而上的概念，与形而下的房屋之间甚少联系。现有的国内研究，更多的是对西方相关研究的引介和阐释，也有方法的引入和实验性的尝试，如现象学层面上对身体体验等的研究。本书较为系统全面地介绍了西方城市与建筑发展中的“身体”话语，旨在厘清其研究问题的角度和方法，并深入阐释与建筑相关的一些概念，为认清西方城市与建筑提供新的研究角度。

本章注释

1 作者将人体象征解释为:将人体比例、形态或人的情感赋予建筑,或将人类自身的功能与形象直接、间接地投射于建筑,是人类进行自我表现的本能意识之一。作为自身的物质表现,建筑在表现过程中可以采用明喻、隐喻的人体象征的手法。详见魏泽崧.人类居住空间中的人体象征性研究[D].天津:天津大学,2006:10。

本章参考文献

[1] 大卫·哈维.希望的空间[M].胡大平,译.南京:南京大学出版社,2006:93.

[2] Rykwert J. The dancing column: on order in architecture[M]. Cambridge: The MIT Press, 1996: 27.

[3] Vidler A. The architectural uncanny: essays in the modern unhomely[M]. Cambridge: The MIT Press, 1992: 71.

[4] Nesbitt K. Theorizing a new agenda for architecture: an anthology of architectural theory(1965—1995)[M]. New York: Princeton Architectural Press, 1996: 29,62,530.

[5] 柏拉图.斐多[M].杨绛,译.沈阳:辽宁人民出版社,2000:17.

[6] 巴蒂斯塔·莫迪恩.哲学人类学[M].李树琴,段素革,译.哈尔滨:黑龙江人民出版社,2004:193.

[7] 罗素.西方哲学史[M].何兆武,李约瑟,译.北京:商务印书馆,1963:179.

[8] 诺尔曼·布朗.生与死的对抗[M].冯川,伍厚恺,译.贵阳:贵州人民出版社,1994:315.

[9] 汪民安,陈永国.身体转向[J].外国文学,2004(1):36-44.

[10] 陈国胜.自我与世界[M].广州:广东人民出版社,1999:236.

[11] Farquhar J, Lock M. Beyond the body proper: reading the anthropology of material life[M]. Durham: Duke University Press, 2004: 4-5.

[12] 汪民安,陈永国.后身体:文化、权力和生命政治学[M].长春:吉林人民出版社,2003:16,22,400.

[13] 张祥龙.朝向事物本身——现象学导论七讲[M].北京:团结出版社,2001:287.

[14] 莫里斯·梅洛-庞蒂.知觉现象学[M].姜志辉,译.北京:商务印书馆,2005:126.

[15] 冯珠娣,汪民安.日常生活、身体、政治[J].社会学研究,2004(1):107-113.

[16] Douglas D M. Natural symbols: explorations in cosmology[M]. New York: Pantheon, 1970: 93.

[17] Lock M, Scheper-Hughes N. The mindful body: a prolegomenon to future work in medical anthropology[J]. Medical Anthropology Quarterly, 1987(1): 8.

[18] 廖炳惠.关键词200——文学与批评研究的通用词汇编[M].南京:江苏教育出版社,2006:23.

[19] 海德格尔.建居思[J].陈伯冲,译.建筑师,1995(47):84.

[20] 东南大学建筑学院.概念建筑专辑二[J].嘉禾,2006(9):8-19.

2 古典建筑中的身体投射

2.1 裸露的身体与展示的建筑

2.1.1 对明朗肉身的赞美

古希腊时期的人对自身的认识是朴素的，对他们来说，身体是一种艺术，更是一种文化。古希腊人的身体观念可以概括为一种“明朗的肉身”。在艺术作品中，年轻的勇士以近乎裸体的方式被描绘出来，他们那些一丝不挂的身体仅仅靠手持的盾牌与长矛来遮掩。在城市里，年轻人在体操场内裸体角力；人们穿着宽松的衣服上街，并且任意地在公共场所暴露自己的身体。正如艺术史家克拉克(Kenneth Clark)所观察到的，对于古希腊人而言，一具赤裸而暴露在外的身体所代表的是强壮而非弱小，更代表的是文明(civilized)[1]。文明的希腊人认为自己的裸体是值得赞美的。

罗素(B. Russell)指出了希腊民族的两种倾向：“一种是热情的、宗教的、神秘的、出世的，另一种是欢愉的、经验的、理性的，并且是对获得多种多样事实的知识感兴趣的。”[2]可以说，后者反映的才是真正的希腊。事实上，对现世的肯定、对欢娱的追求、对美的敏感和对肉身的尊崇，正是早期希腊文化的面相。而古希腊文化对身体的观点，只要看一看古希腊奥林匹亚竞技会上选手的健美裸体和古希腊雕像艺术对血肉身躯的迷恋，就可见得这种对美丽肉身的尊崇。法国史学家、批判家丹纳(H. A. Taine)一再重申：城邦里的青年人热衷于锻炼，“目的就是要练成一个最结实、最轻灵、最健美的身体”，“在他们眼中，理想的人物不是善于思索的头脑或者敏锐的心灵，而是血统好、发育好、比例匀称、身手矫健、擅长各种运动的裸体”；“希腊人竟把肉体的完美看作是神明的特性”，“竭力以美丽的人体为模范”，“希腊人认为肉体自有肉体的庄严”；“锻炼身体的两个制度，舞蹈与体育……遍及整个希腊……培养完美的身体成为人生的主要目的”。[3]当然，健康、俊美的血肉之躯本身就内含着高贵的精神品质，从古希腊人对体育的态度也可以看出，身体的锻炼与心性的修习，在他们看来是相辅相成的，灵性的美好必须在形躯的美丽中反映出来。

古希腊对身体的理解更多的是对个体生命机能的激发和张扬。对于古雅典人来说，展示自己就是肯定自己身为市民的尊严。雅典民主强调公民彼此之间要能吐露思想，正如男人要暴露他们的身体一样。这种相互暴露的行为是为了用来将公民团结得更紧密。

著名的帕提农神庙(the Parthenon)的内檐壁上雕有人物的浮雕，显示了人类裸体对于当时城市形式与理想的影响。雕刻家菲狄亚斯(Pheidias)以特定的方式来表现人体。他的雕刻在轮廓上较为粗犷，这种方式让那些人体看起来近似神明。帕提农神庙内檐壁上的人像都是年轻人，有着完美的身体。理想的、年轻的、拥有几乎与神媲美的裸露的身体代表着人类的权力对神、人界限的挑战。

这种坚持展示、暴露成为了雅典人的印记，也体现出雅典民主的城市氛围。

2.1.2　视觉与听觉的空间组织

雅典城邦中民主的氛围不仅仅体现在代表文明的裸露的身体之上，也体现在身体的各个感官之上，尤其是人最基本的视觉与听觉。希腊人依赖视觉与听觉的体验来处理城市空间。

1) 视觉的空间组织

在西方文化中，视力一直被认为是最高贵的感官，人们依照观看来思考自我。在古希腊的思考中，对事物的确定就是基于视力和可见性的基础之上的。希腊哲学家赫拉克利特(Heraclitus)有一句名言："眼先于耳(The eyes are more exact witness than ears)"。柏拉图将视力看作是人类最伟大的礼物。从古希腊开始，所有时代的哲学著作都充满了视觉上的隐喻，知识与伦理变成了与视觉上的类比。但是在古希腊时期对视力的理解远远是不同于我们现在对视觉的理解，可以说这种区别的分水岭就是文艺复兴期间透视法原则的产生。如果一定要以一个名词来界定古希腊的视觉理解，它类似于中国古代的"散点透视"，没有中心聚焦点，也就不存在中心与周围的概念。视觉的理解更加贴近于人的身体，身体的运动加强了视觉的体验，同时视觉体验也激发了其他感官的刺激，比如触觉和听觉等。古希腊建筑精心设计的"视觉矫正法"，虽然最终被认为是为了更加精炼以达到眼睛的愉悦，但是视觉的愉悦首先并不是布景式的，它是全方位的，朴素的视觉理解恰恰被当代建筑师所忽略。其次，视觉的愉悦是基于身体运动下所展现的，它强调了一种视觉的触知性，并刺激和引发了其他感官的同时工作，视觉中的无意识的触觉因素在古典建筑中显得尤为重要。

古希腊的露天剧场，从来都没有丧失过与大地的密切联系，它并不是作为一座独立的建筑物来出现的，而是与露天节日庆典和大众集会紧密地联系在一起。这些场所虽然起源于宗教目的，但它们在城市中扮演着重要的角色，因此还具政治和社会方面的功能。

最初，剧场仅仅是一个供舞蹈和典礼合唱使用的水平空间，观众聚集在周围的山坡上，或者拥挤在临时搭建的木看台上，剧场一直都没有明确的建筑形式，直到公元前 4 世纪，才出现了场地布置或半圆形的石阶座位，它们半包围地环绕着半圆形的演出场地，在这里，合唱队的演出逐渐发展成为戏剧表演。在座位布置处的前方有一块较低的平台，供演员演出。剧场似乎只是一个临时聚会的场所，只有到了希腊化时期，剧场才具有建筑学意义上的形式。

在剧场的设计中，人们的视线被集中到表演区，集中注意力看前面，而并不留意身旁或者后面的事情。起初，土台上的座位是木板凳，后来剧场开始发展出走廊，并且区隔出一个个石椅区块，这样人们就可以在不妨碍别人的情形下来去自如。从词源学上看，"剧场"(theatre)这个字来自于希腊文 theatron，意思是"用来观看的地方"。[1]可见，希腊的露天剧场就是一个组织视觉的空间典型。

伯里克利时代最伟大的建筑物帕提农神庙(图 2－1)，坐落在海岬上，全城都可以仰望到它。帕提农神庙初建于公元前447年,大约在公元前431年完成。它位于全城都能看得见的地方上,象征着希腊人的团结。芬利(M. I. Finley)恰如其分地将自我展示、被注视的特质称之为"门面性(out-of-doorness)"。他说:"从这个角度来看,我们一般的印象其实都被误导了:我们看到废墟,我们看到内部,并且在帕提农神庙'里面'漫步……希腊人所看到的其实跟我们所看到的有很大的差异……"[1]对古希腊人来说,建筑物的外部意义更加重大,建筑的外表就像裸露的肌肤一样,是持续的、吸引目光的表面。古希腊人对建筑物外表的关注使得他们建造建筑物时是从表面开始的。

图2-1　从雅典卫城山门看帕提农神庙西立面

帕拉斯玛认为,人的视觉绝对不是像文艺复兴时期的透视学研究的那样,关注于一个视觉灭点,或将这种视觉几何化。他认为视觉是由常说的视觉中心和被我们忽略的视觉余光所组成的。视觉余光是与人的运动和感官紧密相连的。希腊神庙的空间布局就体现出这种视觉组织。

对建筑群的组织则充分展现出古希腊建筑师对视觉组织与建筑群布局之间的关系。他们能够意识到一种存在于建筑物与景观之间、存在于特定空间中的建筑物相互之间的密切关系,基于此,他们组织各个建筑物之间的空间。建筑师在布局建造神庙时,总是给神的住所赋予个性特征。他们恰当地将神庙与地形结成一体,并且顺应当地的风景条件。这样,神庙在融入自然景观的同时,保持了自己的个性。在整个神庙建筑群的布置中,山门是与主体神庙的空间关系紧密相连的,不管山门与神庙的相对位置如何,它总是通过某个经过挑选的角度将神庙显露给世人,试图以此展示出神庙最好的效果。建筑师从一开始就避免采用正面的或轴向的方式揭示神庙的真面目,而是沿着斜线或对角线将神庙逐步显露出来。建筑群之间呈现一种流动不定的关系。比如在整个雅典卫城的群体布局中,空间布局与举行仪式的市民的视线有着紧密的关系,有形的实体被组织在无形的空间中,轴线的概念被摒除,替代的是市民的视线组织,列柱围廊加强了神庙裸露的品质。勒·柯布西耶(Le Corbusier)在他的《东方游记》(*Le Voyage d'Orient*)中表达出希腊建筑的魅力,因为希腊建筑拥有许多整体性的原则,如比例原则、室外阳光下立体空间原则、简明几何学原则等,这些原则让建筑坦率真诚地展现在景观和人的视线中。

2) 视觉的空间组织

在雅典,存在两种听觉空间:一种是集市广场,一种是剧场。

雅典人对闲暇的热爱,对荣誉的追求使得他们大部分的活动都在户外。雅典的集市中同时进行着许多不同的活动,一边是市民在举行宗教舞蹈或者宗教仪式,一边是庄家摆开赌局,或者同时进行演讲、辩论、讨论政治事务。柱廊就为这些活动提供了宽阔的空间。

饮食、交易、聊天与宗教祭典都在柱廊中进行。在伯里克利时代,柱廊主要位于集市的西面与北面。北面的柱廊在冬天时候既可以挡风,又可以引入阳光。

雅典开放自由的集市空间容纳了许多吵闹繁杂的声音。市民在拥挤的市集中快速地通过,进行各种活动。他们从一个群体走进另一个群体来探讨公众事宜,开放的空间也让人可以任意地参与法院的案件审理。这种空间发展了雅典人的辩论热情,民主时代的雅典以热爱法律辩论而著称,这样的辩论热情也是西方哲学的起点。

另一个听觉的场所就是古希腊的剧场(图 2-2),它不仅仅是视觉组织的典型,也是听觉组织的代表。剧场的表演区都是位于扇形座位的最底部,是一块圆形的硬地面。在这块地面的后方,当时的剧场建筑发展出一道用来进行舞台造景的墙,这道用来造景的墙可以反射音量,不过真正对声音的效果有帮助的是斜坡式的座位,现代的建筑声学研究表明,斜坡式屋顶可以使声音有效地到达观众区域,而不受到阻挡。

图 2-2 埃比道拉斯剧场

2.1.3 方阵的品质与神庙的想象

古希腊的建筑不仅仅直接与身体的感官联系在一起,更重要的是,它反映了整个希腊人的身体体验和记忆。

在《希腊的庙宇与大脑》[4]一节中,约翰·奥涅尔斯(John Onians)从一种现象学的角度发展了思考希腊庙宇的方式,他假设了古希腊人可能会将庙宇看作是武士的方阵,以此假设,他认为多立克庙宇可以看作是陆军方阵,而爱奥尼庙宇可以看作是海军方阵。

奥涅尔斯认为我们应该摒除预先存在的知识和理性来欣赏和观察古希腊的庙宇,以更加接近真实体验地来思考希腊庙宇的修建。所以奥涅尔斯提出了一种假设,提出当初建造这些庙宇的人是以全副武装的战士矩阵图像为参照来建造希腊庙宇的。奥涅尔斯重新构建对古希腊的假设,他认为虽然希腊人共同拥有一种语言或者知识,但是他们同样拥有一种对自然和社会的环境体验,比如身体和社会的体验,对材料和行为的感知。而二者相比,似乎是后者要更加影响古希腊人的大脑。

位于地中海沿岸的古希腊,依赖贸易和打猎来维持经济,船只舰队则成为这些航海贸易的保障。希腊人常常关注到以下三种相似的现象:为了战争而训练的士兵纵队、成排的稻谷,以及蛇嘴里成排的牙齿。这些都是大脑与生俱来的意识,与生命的维持和威胁相关,这种与生俱来的倾向导致了希腊建筑发展的倾向。

萨福(Sappho)[1] 能够指出希腊人的大脑是如何来体验的,这存在于在眼睛和大脑的基部之间的神经中枢的联系,大脑基部的正常功能就是集中激发生存欲望的客体,它并不在关注个人,而是一个骑兵、步兵和舰队。她当然可能知道,所有的希腊城邦的防御体系中最重要的共同元素就是步兵,比较独特的是方阵。正是方阵,成为了希腊人大脑中深刻的记忆,并为希腊人带来最深层的愉悦。

奥涅尔斯认为当希腊人开始为他们的保护神建造庙宇时,是因为他们相信希腊城邦是受到方阵的防御保护的,所以他们倾向于在庙宇中强调那些类似方阵的品质,将矩形的房屋看作是矩形的方阵,一个柱子是一个站着的士兵。庙宇越长,排列的统一的支撑物就越有围合感,就会产生一个更加积极的像方阵一样的安全感。

公元前 8 世纪,荷马史诗中就赞美过方阵,将方阵的前排比喻为围墙。而且,希腊人将庇里托俄斯(Pirithous)和勒翁泰奥斯(Leonteus)描述成为守卫在希腊兵营大门前的"高的橡树",并将阿西俄斯(Asius)的死亡,比喻为倒下的橡树、白杨或松树。所以希腊士兵被认为是垂直的树干,当希腊人看到一个士兵,他们希望将他看成一棵树。因此,在神的住所前放置柱子就给予了大众一种安全感,放置更多数量的柱子就加强了这一感觉,环绕一圈地放置柱子就产生了最大化的安全感。

在公元前 600 年,木制的柱子变成了石柱,材料上的变化按照持久性来说是有好处的,但是可能也是受到了存在的身体记忆的刺激。他们将自身看作为石头,或是矩形硬质的物体,如蛇的牙齿。新的石柱廊同样激发了甚至更好的一种想象的方阵。切割石头的需求确保了现在建筑物本身在几何学中更加有规律,形式更加标准,石块的边缘更加尖硬和锋利。这特别真实地反映在多立克风格的形成中。直线排列变得严格,凹槽的棱角变得更加像长矛或剑的刀刃(图 2-3)。相应的结果甚至影响了雕刻般的装饰。

图 2-3 帕提农神庙多立克柱式细部

雅典人所看的戏剧、阅读的诗词,以及所传诵的神话,这些具有丰富鲜明形象的东西被希腊人称为是想象(phantasia)。这些想象在古希腊时期更多的是通过口头上的叙述而不是一种视觉上的记忆来影响着希腊人的大脑。比如古希腊神话的流传和荷马史诗的传诵,都在希腊人的大脑基层中留下了记忆,激发了希腊人对其建筑及城市的思考。再比如,古希腊的剧场总是让人想起埃斯库罗斯(Aeschylus)[2]、索福克勒斯(Sophocles)和欧里庇得斯(Euripides)的文学作品。[5]

2.2 几何的身体与秩序的世界

2.2.1 维特鲁威人与身体几何学

维特鲁威是最早明确探讨人的身体与建筑之间关系的，这种研究集中反映在维特鲁威的著作《建筑十书》中。维特鲁威大约生活在公元1世纪初，是古罗马时代的御用建筑师。在那本献给奥古斯都皇帝的第三书中，维特鲁威探讨了人的身体与建筑之间的关系。维特鲁威赞成将身体作为是一种自然的形式，并建议将这种形式体现到建筑上。他认为艺术作品的结构应该仿照，甚至模仿人体的结构和特点。维特鲁威列出了五种原因来阐释为什么应该把人体体现到建筑中：

第一，他认为大自然赋予了人体一种均衡的形式，因此，建筑的形式也应该是基于均衡的原则之上。

第二，自然按照精确的比例来创造人体，人体的各个部分都是成比例地构筑在整个身体之中，因此，建筑物的各个部分与不同的组成元素也应该依照身体之间的各个比例，与建筑物的整体联系起来。维特鲁威在《建筑十书》的第三书“论对称：神庙与人体”中，为人体确定了一些基本的比例规则：

实际上，自然按照以下所述创造了人体，即头部颜面由颚到额之上生长头发之处是十分之一；手掌由关节到中指端部也是同量；头部由颚到最顶部是八分之一；由包括颈根在内的胸腔最上部到生长头发之处是六分之一；由胸部到中央到头顶是四分之一。颜面本身高度的三分之一是由颚的下端到鼻的下端；鼻由鼻孔下端到两眉之间的界线也是同量；额部由这一界线到生长头发之处同样成为三分之一。脚是身长的六分之一；臂是四分之一；胸部同样是四分之一。此外，其他肢体也有各自的计量比例，古代的画家和雕塑家都利用了这些而博得伟大的无限的赞赏。[6]

这些规则是按照面部或鼻子的长度为依据的——三个鼻子的长度等于一个面部的长度——以此作为一个模数。在维特鲁威看来，如果人体是自然所构成的杰作的话，这个杰作在局部之间以及局部与整体之间都遵循了一种比例，那么人们在建造建筑物时，建筑的各个细部，以及局部与整体之间都应当保持着计量方面的正确，遵循一种法式，特别是在神庙的建造中。

第三，人体的形式为我们提供了基本的测量数字，所以建筑中的数字也应该依照这些人体中的基本数字。为了证实人体比例与数字之间的关系，维特鲁威声称建筑中必要的度量单位[掌长(palm)、英尺(foot)和腕尺(cubit)]都是从人的肢体如掌、脚和臂中衍生出来的，最后，也是最基本的，完美的数字10、十进位体系等，都是与人的10根手指相对应的，维特鲁威将数字6看成另外一个完美的数字，这两个完美数字之和，10加上6，创造出如他所说的最完美的数字——16。

所以，维特鲁威最后认为，建筑师可以从人体各部分的比例中推导出建筑物的规模与比例：

因为，如果我们赞成数字是从人体的各个部分中衍生出来的这一观点，那么，就有一个相应的问题，即人体的各个部分与整个人体形式之间，有着某种确定的比例关系，随之而来的问题是，我们必须知道我们在为不朽的神灵们建造神庙的时候所负有的责任，因为，我们会小心翼翼地按照比例与均衡的原则安排建筑物的每一局部，使之无论在各个独立的部分还是在整体上看起来都能都达到和谐。[6]

第四，维特鲁威认为三种基本的柱式，多立克(Doric)、爱奥尼(Ironic)和科林斯(Corinthian)，是人体恰当地在建筑中的使用。比如雅典卫城的伊瑞克先神庙中的女像柱(图 2－4)。维特鲁威还进一步为三柱式的比例系统勾画出相当清楚的比例关系。他说多立克柱式是当地区域的人们要为天神宙斯建一座神庙时，他们不知道怎么样才是“好”的设计比例，于是他们找了一名男子来测量他脚长以及身高的比例关系，而所得到的数字是 1∶6，于是柱子宽度以及柱子高度的比例被定在 1∶6。爱奥尼的柱式比例延续着类似多立克柱式的说法，在建造女神雅典娜神殿，人们测量了一位女子的脚之后得到了 1∶8 的数字关系，因此确定了柱高与柱宽的比例。对于科林斯柱式，维特鲁威并没有清楚指出精确的比例数字，只说明它的比例是来自于一位身材纤细、未成年便身亡女子的身体的形状，比例应该就是 1∶10。1∶6，1∶8，1∶10 的三柱式，最后因加上柱头及其他的小细部之后被扩展为 1∶7，1∶9，1∶10。[6]

图 2－4　伊瑞克先神庙南面女像柱廊

维特鲁威将数字的意义提升到“属性”的层面。多立克柱式是属于男性化特质的强壮、硕健，适用于代表天神的宙斯，代表海神的波塞冬等强而有力“父性”权威的神庙。而较为纤细的爱奥尼柱式则以它 1∶8 的比例作为中庸的“母性”特质，因此而成为天后赫拉、狩猎女神亚迪玛斯的专属柱式。看似纤细的科林斯柱式成了“女儿”般娇弱感情的呈现，它成了维纳斯的专属柱式。维特鲁威恰当地用数字的比例关系在建筑中表达出了人体的气质。

第五，自然的身体是由神按照几何的原则来创造的，因此建筑师也应该采用几何的形式来创造建筑物，从而使建筑物比例匀称。维特鲁威试图将人体与几何形式的方与圆加以综合，从而在人体、几何形体与数字之间找到某种联系。这就是著名的“维特鲁威人”：

在人体中自然的中心点是肚脐。因为如果人把手脚张开，作仰卧姿势，把圆规尖端放在他的肚脐上作圆时，两方的手指、脚趾就会与圆相接触。不仅可以在人体中这样地画出圆形，而且还可以在人体中画出方形，即如果由脚底量到头顶，并把这一计量移到张开的两手，那么就会高宽相等，恰似地面依靠直尺确定成方形一样。[6]

从达·芬奇与塞尔里奥的画中可以更加形象地了解“维特鲁威人”(图 2－5，图 2－6)。维特鲁威人是维特鲁威对人体与建筑理解的集中表现。

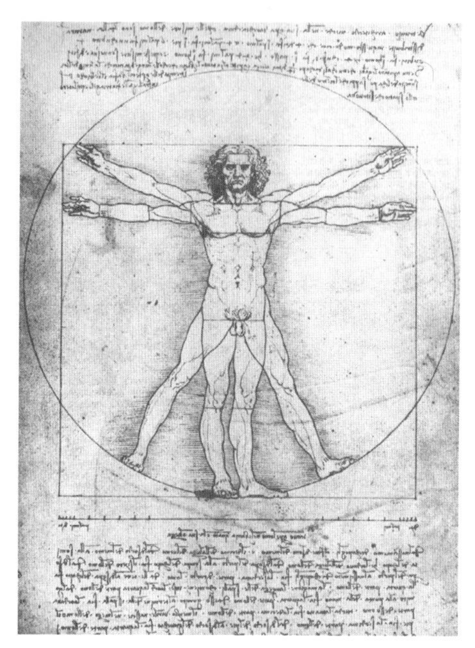

图 2－5　达·芬奇的“维特鲁威人”图

图 2－6　塞尔里奥的人体图

维特鲁威对人体与建筑之间的关系更多的是基于一种视觉的表达，比如将人体的匀称、比例、数字和几何应用到建筑中，这其中也蕴含着维特鲁威对大自然和宇宙与人之间关系的认识，他将人体看成是大自然造物的最完美的表现，而将这种表现通过比例和匀称内在的秩序关系应用到建筑中，试图依照这种规律来创造完美的视觉图像。维特鲁威对人体与建筑相互类比的观点，被认为是“神人同形同性”的体现，它一直存在于西方古典建筑的话语中，并在文艺复兴期间得到更大的继承和发展。

“维特鲁威人”的图像不仅仅是维特鲁威对身体的理解，它代表了古罗马人对身体的理解，是古罗马主流的身体图像，维特鲁威仅是将其从许多来源以及长久以来所建立的习惯中予以明了化，也即是身体的几何化。

古罗马人对于几何图像的执拗，产生了特定的视觉秩序。这是个几何的秩序，而古罗马人所感受到的确定几何秩序的原则，不仅仅表现在人的身体上，也集中地体现在古罗马的建筑与城市中。维特鲁威在将身体投射到神庙建筑的同时，古罗马人也将身体的秩序投射到城市中。他们遵照着两边对称的规则及主流的线型视觉观，古罗马人认为这个对称与视觉平衡系统是他们从人体中所发现的。此后，作为帝国征服者与城市建造者，古罗马人采用身体几何学来构成一套秩序，加诸世界。身体、神庙以及城市的线条因此显示出良好规划的社会原则。

2.2.2　视觉的控制

古罗马人首先创造了建筑的内部空间。罗马的建筑空间有一条明确的轴线，正是这条轴线使得罗马人从室外走入到室内的空间中。

1）神庙

古希腊帕提农神庙的外表被设计成可以在城市中以多角度来观看的建筑，观赏者的目光可以在建筑物的外观上游动。相对而言，早期古罗马的神庙却希望人们只注意到前面。它的屋顶顺着屋檐向两旁延伸；它的仪式性装饰则全部放在正面；围绕建筑的铺石与植物则引导着人们看着前面。进入到神庙之中，建筑的轴线也引导着你一直向前。以中间轴线和两边对称作为视觉指示，控制人的身体向前。这些指示在哈德良的万神庙中，以墙上与地上的脊椎和两边对称作为视觉指示来完成。

公元118年，哈德良皇帝开始在罗马城战神广场的旧万神庙的地址上，重建一座新建筑物。哈德良重新将所有的神祇集中到一座华丽的全新建筑里，该建筑由一个巨大的半圆形放在圆柱形基座上而完成，它最引人注目的，就是日光可以穿透圆顶而照射到内部。万神庙的地板被设计成巨大的石砌西洋棋盘的形式。古罗马人也采用了相同的类型来设计帝国内的新城市。万神庙内的环形墙中嵌有壁龛，立面供奉着神像，众神的聚集被认为是以一种相互和谐的方式来支持罗马对世界的支配。以现代史学家弗拉克·布朗(Frank Brown)的话来说，万神庙所颂扬的是“帝国的观念以及支撑帝国的诸神”。[1]

万神庙的基本构图原则是轴向对称。万神庙的主体内部由三个部分构成：圆形的地板，圆柱形的墙，半圆形穹顶。水平直径几乎完全与垂直高度相等。从外部空间走进万神庙室内，经历三个空间：前面的门廊、中间的过厅、穹顶空间。从中间的过厅可以看到镶嵌在地板上的直线，引导着眼睛向前看，直到看到墙上有个大壁龛，正好与入口相对，壁龛里面放的是这个建筑物里最重要的祭祀雕像。虽然几何学是抽象的，但有些建筑作家认为中央地板线是建筑物的“脊椎”，大壁龛则是建筑物的“头”(图2-7)；其他作家从地板看向天花板，把整幢建筑想象成罗马人的上半身，圆柱体底部则像一个将军的肩膀，雕像则像战士胸甲上的雕刻，而圆顶则像战士的头。这只能算是曲为比附，但也并不是空穴来风，因为圆顶上的开口(oculus)原本在字义上就等同于建筑物的眼睛。[1]几何学启发了身体与建筑之间的有机性的比附，建筑物似乎代表一种身体的神秘延伸。“维特鲁威人”所代表的身体的几何学被投射在万神庙的内部中。

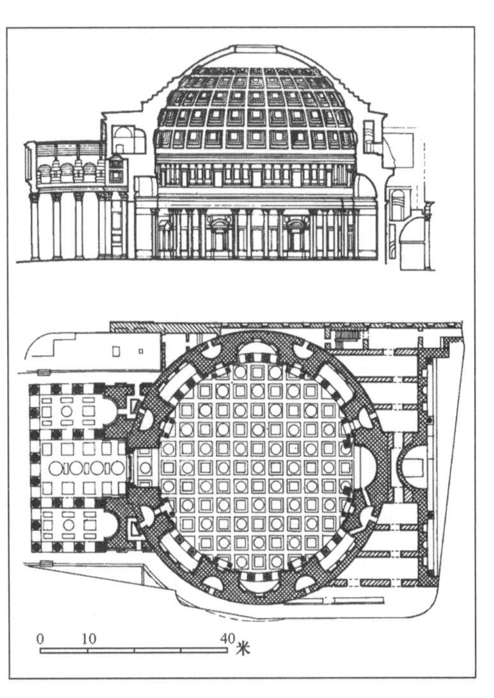

图2-7　罗马万神庙剖面和平面图

万神庙在哈德良时代的使用更像是一种标志，罗马帝国让这种视觉秩序与帝国权力紧密地结合在一起，皇帝借由纪念碑以及公共建筑让他的权力为人所看见。权力的表达重要的就是莫过于建造令人印象深刻的建筑，这不仅是为了皇帝的威望，同时也是为了帝国。借由这些建筑物，皇帝可以在臣民面前树立合法性。维特鲁威在向奥古斯都进言时就说:“陛下的威力……而且还通过公共建筑物的庄严超绝显示其伟大的权力。”[6]万神庙深受维特鲁威、宗教与帝国象征的影响,视觉形式几乎做到了全面控制,使建筑物产生了一种广泛而神秘的孤独感。

2) 广场

对视觉的控制延伸到罗马的广场和住宅中。旧罗马广场发源于丘陵地带之间的场所,是一个包含政治、经济、宗教与社交等功能的集市。但是当恺撒(Julius Caesar)在高卢作战的时候,他在罗马广场西侧卡西托宁山丘脚下建了一个新广场,希望借此让罗马人不要忘了他的存在。广场的性质在此发生了转折,广场从充满活力的城镇中心转变成为敬畏帝王的一个纪念性空间,方格几何的图像更是成为广场中的不可或缺的元素。

罗马中心的几何力量抹杀了人类的多元性。这些皇帝所修建的自己的广场,已经逐渐成为仅仅是用来纪念自己丰功伟绩的地方。整个偌大的广场很快就空无一人。考古学家贝尔(Malcolm Bell)写道:“市集中许多的政治与商业活动都需要自由的空间,现在则被驱赶到边缘去……在这个规划良好的世界里……几乎已经不需要斯多亚那样的多元价值了。”[1]

当多样性消失,这个古罗马的中心也成为仪式的场所。罗马广场变成了权力穿起长袍进行颐指气使的地方。这种视觉秩序控制了广场及其周边的建筑物。一个仪式性的空间,庄严,没有商业,没有交易,只有一般性的社交活动。

罗马的一连串伟大的皇帝广场,大都建于帝国时期(图 2-8)。在帝国时代末期,这些广场组成了庞大的意识空间。罗马人沿着轴线通过这些空间时,就会面对着巨大而令人屈服的建筑物。罗马广场受人冷落,帝国广场(Forum Iulium)的出现与发展,使这些空间越来越具有威吓的特性,罗马人用征服世界的方格秩序控制着罗马人自身。

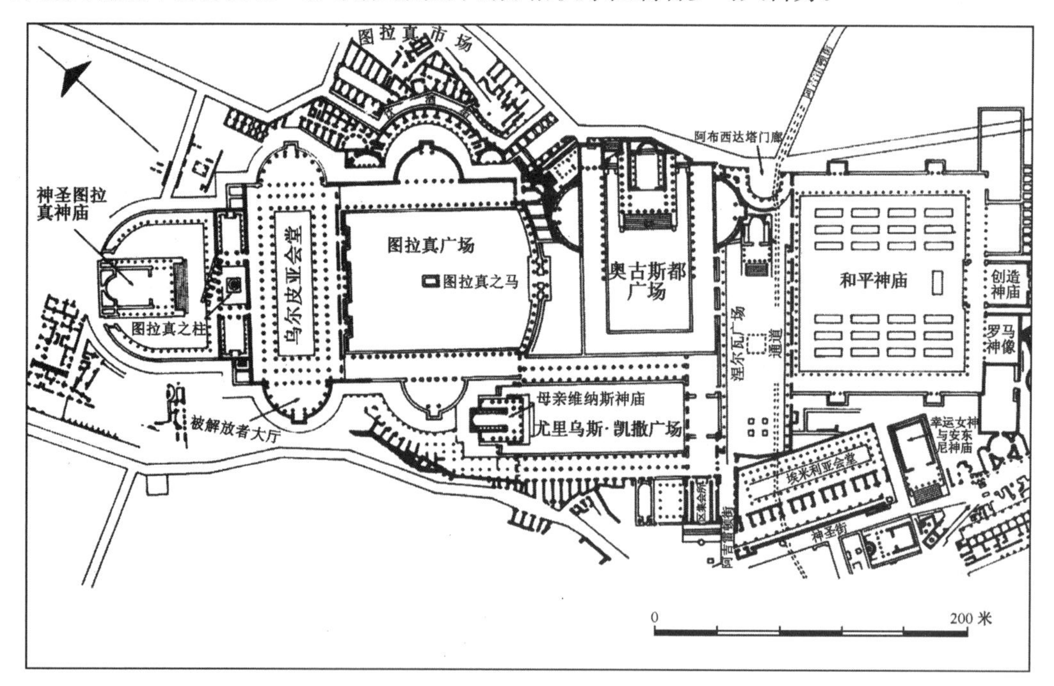

图 2-8　罗马帝国广场群(约建于公元 120 年)

3）住宅

同神庙和广场一样，罗马住宅同样受到了视觉的控制，罗马住宅的外表和伯里克利时代的希腊住宅外表并没有什么太大的差别，都是无装饰的外墙。一般都是住宅围绕庭院，但是线型的观念统治了罗马住宅的布局。线型带来清晰的空间秩序。庞贝潘沙住宅(House of Pansa)就是这类住宅的典型。该住宅沿着轴线分为三部分。第一部分以一个小中庭为中心，可正式接待访客；第二部分是围柱中庭，属于家庭中较私密的部分；第三部分则为庭院。在第一部分和第二部分之间是开放的起居室，也兼有圣室的功能。[7]一切活动都在可以看得见的控制范围中(图 2－9)。

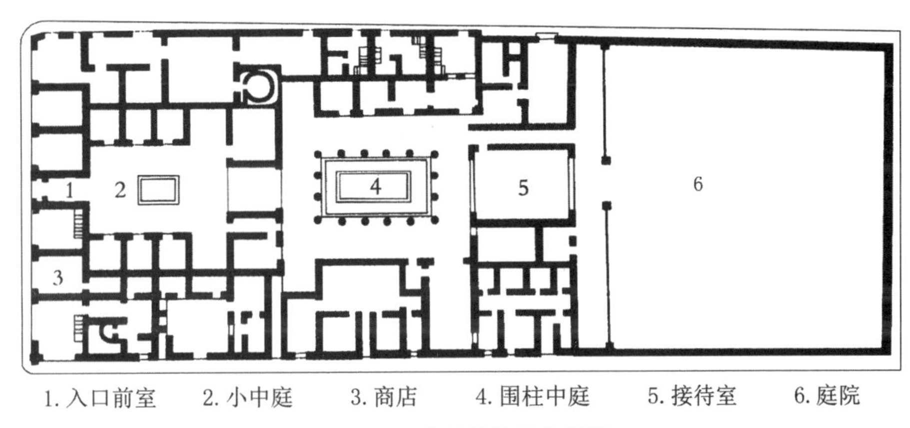

1. 入口前室　2. 小中庭　3. 商店　4. 围柱中庭　5. 接待室　6. 庭院

图 2－9　庞贝潘沙住宅平面

这种空间的几何学规训着身体行动，并且发出命令，命人观看并遵守。

2.2.3　仪式与城市的建造

维特鲁威时代的帝国设计师采用了棋盘式的方格设计来规划整座城镇。这种城市设计被称为“方格设计(grid plan)”，但这并不是罗马人的发明。苏美尔(Sumer)已知的最古老的城市就是依照这种方式建成的。在希腊，希波丹姆(Hippodamus)设计了棋盘状的城市，而伊特拉斯坎人(Etruscans)则在意大利本土建造了同类型的城镇。虽然同为方格，但每个文化对其不同的理解，则产生了不同的元素图像。

古罗马人一旦建设一座城[3]，或者在征服一座城市之后进行重建的话，他们都会先决定某一点为中心(umbilicus)，类似于身体的肚脐。从这个城市的肚脐开始，建筑师开始测量城市的空间。中心方格在城市的设计中具有很大的战略价值(图 2－10)。

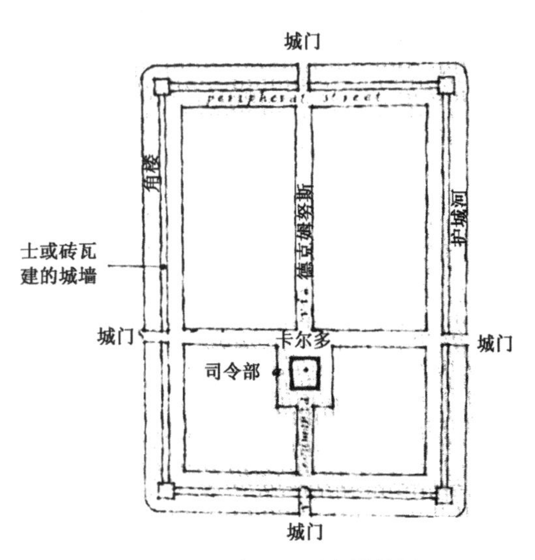

图 2－10　古罗马要塞设计图

建筑师为了精确地定出城市中心点，则开始研究天文星象，维特鲁威在《建筑十书》中的第九书就专门谈及对天文的研究。古罗马人认为：太阳轨迹看起来把天空分成两块；晚上，星星轨迹又以直角将这两块对剖，构成了四大部分。一个城镇的中心点，就要刚好位于这四大部分在天空中的交会点的正下方，如同天空的地图映射到地上一样。在确定这个点之后，建筑师就可以界定城镇的边界。他们在地上犁出一道土沟叫“波姆鲁姆(pomerium)”，意思就是神圣的疆界。有了中心和边界，设计师就划定两条彼此垂直的大街，两条街道必须在中心点交叉。这两条街道分别被称为东西大道德克姆努斯(decumanus maximus)和南北大道卡尔多(cardo maximus)。沿着这些街道划出四大块，设计师再将其中每块划分为四个区域。这样，这座城市已经有16个区域，然后再将这些区域划分下去。

城镇的中心点对古罗马人来说，具有深刻的宗教意义。古罗马人认为，在这个点之下，城市联结着地下的神祇；在此之上，则与天上光明的神祇联结，正是天上的众神控制着人类的事务。古罗马人在开垦一座城镇之后，会举行一个火的祭祀，来标志一座城市的“诞生”。设计师会在中心点的邻近地区的地下挖一个洞，这个洞叫作“世界(mundus)”，是“一个室，或上下两个室，上下……用来供奉地壳下的冥府之神”。它完全就是个地狱的入口。在建城的时候，开拓者会将水果或其他的供品从家中带往“世界”，举行供奉“冥府诸神”的仪式。然后，他们会将“世界”覆盖起来，上面放一块方形石头，并燃起火焰，这时，这座城市就“诞生了”。[1]

这种祭祀源自于古罗马人的创始者罗慕路斯(Romulus)。相传，罗慕路斯在公元前753年4月21日与帕拉丁(Palatine)山丘挖掘了一个“世界”，创建了罗马。从此，帕拉丁就有了火的祭祀，此后从火的祭祀又发展成炉灶女神的神庙(Temple of Vesta)，这是一幢圆形建筑，古罗马人将粮食都储存在里面，就好像储存在大地或者“世界”一样。古罗马人敬畏每一位神祇，所以，城镇的中心点似乎就是这些神祇——天上的或者地下的——与人类相连的神秘通道。

这个城市中心点与维特鲁威对人体的理解非常接近，维特鲁威认为人类身体的手臂与腿是经由肚脐相连接的。在他的思想中，脐带比生殖器更具有象征意义。因为，肚脐是充满着高度情感意义的诞生标记，所以城市中心点与神秘的祭祀相关联，并成为城市几何学的计算点，古罗马人以此为中心，向外征服世界。

古罗马的城市设计者如同兢兢业业的绘图者一样，一旦古罗马帝国的军队征服一座新的城市，设计者就马上拿着这种固定不变的方格图像为这座城市烙上古罗马的印章，完全不考虑当地的历史与环境。好在方格图像不受任何时间和地域的限制，它可以如帝国的军队一样，无限地向外扩张。约瑟夫·里克沃特认为：“几乎没有其他文明曾像罗马人在共和晚期和帝国时期那样，在城镇、乡村甚至军营强行实施同一种统一的建造模式(a constant uniform pattern)，甚至到了一种偏执的地步。”[8]

方格图像对城市来说创造了一种秩序，这种秩序对于征服者来说，不仅具有经济上的效果，并且也便于管理。城市可以按照方格几何的四个象限不断地向下划分，一直到土地划分到小到刚好可以分配给个人为止。在军队里，士兵可以分到的份额直接与他的军衔挂钩。这种几何的划分对罗马人来说非常重要，因为个人的财产经由这个过程而理性化。

2.3 基督的身体与朝圣的空间

2.3.1 对肉身的弃绝与对基督身体的信仰

人类学家杜蒙特(Louis Dumont)在写宗教起源时,发现宗教如果不是想在此世使人获得圆满实现,就是想在彼世获得圆满实现。罗马万神庙表现的是第一种,而基督教堂表现的是第二种。基督教神学发展成为一套彻底的体系时,灵肉二元论是这一体系中极为突出的显现,在此后一千多年的进程中,成为基督教人学思想的主流。"中世纪基督教文化的最显著的特点就是以灵肉对立为核心的二元对立,而它的精神实质则是灵魂战胜肉体并最终超越肉体的唯灵主义。"[9]在基督的教义中,肉体是与身体完全不同的。

德国神学家卡尔·白舍克(Karl Heinz Peschke)指出:"基督教对身体的态度处于一种中间立场,就是在唯灵论-二元论(spiritualistic-dualistic)对身体的敌对与唯物主义对身体的偶像崇拜(materialistic idolization of the body)中间的立场。"[10]《新约》中所表现出的基督教对身体的态度是颇为复杂的。一方面对待肉体(flesh)是更加警惕、管束,另一方面对身体(body)又因其为上帝的创造物,而视为一个中性的概念。

早期伟大的基督教思想家之一,奥利金(Origen),摆脱了这种人的罪恶的肉身与中性的身体含糊不清的概念,在他看来,身体应该是耶稣的身体,是基督徒的身体,它是与人的肉体不同的,因为基督不像异神教神祇那样有欲望与身体的渴望。耶稣是完全不一样的,他在十字架上的牺牲完全是出于对在地上的信众的同情。耶稣没有肉体上的感觉,因为他就是上帝。他的身体是不同的身体,这是人类所无法理解的。[1]

那么,为了摒弃肉体的痛苦,基督徒就必须超越自身的肉身,基督徒的生命历程借由超越肉身上的刺激感官而形成,当一个基督徒对身体越漠不关心,就表示他越希望接近上帝。所以,基督徒必须重演从伊甸园流亡的故事,让他们从旅途的过程中体验痛苦。这也源自于基督教的根源犹太教的主张,其主张一个虔诚的人应该流浪,居无定所,从一地走向另一地。《旧约》中的人们就把自己看作是流浪者,《旧约》中的耶和华本身也是一个流浪的神。

即使一个人的肉体无法流浪,也必须做到不受生活所羁绊。圣·奥古斯丁表达了这样的一个训令:基督徒必须要在"时间中朝圣,来寻找永恒的王国"。[1]这种在"时间中朝圣"而不屑于实体空间的做法,其权威来自耶稣拒绝让他的门徒纪念他,以及他要毁坏耶路撒冷圣殿(Temple of Jerusalem)的承诺。

而努力朝圣的起点,正是人的身体。奥利金认为,基督徒应该牢记基督的身体与我们的身体的不同。基督徒要避免所有的对身体的感官刺激,因为身体不能渴望、触摸,身体要对自己的生理完全漠视,通过对肉身的弃绝而更加接近上帝。奥利金甚至在一阵宗教癫狂之后用小刀将自己阉割了。奥利金的自我戕害在现代人看来可以是一种禁欲,但是对于奥利金而言,基督徒的身体必须要超越愉悦与痛苦的限制,目的是为了要感觉"无物(nothing)",要失去感觉,要超脱欲望之外。

在这样的艰苦而受虐的身体旅程中,奥利金开始肯定基督教的两个社会基础。第一个是基督教主张人人平等。从上帝的眼光看来，所有人类的身体都是相似的，不论美丑与优劣。图像与视觉形式不再重要。这种原则挑战了希腊人对裸体的赞颂，也挑战了罗马人的视觉秩序。第二，基督教在伦理上与穷人、弱者以及被压迫者站在一起——与所有易受伤害的身体结盟。在这个意义上，基督的身体没有任何性别与贫穷贵贱之分。[1]身体在基督的世界里被神圣化了。

2.3.2 通往“上帝之城”与朝圣的空间

生活在尘世间的基督徒为了追求永恒的无贵贱之分的身体，为了接近上帝，开始了通往“上帝之城”的朝圣道路。

“我如何能够认识上帝？……而你又如何能对我显示他呢？”异教徒塞尔苏（Celsum）如此问道。基督徒奥利金回答说：“万有的造物主……是光。”[11]光无所不在。从神学上来说，这表示无形的上帝无所不在，虽不可见但并不代表不存在。当一个人离开充满沉重欲望的肉身，而走进轻盈的充满光的世界中，便可察觉到充盈世界的无形的力量。

光，纯粹的光，神圣的光，并不显示图像，但是体验光就需要有一个实体——一幢建筑物或一个特殊的空间。所以对基督徒来说，他们必须要一个空间，让他们能在“时间中朝圣”，能在这种朝圣的道路上脱离自己的肉身，但如奥利金那样的阉割是需要很大的勇气的。所以，这个朝圣的空间还要好好地设计，这样才能帮助那些软弱而易受伤害的人看到光。

君士坦丁于公元313年颁布“米兰赦令（Edict of Milan）”，这成为基督教发展的转折点，因为它让基督教成为了罗马帝国的官方宗教。基督教堂亦成为了城市中的重要的公共建筑物。作为朝圣就赎的空间和上帝现身的地方，基督教堂包含了一个“中心”和一条“路径”，只有经过这条路径，达到充满“光”的中心，充满罪恶的肉身才能完成蜕变为神圣的基督身体的自我救赎。

1）改良的“巴西利卡”

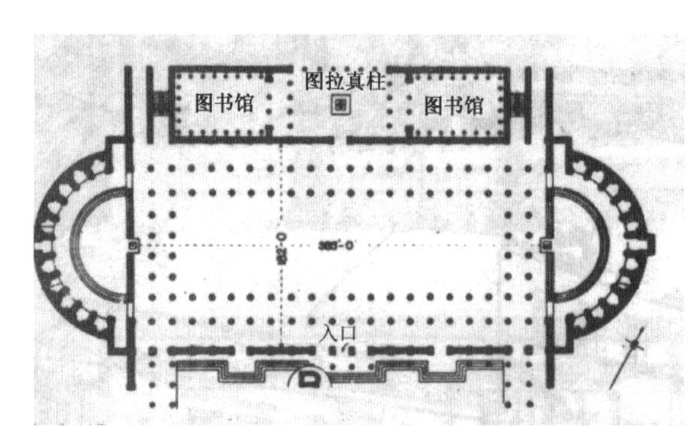

图 2－11　巴西利卡平面

早期基督教堂虽然沿用罗马巴西利卡式的空间形式，但作了部分修改（图2－11）。一方面，巴西利卡内部其中一侧的环形柱廊因功能不再需要而被取消，这样，巴西利卡巨大的容量就可以容许圣餐仪式礼拜的进行；而原来堂皇壮丽的入口，被设置于对面圣坛的另一短边上，这样就打破了长方形平面的双向对称性，只保留纵向一条轴线，也就是人流活动的方向线，强调教徒进入教堂对上帝的崇拜，入口长向路线的确定使“路径”这一空间概念得以显现。而轴线尽端凸出的半圆形结构体，成为神的庇护所，是教徒行进过程中的视觉中心，每个人都能独自与神面对面。“中心”的概念在“路径”的铺陈下得以加强。

最早的集会所平面形式的教堂，是君士坦丁命令建造的拉特兰巴西利卡（Lateran

Basilica，313—320 年)。它显示出了这类教堂的原型(图 2－12,图 2－13)。它有着两侧各两道柱廊的长方形平面,这轴线最后终止于一半圆形凸出的后殿(apse,也就是罗马式的半圆形区域),在半圆形后殿之前则形成一垂直于入口轴线的侧向凸出空间,这两个凸出空间是被封闭作为器物储藏室之用的。[12]

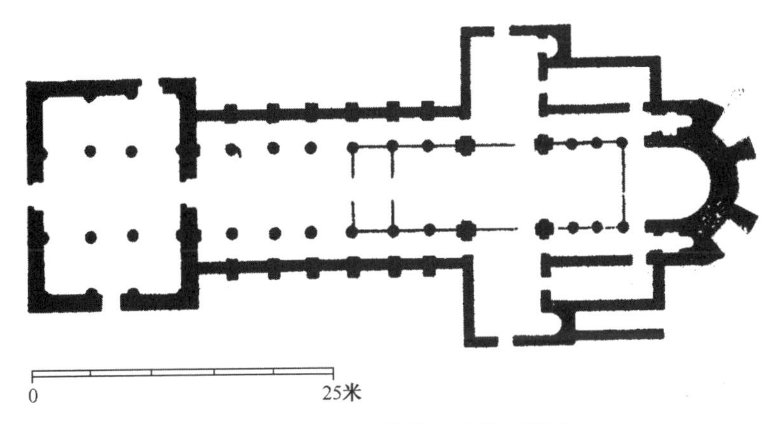

图 2－12　标准的集会所教堂平面

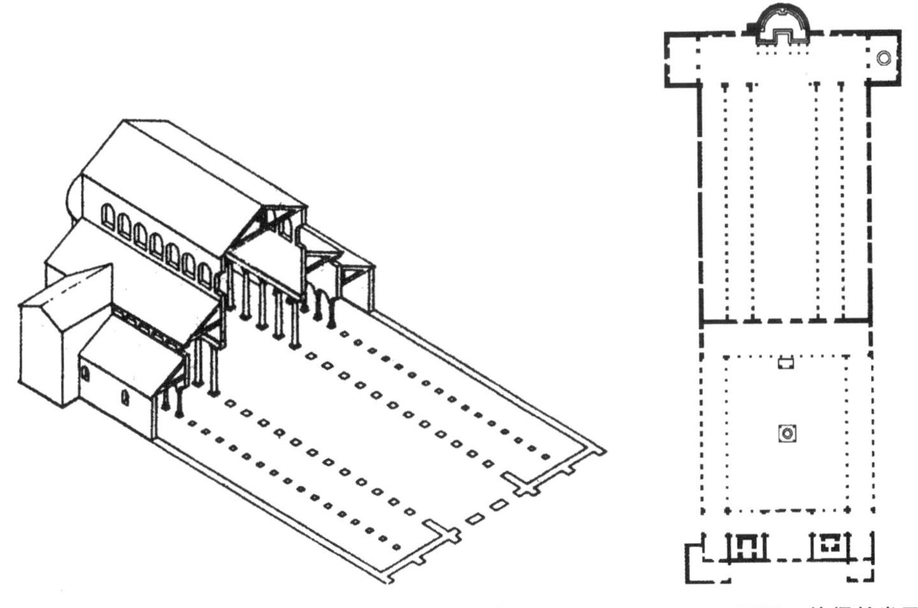

图 2－13　拉特兰巴西利卡轴测图示意　　**2－14　旧圣·彼得教堂平面**

旧圣·彼得教堂(图 2－14)曾是君士坦丁时期最大的巴西利卡,在 16 世纪时被现在的圣·彼得大教堂完全取代,它在公元 333 年动工,在以身殉教的使徒圣·彼得的墓的基础上建造,以作为朝圣神殿或殉难所。这座巴西利卡的与众不同,是在它的半圆形凹室与教堂下厅间增加了一个很宽的横翼。其意在为成千上万名来自罗马和帝国其他地方的朝圣者提供一个长十字形空间,使他们能够膜拜安在凹室弦线位置处的神龛。这种礼拜空间加强了教堂空间的纵向延伸。

可以看出,不同的教堂出于膜拜仪式的需要,对巴西利卡作出了适于自身的不同改善，巴西利卡应该是一个相当实用的工具，通过高侧窗宣泄而下的光线象征了光明的基督世界，而半暗的两侧通廊在加深纵深感的同时，更加强了中心的光明。这种型制的潜力在之后与基督的教义更好地结合起来，表达人类从世俗走向基督的忏悔与领悟。

2）巴西利卡与集中式的结合

在基督教被正式定为国教后，巴西利卡和集中向心式得到同时发展。二者作为基督教堂的型制，特点都非常突出。巴西利卡空间开敞、容量大，可以容纳更多的信徒，这也是基督教堂最初需要宣传教义时首先看中的优点；其次，这种长向的空间结构更容易设置固定的圣殿，以供信徒礼拜。集中向心式的型制则更加容易表现垂直高耸象征天国的空间。那么二者能否结合起来，利用共同的优势呢？到了公元5世纪及6世纪时，基督教建筑出现了两种型制的结合，巴西利卡的末端与集中式的圆形大厅结合在一起。最能代表这种类型的建筑就是位于君士坦丁堡的著名的圣·索菲亚（S. Sophia，532—537年）大教堂。

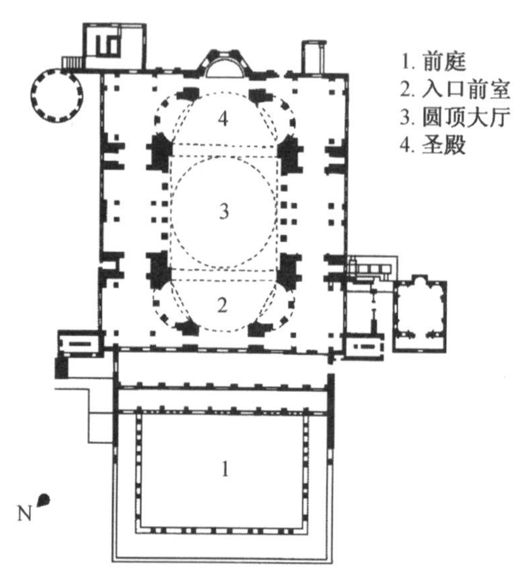

图2-15　君士坦丁堡圣·索菲亚大教堂平面

圣·索菲亚大教堂（图2-15）的中心结构就像是一个集中形的向外扩展，中央部分是一个巨大的穹顶，而中西东西两侧各有一个半圆穹顶的突出结构体，似乎要冲破中央穹顶对它的束缚，它的半径与中央穹顶相同，形成了圣·索菲亚大教堂的特殊的空间与非凡的结构体系。强烈的轴线空间与中央放射的结构形式并存，而表示“上帝之城”的中央穹顶在早期的仪式中，是禁止信徒进入其中的。世俗的路径就与代表圣灵的中心并置，幽暗的柱廊与光线充足的中心穹顶空间相对比，营造出神秘的宗教场所气氛。而在空间上，大教堂不强调平面长向主轴，水平延伸的空间观转为垂直空间向度。“中心”空间在此得以体现。

这种集中式空间与巴西利卡空间的结合，为了满足朝拜仪式的需要，在集中式空间中同样出现了一条存在于巴西利卡中的引导教徒膜拜的路线，从而打破了单一的集中构图，加剧了早期基督教堂长向的趋势，使空间具有一种紧迫的效果。这种“路线”的出现，使得集中式的平面不再单一，而是噪动地向外扩展，在中心与路径之间形成强烈的张力。

3）拉丁十字的出现

西方建筑平面上的主要改变，首先是来自圣坛处，自公元7世纪后，原有转借自罗马集会所式平面的半圆形后殿，有被扩大、拉长的现象。据考证，这可能是与当时的基督教教士们（尤其是法国）每天都要做礼拜的习惯有关。因为礼拜的地点不一定要在巨大的中堂中而是在较小的礼拜堂进行，所以小礼拜堂被扩散在圣坛四周的分隔区域，也导致了东侧后殿的拉长。[13]

这种横向侧出的部分，被称为是耳堂（transept），与教堂长轴形成垂直交叉的平面，这种类似十字架平面的教堂在8世纪后已经慢慢地定型，几乎成了罗马风和哥特教堂的标准式平面。除了其功能使用以及视觉效果之外，它的意义也可能是来自于模仿“拉丁十字平面”图。拉丁十字是耶稣受难时被钉上的那种木桩形状，所以拉丁十字形常常被隐喻为耶稣基督的身体，弗朗切斯科·迪·乔其奥曾绘制过巴西利卡与耶稣身体平面结合的图像(图2-16)，并认为：“一座巴西利卡具有一个人体的形态与比例，正像一个人的头部，是整个身体中最重要的部分一样，圣坛部分也必须是最为重要的部分，是一座教堂的头颅。”[14]

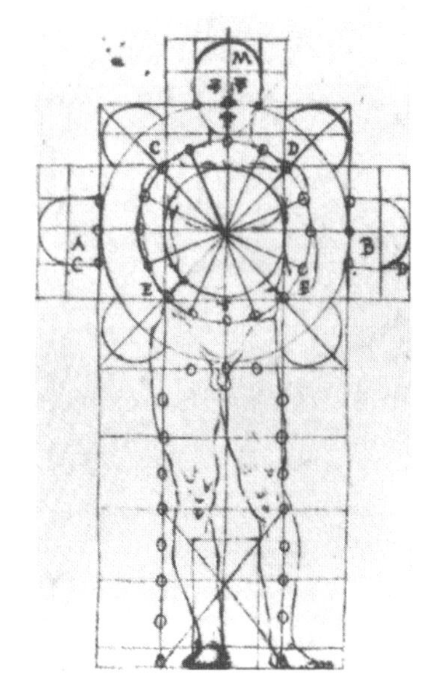

图2-16　巴西利卡与耶稣身体平面结合

拉丁十字的出现概括了“中心”和“路径”这两种空间概念，路径就是拉丁十字的长轴，象征着基督徒的旅程，是基督教徒从世俗之门逐渐接近天国，自我内省的超越之路。这条路径概念也结合了基督教徒的“自我救赎”朝圣概念。“中心”就是拉丁十字的交叉点，在这一点上的中心不仅是平面上的，同时也是空间概念上，空间上耸立的采光塔是教堂的最高点，神圣的光从这洒落，象征天国，光便在这样一个特别的空间中被塑造出来了。

2.3.3　“中心”与“路径”

在任何一个早期基督教堂中，我们都会找到同样的非物质化和内向性的期望。这种明确的内向性是所有的早期教堂所共有的。早期教堂代表永恒的上帝之城(Civitas Dei)的场所，并提供基督徒朝圣的空间，“早期基督时代的人们不拥有从自然、人类或历史现象中抽象出来的安全感。他们只有拒绝这些现象，才能够接受那些使它的存在变得有意义的恩典。因此，基督教的存在空间并不是从人类有形的环境中生长出来，而是象征着一种救赎的承诺和过程，这被具体化成为一个中心，或者一条路径。通过将这样的中心和路径建造成教堂，新的存在意义就变得明确可见了”[15]。

通向天国的道路是漫长的，建筑的语言将它用一条纵向的轴线具体化，将它作为一条救赎之路通向祭坛；“中心”是采用高耸的空间，利用彩色马赛克以及装饰壁画营造出一种内在的场所，只有提升自身的内心，人类才能找到真正的存在意义。

后来的基督教堂的发展虽然经历过文艺复兴时期的理性秩序空间，巴洛克时期追求空间解放的反叛，但是“中心”与“路径”的模式却深深烙进了基督教堂的空间形式中。

安藤忠雄(Tadao Ando)设计的六甲山教堂(图2-17)，也即著名的“风之教堂”，位于神户地区的六甲山顶。安藤在设计这个教堂之初，为了尽可能保存原有自然环境，设计了一个180°的教堂入口。该教堂包括一个教堂、一座钟塔、一组连廊以及限定用地的围墙。通常，教堂主厅与教堂建筑是一个整体，但在这个案例中，教堂是一个混凝土实体，而连廊则是一个玻璃筒，二者的分散更加强调了“中心”和“路径”的概念，而“路径”的概念尤为

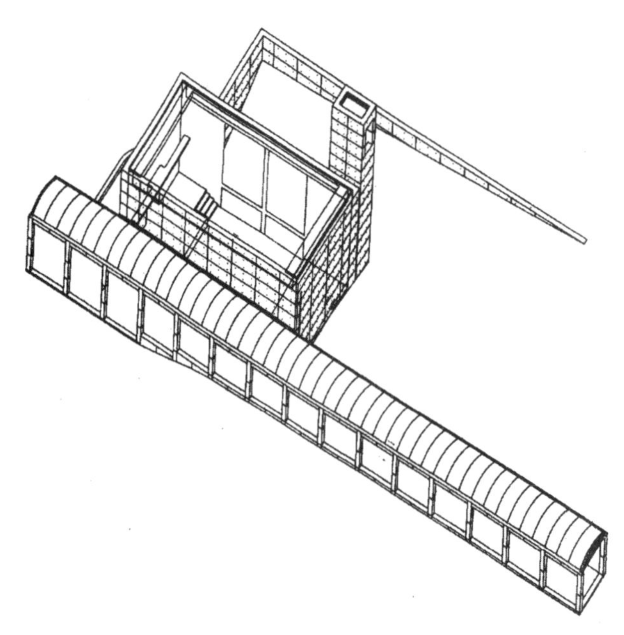

图 2-17　日本“风之教堂”轴测

突出。

连廊长达 40 米，由一系列 2.7 平方米的混凝土构架组成。连廊顶棚由玻璃天窗和“H”型联系梁构成 1/6 圆拱状屋顶，连廊均开敞，微风袭来，连廊便成为“风的通道”。安藤很好地将“路径”这一概念纯粹地提取了出来，并消除了历史上的先例中昏暗压抑的做法，反而利用单纯的几何形，将自然与人结合了起来。试想走在通向圣坛的通道中，柔和的光线以及习习的微风如何不让人省思忏悔呢？

信徒通过这个连廊，再转 90°，打开钢门便进入教堂，南侧光线和绿色的自然由大片落地窗渗透进教堂中，自然在这里以抽象的方式得到体现。在教堂大厅的设计中，因为基地的限制，教堂位于山顶最为缓坡的地方，安藤为了尽可能不破坏原有的自然环境，连廊以及与连廊平行的教堂与东西向成为 15°，充足的阳光从南侧大窗渗入，照亮西侧圣坛。

在这个教堂的设计中，安藤利用地形，将路径和中心分别表现为一个通廊和一个礼拜大厅，尤其位于自然和风中的路径更加表达了信徒通向天国的道路，基督徒在这样的“路径”和“中心”建造成的基督教堂中完成朝圣、罪恶的肉身升华成为基督身体。

2.4　身体中的秩序

2.4.1　神人同形同性

身体被基督徒看作是基督神圣的身体。中世纪盛期，“基督的身体”逐渐转变成普通人也能了解的受难身体，而且普通人可以将自己的身体与基督的身体视为同一。人类受难与神的受难两者的结合，具体表现在中世纪“模仿基督（Imitation of Christ）”的运动上。[1]这个模仿基督不单单只是个思想运动，而是通过人类身体的受难而加以模仿，来体验基督的悲伤。

基督身体作为上帝的图像，被认为是一种完美的、神圣的形式。因对基督教的信仰以及对古罗马的古典主义的兴趣和对维特鲁威的研究，在 14 世纪、15 世纪和 16 世纪“神人同形同性”模型在建筑中开始得到应用。这也是建筑对身体的一种模拟。在建筑中，“神人同形同性”多代表人与建筑柱式、细部、平面的同型化。这种对建筑的理解起源于维特鲁威。他忠于亚里士多德关于模拟和模仿的理论，通过建筑与人体的协调来肯定古典主义的建筑，这种评述直接影响了文艺复兴建筑中的“神人同形同性”。

“神人同形同性”源自希腊语 anthrōpos（人、人类）和 morphē（形状、形式、外貌），是指把人独一无二的形式和特征给予非人的事物、自然的和超自然的现象、物质状态和物体以及抽象的概念。在宗教和神学的概念中，神人同形同性是指神祇的感知是以人的形式存在的，或者是在某些方面上所具有的人的特性。许多神学著作上涉及到的神祇都表达了人的特性，比如嫉妒、爱和恨。[4]

“神人同形同性”表达了人与世界的一种莫名的宗教关系，基于此，人才能在无根的世界中立足，才能找到自己的定所。建筑上的体现也多反映在文艺复兴时期的理论著作和要塞的工程实践中。

这一观点在米兰建筑师安东尼奥·阿韦利诺·菲拉雷特（Antonio Averlion Filarete）在 1461—1464 年间完成的建筑学论文《论建筑》[5]（*Trattato di Architettura*）中找到了依据《圣经》的判断。菲拉雷特将住宅起源比附到基督教的传统，亚当在被逐出伊甸园之后，不得不建造第一所，也是最原始的棚舍。这也正是菲拉雷特首先给予我们有关原始棚屋的知识。他向我们展示，亚当是如何用他的手臂来形成一个遮蔽物以防雨水（图 2-18）；接着他谈到了一个帐篷一样的住所，以及一个用木头搭在树杈上而形成的屋顶的棚舍（图 2-19）。后来，菲拉雷特解释说，这些有树杈的树干，渐渐发展成了柱子，他在书中有一幅表现这一原始棚屋的构架插图，这是由四根顶端有树杈的树干，并在树干顶端架上了水平放置的树干（图 2-20）。按照菲拉雷特的说法，这一人类构筑物的高度，是按照人的身体的高度搭造的，因此，这座原始棚屋的比例也是依据了亚当的身体的尺寸与比例而确定的。因此，菲拉雷特的原型住所获得了一种建筑表达的基本形式，这不仅标志了建筑本身的起源，同时，也包容了比例与柱式的概念。在菲拉雷特看来，人体比例变成了一个具有决定性的参考尺度。

图 2-18　原始棚屋的创造者——亚当遮蔽雨水

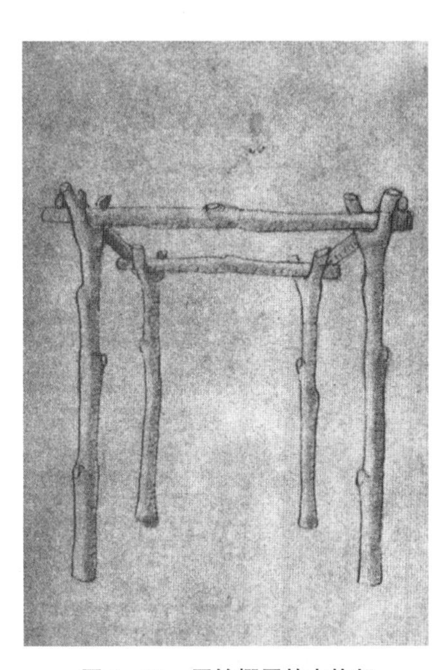

图 2-19　原始棚屋的木构架

图 2-20　原始棚屋

菲拉雷特是纯粹的人体测量学的最早代表人物："建筑学源自于人，因此也是从人的身体、人的四肢、人体的比例等演化而来。"[14]头部，作为人体最高贵的部分，变成了一个标准的度量单位，一个基本模数。菲拉雷特从两重意义上谈到了柱式与人体的关系问题，并将柱式的起源与原始棚屋的起源联系在一起。他以五种不同的人体比例为基础，继续讨论了由于其各自特性的不同而产生的区别："就我所能识别出的，人类的度量特性有五种。"[14]对他来说，这五种特性，就是五种柱式不言而喻的基础。但是他也只对三种希腊柱式感兴趣，在菲拉雷特的著作中，人和柱子、人的头部与柱头部分，在思想上是可以互换的。对他来说，多立克柱式是"大量度"的，有 9 个"柱头"高，爱奥尼柱式是"小量度"的，有 7 个"柱头"高，而科林斯柱式是"中等量度"的，有 8 个"柱头"高。在菲拉雷特看来，从历史的角度讲，多立克柱式是最早的，也是最为完美的柱式形式。亚当作为上帝按照他自己的形象所创造的人类形体，成为多立克柱式的原型。[14]

菲拉雷特的"神人同形同性"思想是将建筑学看作是一个鲜活的有机体。对他来说，建筑学不仅仅是由人体的比例演绎而来的，同时以一种更为隐晦的方式模仿人的身体。像人类一样，建筑也可以生长、患病或死亡。

我将向你们显示，一座建筑物其实是一个实在的生命体，你将发现，为了使建筑得以生存，必要的营养是不可或缺的，恰如人体需要营养一样，它也同样会生病，乃至死亡，因此也需要一个好的医生诊断与看护他的疾病……你也许会说，一座建筑不可能像人那样生病，会死亡，我却回答你说，这并不是不可能的：如果缺乏营养，房屋也会生病，也就是说，如果不能小心维护，建筑物会一天一天地走向衰败，就像是一个人一样，当一个人缺衣少食的时候，会一步一步地走向死亡。一座建筑物也会面临同样的境况。但是，如果在它患病之际，有一位好的医师小心照料，也就是说，有一位训练有素的建筑匠师对它勤于维护与修缮，它也会体魄健壮，延年益寿。[14]

菲拉雷特甚至进一步发展了这种观点：身体"包含了孔腔、入口和深深的空间，其导致了其恰当的功能"，同样的，建筑物也有孔洞，就是门和窗。建筑物如此，城市也是这样："就好像眼睛、耳朵、鼻子和嘴巴、静脉和内脏，器官都被安排在内，并且作为身体所需和必需的功能；人们应该在城市中也这样做。"此外，就像身体一样，建筑物和城市也会生病：一个建筑物能够"生病和死亡，有时它可以被一个好的医师治愈……它恢复要一些时间，感谢一位好医师，直到它死亡。一些建筑物则从来不生病，会突然的死亡：就像被人为的一些原因突然杀掉"[16]。菲拉雷特甚至将他的这种亦真亦幻的有机理论进一步发展为"业主是房屋的父亲，而建筑师是房屋的母亲"的说法。他的有机理论暗示了某种功能主义的思想。

这种隐喻似乎有一些牵强，直到我们能够理解这种类比的全部的动力。菲拉雷特将对死亡的理解同其出生、赋予它生命联系起来，这就是建筑师的起源。按照菲拉雷特的说法，建筑师是建筑物的"母亲"。在"诞生"建筑物之前，他必须梦到它，并从每一个角度在精神上审视观察它，就好像一位母亲在自己的身体中孕育宝宝一样；一旦建筑物出生，建筑师就成为它的母亲。"新出生的婴儿"就成为一个很快由保姆和一位家庭教师——泥瓦匠和工人——供养的模型。"随着建筑物的成长"，建筑师必须满意地来构思，因为建造的行为正是一种满足感官的愉悦。

"神人同形同性"在维特鲁威之后并非是建筑设计的主要想法。阿尔伯蒂在《论建筑》中再次提及它并且将建筑引喻为人的身体；人身体中的韵律、成长、死亡都和建筑中的一些建造、维持机制有关。而正是菲拉雷特将"神人同形同性"推展至更深入建筑设计的理念上，他认定建筑中所采用的形式、柱式、装饰的意义都和人的样子、人的生存价值、活动、道德观有不可分的关系。菲拉雷特开创性地将建筑的式样与人的道德、伦理阶级进行了深刻地诠释，这一特点是和文艺复兴的人本主义有不可分的关系。

文艺复兴另一位著名建筑师弗朗切斯科・迪・乔其奥・马尔蒂尼，以大量的实践来完成了对"神人同形同性"的理解。这些实践收录在他的两部著作中——《建筑、工程与军事艺术著述》(*Trattato di Architettura Ingegneria ed Arte Militare*)和《民用与军事建筑》(*Architettura Civile e Militare*)。他以日常生活思考建筑的笔记，结合评论古典建筑思想，完成了这两部富有大量插图的建筑理论书籍。书中引用了大量维特鲁威的资料，尤其是"神人同形同性"的观点，并以他身为建筑工程师的观点，论述了许多其他建筑理论书籍中不常见的军事城池的构建方式。

在弗朗切斯科的作品中还有另一种维度，就是他对身体的关注，他将其既作为是对城市及其组成部分的比拟，也作为是用来产生建筑物及其组成部分的形式和比例，小到檐口、柱子和柱头，大到教堂的平面。

弗朗切斯科・迪・乔其奥的第二本著作《民用与军事建筑》是将他最初在第一部著作中提出的思想加以扩展。他不仅在人与建筑之间进行类比，同时也将人与宇宙进行类比，这样，他的思想就与盛期中世纪的知识世界搭起了一座桥梁："人，可以看作是一个小宇宙，在人的身上，人们可以发现整个世界的所有完美之处。"[14]

作为一个理论家，弗朗切斯科也从未放弃作为一位执业建筑师。艺术家的设计与设计的具体实施在阿尔伯蒂与菲拉雷特那里是两码事，但是在弗朗切斯科这里，二者变成了一个统一的整体。他那种所有建筑都是从人体的量度中演绎而来的公理运用在他所实践的设计项目中。他在应用人体测量学方法上，获得某种建筑模数的成功，虽然，他这样做是基于一种形而上学式的思考，他的这些思想成为后来的勒・柯布西耶的"模数人(modulor)"思想的先驱。

"神人同形同性"并不是一个建筑上的概念，确切地说，它是宗教上的概念。约翰・奥尼尔认为，如果没有"神人同形同性"，那么人类难以在世上立足。假如人们彻底抛弃"神人同形同性”，那么世界之于我们就变得比任何一位神祇更为陌生。因此“神人同形同性”是人类对世界的一种最根本的反应方式：它是人类在构建其自身、构建其世俗组织及神祇谱系过程中的一种创造性力量。[17]

2.4.2 身体象征柱式

将身体看作为柱式这种源自维特鲁威的类比在16世纪非常普及。最早探讨建筑的英文著作是约翰·叙特(John Shute)1563年出版的《建筑学的第一和首要原理》(*First and Chief Grounds of Architecture*)，该书专门图示阐释了柱子的各个部分与人之间相匹配的地方。[18]该书详细阐述了维特鲁威的线索，认为柱式同样表示了五个年龄阶段的人，每个年龄阶段都可以具体化成为一个神或英雄，如作为塔斯干柱式的头发灰白的阿特拉斯神(Atlas)和作为组合柱式的潘多拉(Pandora)。

弗朗切斯科以维特鲁威式的图解式阐释方式，将柱式从人体的比例中实际地推演出来，并且解释说柱子身上的凹槽在数量上是基于人的肋骨数的。弗朗切斯科发展了一个与柱式有关的建筑起源理论，不过，与菲拉雷特相反的是，他不是以柱子与人体在比例上的相互对应作为前提的，而是从两者之间的逐步接近而展开论述的。他宣称，经过一番谨慎细致的测量分析，他找到了他自己有关柱身与柱头的比例关系，为人体与建筑的量度研究增加了内容，并最终得出了与维特鲁威的柱子比例相对应的“一般性标尺”的比例关系。而且，弗朗切斯科通过对人体的头部与神庙建筑的柱顶楣梁的比例分析推演，将人体测量学的原理予以了深化(图2-21，图2-22)。

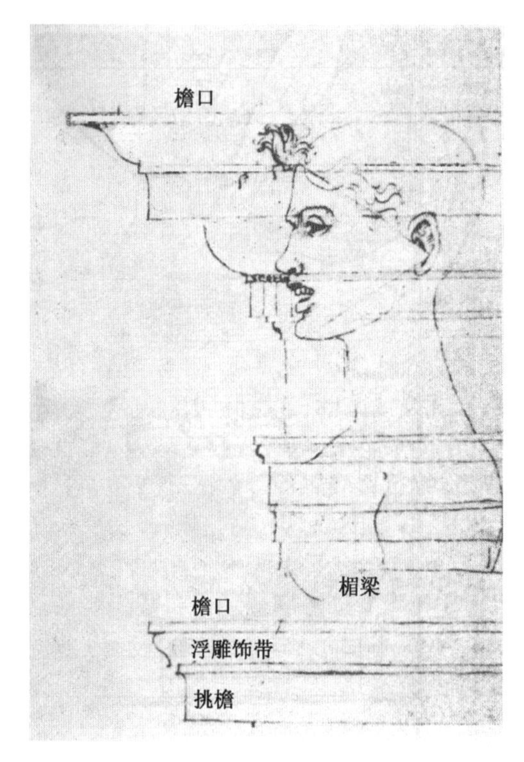

图2-21 人体测量学的柱楣线脚

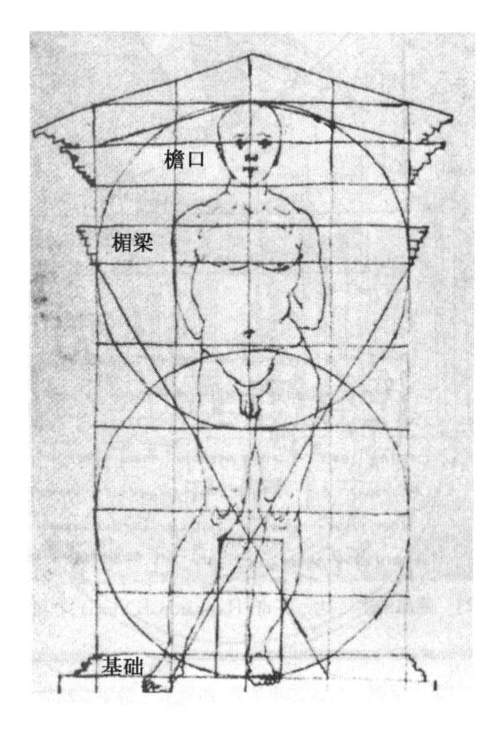

图2-22 人体测量学的圣·玛利亚感恩教堂正立面

除了柱身与身体躯干相类比之外，更细致的是头部与柱头之间的类比。最典型的类比就是布劳戴尔(Jacques-François Blondel)所做的工作。对布劳戴尔来说，教授柱式并不是最好的，但却是最基本的辅助，因为身体的类比为神职建筑师提供了一种真实记忆的保证：仅仅通过记忆与身体密切的类比，就能够确切地回忆起各种柱式不同的类比。此外，他更加关注一些细节的类比，比如将脸和檐口进行类比。

布劳戴尔分别将帕拉迪奥(Andrea Palladio)、斯卡莫齐(Scamozzi)和维尼奥拉(Giacomo Barozzi da Vignola)三位建筑师所设计的塔斯干檐口进行比较，他将人类的轮廓分别叠印在三个檐口之上，发现帕拉迪奥所设计的檐口轮廓"就像一个人的脸，其各部分似乎不那么和谐……好像是一个12岁的鼻子放置在80岁的人的下巴之上，并且安置了一个中年人的前额"(图2-23)。他对斯卡莫齐的檐口批判也类似；不过维尼奥拉的轮廓受到高度赞美："前额、鼻子和下巴三者之间呈现出一个很容易接受的关系，其导致了一个前面二者所没有呈现出的一个整体性的轮廓(图2-24)。如果这些评论有基础的话，我们的法国建筑师对这三者之间的判断，则更加倾向于维尼奥拉。"[18]

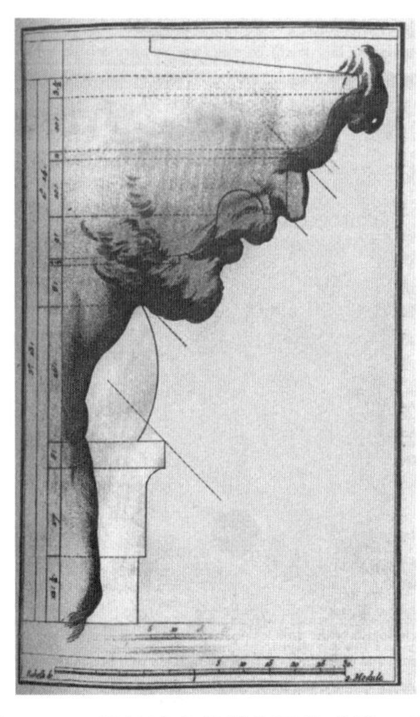

图2-23　帕拉迪奥的塔斯干柱式檐口轮廓

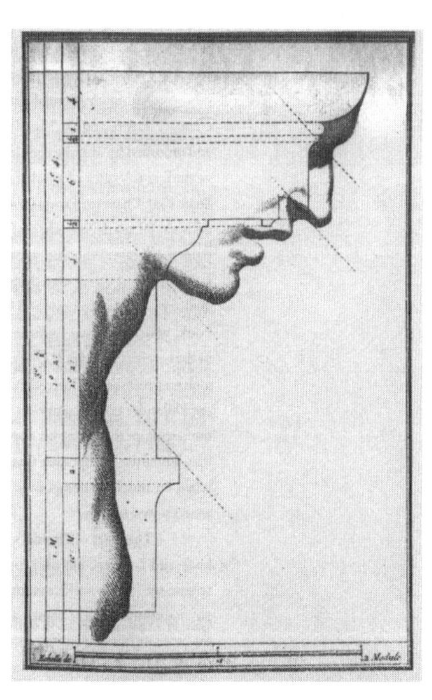

图2-24　维尼奥拉的塔斯干柱式檐口轮廓

布劳戴尔认为这种类比也仅仅是作为"比较自然和艺术之间的一种辅助"，不过他同样也认为建筑物的特点可能受到改变线脚尺寸的影响。布劳戴尔在脸和檐口之间的比较基本上没有采用先例，因为这二者之间的类比涉及"人相学(Physiognomy)"。这种对脸面、人相学的研究在中世纪被看作是与占卜术相联系的一种占卜形式，它被当时的亚里士多德的权威所神圣化。人相学认为身体上的特征和欲望是通过外在的面相表达出来的，也就是中国人所说的"相由心生"。

人相学通过对人和动物的面部构成的不同形式进行分类，形成了最早的分类学。文艺复兴时期的意大利科学家和戏剧家伯塔(Giambattista della Porta)通过这种分类,而获得了一种科学化地对古代知识的分类。在建筑学中,通过柱式与身体的类比、檐口与脸的类比,建筑理论者借助于人相学对建筑的柱式细部特征进行了基本的分类。建筑学的分类法直到生物学的出现才趋向成熟,但在文艺复兴时期,建筑学就已经被看作为一种知识形态而进行分类。

2.4.3 身体象征教堂

在14到16世纪期间,身体图像被应用在建筑的平面、立面中,特别是教堂和堡垒的设计,其整体和细部都是基于身体上的比例来的。如圣·弗伊修道院(Sainte Foy Abbey)的平面设计,基本上是将身体投射到平面中。这种将人体看作是基督教堂平面的做法最初来自于耶稣。在《约翰福音》的第十章及十四章中,耶稣曾说他要拆除所罗门圣殿,并用三天再建造另一座殿堂。当大家疑惑地问"你如何能在三天之内造好一座圣殿"时,耶稣则说,"我的身体就是神的殿堂,我就是圣殿"。耶稣还说他便是门,是道路;也只有通过他的身体,人们才能走向天国。这种隐含的观念在文艺复兴时期成为宗教建筑设计上极重要的观念。

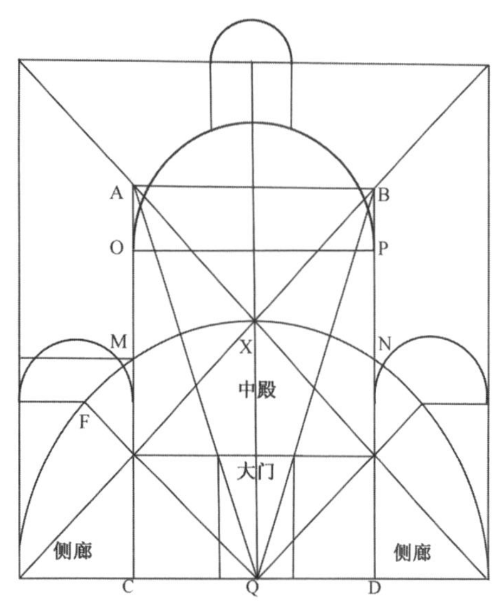

图 2-25 教堂的几何剖面

弗朗切斯科·迪·乔其奥用一系列的数字和双重网格的设计列出了关于教堂剖面的比例数字关系(图 2-25),他宣称这些数字是从维特鲁威那里学习到的。

弗朗切斯科描述了庙宇和教堂的立面创作。因为庙宇的立面是衍生于人的身体,所以维特鲁威按照属于身体的方法和测量来开始设计。他将身体划分为9个头部(从前额的上边缘到下颚的底部),按照人体的图像设计一座教堂的立面(图 2-26)。这个图像展示了一个手臂伸展的人,他的主体和头部对应于教堂的中殿,有倾斜的胳膊表示了侧廊屋顶的倾斜。"维特鲁威人"的整个身体和教堂的整个主体的高度都是$9\frac{1}{3}$的脸高(多余的$\frac{1}{3}$是从发际线往下整个头部的高度),中殿在肘部,和侧廊联系在一起,大门是在膝盖的关节处打开,头部位于山墙的位置。当讨论到平面的时候,弗朗切斯科对这种方法和源泉则更加清晰明了:

图 2-26 教堂立面中的身体

许多想法努力在他们所有的行为中模仿自然，并且在自然中学习到方法：就如人的划分和元素的划分，从这个划分法，柏拉图写出完美的数字，这种如何划分可以发现其来源。维特鲁威从中演绎出测量法和庙宇和柱子的比例，因此他说，没有这种匀称，没有哪个匠人可以制作出美好的和理性的东西。[18]

2.4.4 身体象征城市

菲拉雷特是首先尝试将源自身体的理想几何形与第一个现代化的筑城术布局相和谐的建筑师。在他的论文中，他就已经预料到了稍晚一些的建筑师弗朗切斯科对"神人同形同性"的借用，以及生物学上的类比。相对于古典的文艺复兴的圆和方的结合，菲拉雷特的几何是基于圆和两个相连接的方的基础之上的。这种图形被卢卡·帕西奥利(Luca Pacioli)在他的《神圣的比例》一书中理想化：

大自然，神的代言人，赋予人类一种可以对应于身体的所有部分来按照比例进行构思的头脑。因此，古人已经考虑到了按照人类身体的严格结构来构筑他们的作品，最主要的就是按照这些比例构筑的神庙；因为他们发现了两个基本的图像：完美的圆形和等边方形，在这两个图像中，所有的可能都可以实现。[4]

城墙的简单圆形可能是城市最古老的图形符号，就像切阿拉·弗洛葛尼(Chiara Frugoni)指出的一样，实际上，"这种象征已经在造币的古典艺术上采用，造币——这种到处流通的媒介，成为传播图形并使人熟悉它的重要传播手段"[4]。这是在拜占庭中形成风俗。在西方，"墙是四边形，或常常是六边形，有时也是多边形，从9世纪开始，常常是八边形"。弗洛葛尼展示了一些中世纪的图形符号，一些两个相联结的方形形成的八边形。可能是对这些图形的熟悉精通刺激了菲拉雷特作出将所有这些元素——圆形、八边形和两个相联结的方形——结合在一起的决定。他的方案明显的是，一半是图形符号，一半是理想城市平面。这可能是15世纪中期以一些圆形形式流通的新的筑城形式，与中世纪的堡垒结合起来的尝试。

在菲拉雷特设计的斯弗金达(Sforzinda)的理想城平面中(图2-27)，圆形变成了圆周形的水路，部分是护城河，部分是渗透到城市中的运河。城墙是由两个交叠的方形形成的。大门位于凹入的角部，放射的道路与建筑物直交的平面以及城镇中心的开放空间并不是恰好地咬合在一起。城墙凸出的角部通过圆形的塔楼巩固了防御工事。就像城市中的其他建筑物一样，圆形的塔楼延续了圆和方的构成。按照他的文本，方形房间位于圆柱形塔楼内部中，帝王花园的方形平面被"放置在圆形中"。菲拉雷特的"神人同形同性"的类比再次与几何结合在一起。按照苏森尼·朗(Susanne Lang)的话

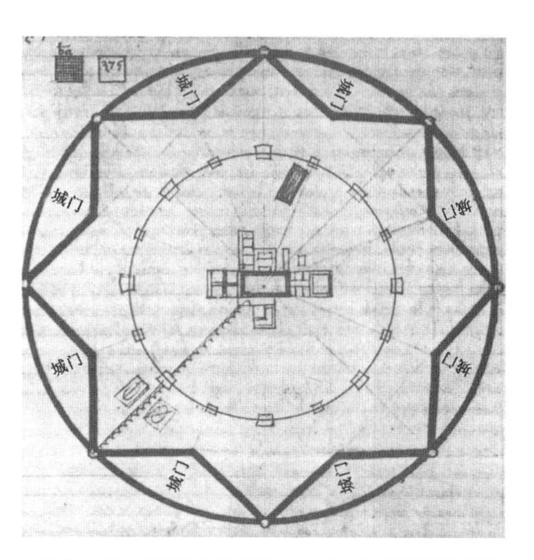

图2-27 斯弗金达(Sforzinda)的理想城平面

说，“被分割成像地球的地图一样，包括高高的土墩以及环绕周围的河渠水系——这种图像表达出新的重要性，如果河渠代表人的动脉和静脉，那么我们就拥有人与宇宙之间的一种认同……这在中世纪和文艺复兴的思想中占相当大的一部分”[4]。

斯弗金达是一个锯齿形平面，与古典多边形的棱堡工事解决方案并不完全一样，但是它是城市筑城术新奇的一个重要象征，并且是文艺复兴时期几何在城市设计中作为整合元素的意义深远的展示。菲拉雷特的锯齿形平面，在筑城术方面有着一套确定的自身的逻辑。后来的弗朗切斯科・迪・乔其奥展示了一些具有相似特征的方案，并被广泛地应用在16世纪中较小的城堡和野战工事中(图2-28)。

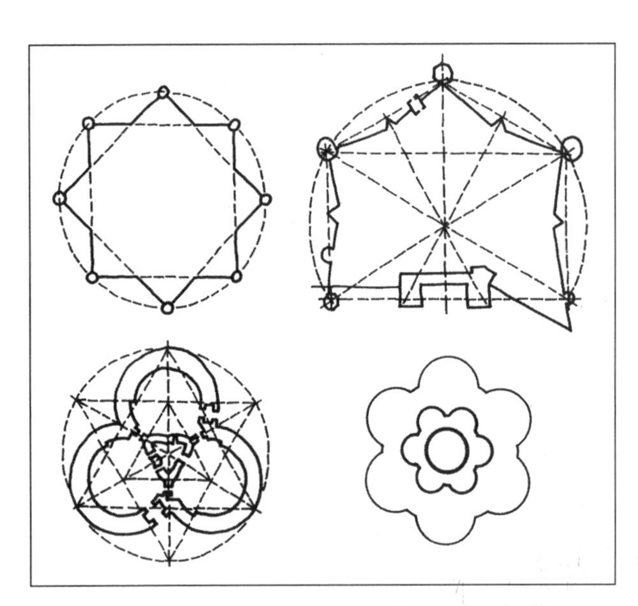

图2-28　15世纪和16世纪城堡平面几何学

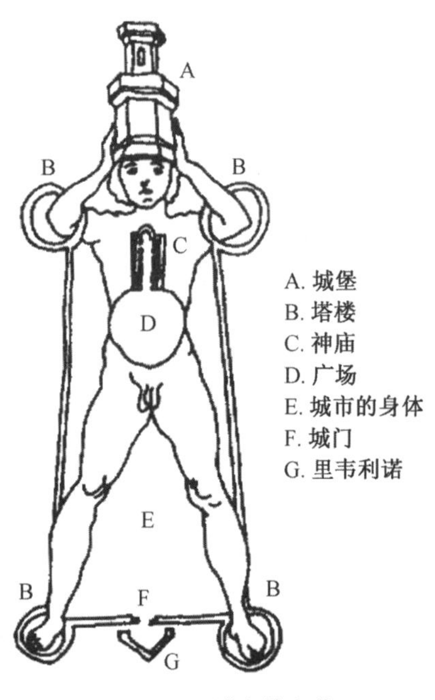

图2-29　城市的身体

弗朗切斯科的著作中一系列要塞的设计，许多都显示了意大利的那些尖角具备棱堡体系前景的设计方法，其中相当多的是作者自己在马尔凯和北意大利设计的，这是展现弗朗切斯科实践能力的一面。弗朗切斯科・迪・乔其奥受维特鲁威的启发，认为每一种艺术与“计算”都应该是从比例优雅的人体中演绎而来的。他将圆形和方形引入到城市中，表示与人体的一致性，宣称所有的建筑量度与比例，都是从人体中演绎而来的。他试图将筑城学融入人体测量学体系(anthropometric schemata)，并且在理论中运用了有机性术语。在他谈到“城市的身体(body of the town)”时，认为：“城市具有人的身体的品质、维度和形状。”他设想了一个城市的平面，在这个平面里包裹着一个男性人体，他的头部矗立着一座城堡，他的肚脐是中心广场的位置(图2-29)。对这个城市的平面来说，他追随了维特鲁威。将城市的平面具体化建立在人的图像上。他为这个观点插图提供了说明：

就像维特鲁威认为，所有的艺术及其方法都来自于良好构成和良好比例的人体……因此自然就(向古人)展现了脸和头部是其最高贵的部分；因为看得见的眼睛能够判断整体，因此一座城堡就应该放置在城市中最显著的位置，它可以俯瞰，并且可以判断整个身体。对我来说似乎城市、要塞和城堡应该按照人的身体来构成，并且头部应该与适当的局部保持一定的比例关系；因此头部应该是城堡，胳膊连接和围合着墙，墙体在四周环绕，并将剩余的部分约束到身体中，形成一个巨大的城市。[18]

弗朗切斯科的设计图纸中最经常出现的是一个人手中拿着的城市模型（图 2－30），这个可以通过参照关于亚历山大大帝（Alexander the Great）的平面的故事来解释。这个平面是由建筑师德诺克里特（Denocrate）设计的，他发现了一座位于阿索斯山（Mount Athos）上的新的城市，其平面就是人体的形式。另一个著名的弗朗切斯科的图纸显示了一座人体形式的有城墙的城市，其塔楼要塞的支撑就像是头上的皇冠。城墙围合身体，塔环绕着足和肘。这里要塞被比作为是城市的“头”，被描述成为是“最高贵的部分”，通过城市身体的“眼睛”来俯瞰和眺望，就像一位“医生”快速地行动来处理问题，“因为甚至很小的未治疗的伤害都会变成是致命的”。治疗医生与建筑师担负着同样的职责，阿尔伯蒂和菲拉雷特也都阐述过类似的观点。在弗朗切斯科的理想图表中，他的类比比其他人更加清楚地谈到了统治者的要塞作为世俗权力场所中心的重要性，也更多地揭示了关于文艺复兴的权力的概念和对权力的表现。

图 2－30　拿城堡的人

弗朗切斯科的“神人同形同性”的类比并不是一种设计导则。然而，在新的筑城术的转化阶段，中世纪传统的元素就保留了下来，并加入了新的形式。弗朗切斯科通过采用“神人同形同性”的类比和图像，为城市要塞寻求一种有意义的整体结构。如果字面上的“神人同形同性”可能对实践的要塞设计没有帮助，那么几何是一种不同的提议。精确的测量和良好设计的防御工事是新的围攻战争中所必需的。在平坦的基地上，设计者有机会提议晶状体的规则性几何方案。当然在实际中，对这种几何形式的军事上的使用有许多反对意见，因为军事建筑要不得不对应不同的地形。所以 16 世纪晚期贝鲁奇（Bellucci）坚持不懈地对其进行批评。贝鲁奇首先将他们自身看作是专业的军事人员，并且劝说读者不要相信建筑师的建议，“因为书本不会打仗”。即便如此，这种对几何形式的迷恋仍然是军事建筑不可忽视的一个方面，并且它是可以明显地证明许多军事建筑在这个主题上的表达。它被不同的建筑师所解读，如安东尼奥·达·桑迦洛（Antonio da Sangallo）以及年轻一点的米开朗琪罗（Michelangelo），米开朗琪罗相信“动物形象的”筑城形式——部分是生物的，部分是几何的——长久地激发了艺术历史学家的兴趣。[4]

2.4.5　小结——来自身体的几何与比例

几何图形的象征化结构曾在中古时期扮演着“科学（scientia）”的原点。而在文艺复兴时期，几何则被发展成解释宇宙、人与宇宙以及神与人中间更加紧密扣合性的工具。德国哲学家尼古拉斯·德·库萨（Nicholas de Cusa）[6] 的哲学观，正是首先将人“定在”一个无中心化的宇宙中，而数字的几何结构正是让人在无中心的宇宙中，能成为趋近神中心的工具。神则被表征在圆形的结构中，并成为中心中的中心。[19] 在柏拉图的《蒂迈欧篇》中的宇宙观也是将圆形结构视为计划化的原型，而神则显示在圆形符号的正中央。在此几何代表神的概念下，有了文艺复兴时期最常见的中心式教堂设计成就；这样的教堂出现在达·芬奇的手稿中、米开朗琪罗的圣·彼得大教堂以及伯拉孟特(Donato Bramante)的圣·彼得小圆教堂中。这种将几何，尤其是圆形作为建筑显示的平面，在文艺复兴的理论中，已经不属于远古时期那种单纯诠释“大宇宙”化为“小宇宙”意义呈现的方式，而是将神(基督教的神)借着数学符号的象征显示出来。

“这中心化的原型，在我们生活周遭是不可见数学象征下的可见物质体；而这其中的关系是可被很清楚地、直觉地感受出来的。”[19]也正是如此感受“世界”的方式，将几何建成圆顶、圆形平面空间，人们才能彰显真理下神的价值与意义。

比例之所以与身体相联系在一起，应该是源自于人类对大自然的探索，而人的身体作为造物主的杰作，也被当作是大自然规律的集中体现。完美的身体反映出了大自然中的核心规律，人们借助于了解人的身体来探索大自然中的规律，身体在此也只是作为与人相对的一种客体存在。人们探索身体与建筑之间的比例关系，或者直接将建筑模拟为人的身体，模仿人的身体比例；而身体只是作为一种客观存在的静止工具。

身体上的数字进化到建筑比例及几何的应用，都与“测距”有关，因为建筑的建构与设计不外乎是来自于“测量”“记数”“绘制”“安排”以及“分割”，再而延续到“比例”“关系”“全体与部分”以及“分配”等，而所有的这一切都来自于那最基本的“测距”或是“理解”距离的方式。“测距”便是以最靠近我们及我们身体的部分作为测量东西的开始，斯宾格勒清楚点出了“量距”的基本工具便是我们的身体。也就是身体，我们开始能为特定的距离作下注记：以手肘的长度作为一个单位量距空间，以迈开的步伐作为另一个单元的注记。也就是由于对身体的观察，人们将发现头、身体以及脚所占特定部分与整体的关系。每一部分若被注记为一个单位(模距)，它所占部分与整体间的关系便会呈现。当这种被认定具有“和谐”关系存在时，这部分与整体所形成比例的数学关系就成为重要的关系。维特鲁威曾说在量距了一个奥林匹亚的英雄后，最美的头部及身体的比例是 1∶10。迪埃戈(Diego de Siloé)[7] 则认为是 $9\frac{1}{3}$，也就是$\frac{28}{3}$，因为 28 正是毕达哥拉斯(Pythagoras)的“完美数字”之一。身体最初作为一种测量的单位出现，这种数字上的关系构成了一种比例。

对于维特鲁威而言，比例不是一种美学概念，仅仅是一种数字关系，而不是在应用中引发的结果。维特鲁威关于比例问题的关键表述，出现在第三书第一章的目录中：

神庙建筑的平面是基于均衡这一基础之上的，对于这一均衡性规则建筑师们必须以一种富于耐心的精确性去顺应。均衡是起源于比例的，在希腊语中“比例”被称作analogia。比例是在当建筑物的所有部分，以及建筑物本身作为一个整体，基于一个经过选择的部分，被看作一种量度(commodulatio)的时候出现的。由此出发，均衡已被推算出来。如果没有均衡与比例，也就没有一座神庙被理性地设计出来，除非一种情况，那就是在建筑物的各个部分之间存在着某种精确的关系，就如一个天衣无缝般完美的人体一样。[6]

在这一段落中，建筑比例以三种方式加以定义：首先，由各个部分彼此之间的关系确定；其次，对于所有的量度，以某个一般性的模数与其发生关联；最后就是基于对人体的比例分析。[14]比例即是作为某种绝对数字之间的关系，同时比例还是对人的身体关系的分析中衍生出来的——人体测量学比例。

维特鲁威还在同一章节中宣称“模度”实际上是柱式建筑的根本，甚至连柱子中最小的细部也都是来自于“模度”的增加或减少。这种方式是让所有被建造的柱子都呈现一定的规律以及固定的造型，并且保证着一种令人满意的比例系统。这种“模度”正是来自于那个确定多立克柱型的男子的脚长。这种“柱式”在维特鲁威的著作中，并没有像在文艺复兴经典著作中那样占有重要的地位；比例对他来说，只是具有从人体推衍而来的经验主义的价值，并不具有绝对的价值。但是在文艺复兴时期，这种维特鲁威所描述的建筑的“体系”却得到了挖掘和阐述，并被奉为圭臬，柱式以及比例在阿尔伯蒂的著作中，成为一种系统性的表达。

文艺复兴对比例的重视，是出于对“人文主义”的强调，也即是重视人与神的对立，鲁道夫·威特科尔(Rudolf Wittkower)在《人文主义时代的建筑学原理》把它看作为是一种具有数学和谐的抽象艺术：“正如对其他文艺复兴时代的建筑师而言，这种人为的和谐是对神圣的和普遍有效的和谐的一种明显的回应。”[19]如果宇宙以及它所包含的万物(包括人的身体)为数学和谐所控制，将一种类似的和谐应用到我们加之于宇宙的事物中，还有什么比这种做法更为合理的呢?

比例理论在建筑创作中，似乎只有一种技术性层面上的意义，但是它却反映了一种世界观，这种世界观根植于古希腊的思想中，它的理论基础来自于两个方面：一是由公元前6世纪的毕达哥拉斯的“所有的事物都是数字”的看法，发展成了认定空间上的美和数字上的关系不可脱离。建筑上的数字反映人体比例的关系在维特鲁威的文献中已经被充分说明，由于人是神的创作，于是人身上所呈现的样子正是神意愿的反映，他身上的比例也正清楚地点出这不可逾越的宇宙秩序。这原属于希腊宇宙观哲学、自然学的思考由毕达哥拉斯、柏拉图的数字象征论发展成了整体的数字学(numerology)，并与不同知觉现象的艺术(如音乐)整合成一个古典建筑学中最重要的理论。

第二个基础来自于15世纪初期由伯鲁乃列斯基(Filippo Brunelleschi)、阿尔伯蒂等人的研究，他们通过对视觉概念的研究(包括中心透视法)认为，在主观化的数字比例操作下，建筑空间所呈现的面貌和客观知觉上的感觉是没有冲突的。鲁道夫·威特克沃清楚地说明了这一点：“文艺复兴的艺术家们发觉主观观念下的数字和谐和个人知觉上的经验是一致的。由于这样的发现使他们完全同意这样的做法，尽管他们也知道当人身体移动时，空间经验的感觉是会随之改变的。”[19]

那么比例是一种美学策略吗？如果是，比例能够创造出美吗？如果可以，那么这种创造出的美同样具有艺术倾向吗？荷兰本笃会修士建筑师范·德·拉恩(van der Laan)声称，他所发现的比例理论——塑性数，不是源自自然并用于建筑学的，而是相反，是显现于建筑学中，并且加之于自然的。[20]他拒绝将比例理论视为一种工具或者策略，而是认为其是一种更为重要的事物，他所发现的理论——塑性数，其作用并不在于帮助构建一种更好的建筑学。他说道：“对我而言，塑性数不是建构建筑学的一种手段，而是其目的。”[20]所以说，比例并非一种设计的工具，而是其目标；不是手段，而是目的。

然而，对于比例的提倡者来说，比例被作为策略或者规定而得以出现，目的是避免难看的形状以及设计出愉悦的形状。那么，比例是一种客观的数字，还是一种主观性的思考呢？文艺复兴建筑师们使用比例的观念，虽然源自于“新柏拉图”主义的数字观以及音乐比例观念，但仍具有相当多元化的使用个性。不论是阿尔伯蒂的比例理论可作为是理解文艺复兴比例观与音乐相互关系的解释工具，还是菲拉雷特比例可看成数字象征化的结果，或是如弗朗切斯科将其看成与音乐和谐音中间对应人类不同知觉感受的同质感推理；比例的观念都并不单纯是数字上相对应的问题，它开启及引入了对于听觉及视觉是否可以互通下的辩论，它也开启了更加复杂化的“数学性”建筑美学的观点。帕拉迪奥总结了由伯鲁乃列斯基、阿尔伯蒂、伯拉孟特到文艺复兴后期的比例应用学。这个强烈依附于新柏拉图观下的宇宙逻辑操作，说明了整个文艺复兴的神学、哲学、音乐学，以及人体比例、几何完美性、数学象征主义、透视学等多重因子的组合。当我们将文艺复兴建筑学上的知识与比例结合在一起时，理论上的“进展”也暗示我们比例不会是一个固定公式下的机制，它由宣告数字为一切设计的原则，进展到了数字中互相对应的比例关系，甚至成了复杂公式化的一部分。

佩雷斯-戈麦兹在他的《建筑与现代科学的危机》一书中，经过仔细考察西方建筑中数学几何比例体系性质的变化之后认为，从 18 世纪法国新古典主义到 20 世纪现代主义，传统的比例体系虽反复延用，却仅是作为一种工具，而不具有从古希腊和文艺复兴所包含的表达宇宙和谐数学几何关系的形而上学的意义。可见，这种来自身体的数字最初所表达的意义随着伽利略、笛卡尔思想为基础的现代科学的兴起而沦落成为一种工具，勒·柯布西耶的“模度”也许就是这位现代主义大师试图从身体出发，唤醒这种最基本的意义，并将其与现代主义的模数化结合起来的一种创举。

2.5 本章小结

在维特鲁威和文艺复兴的理论中，身体的物质形态被直接投射到建筑物上，建筑物既代表了身体，也表达了身体理想的完美。一方面，建筑物从身体中得到有机且自治的形式。建筑物可以通过自身各部分的类比来对自身进行矫正。文艺复兴时期形成了独特而富有魅力的身体与建筑的比拟——神人同形同性，正是这种有机形式的完美体现。维德勒认为这种比拟在当代建筑学中已经衰落了，这也正是当代建筑学的悲哀。由身体发展出来的数字及比例逐渐发展成一种提引视觉印象到特定美学反应呈现的工具，它将知觉化的感觉“理性化”为数字。然而，这种身体数字并不被看成一种视觉现象，而是某种更为深奥事物的外在符号：一种与世界之普遍和谐的一致。正是从这种更为深刻的和谐中，建筑学通过身体与柱式、建筑和城市之间的类比，获得了它的“善”或“真”。

文艺复兴的理论家，从阿尔伯蒂到弗朗切斯科·迪·乔其奥，菲拉雷特到莱昂纳多·达·芬奇，都赞成这种类比，发展了一种整体理论的尝试。对他们来说，建筑物确实就是身体——神庙或教堂是所有最完美的，城市也是身体社会的和政治的位置。这种有机的类比，通过人物形象（神人同形同性的形式，从柱子到平面和立面）和具体化的几何学表达出来。在他们看来，建筑物就是真正意义上的身体。

另一方面，建筑学依赖与身体的类比，获得了一种类似“人相学”的分类。文艺复兴时期的理论家布劳戴尔等通过身体与柱式、脸面与檐口等具体的类比，将建筑学按照自身的特性进行分类。文艺复兴的理论家试图借助于占卜学和人相学，将建筑学看作是一种知识形态，来完成建筑学学科自身下的分类与组织结构。

这种古典主义传统一直持续着，直到18世纪末，在巴黎美术学院的坚持下持续得更长久。身体，其物质形态的投射，其均衡、比例的标准，以及行为的优雅和力量的混合，成为建筑学的蓝本。就像杰弗里·斯科特在1914年《人文主义建筑学——情趣史的研究》中写道："这种建筑学的中心是人体，它的方法就是把人体最喜爱的状态改写到石中，使精神与情绪、权力与欢笑、力量与恐怖、平静感等等在其边缘见之于形。"[21]

本章注释

1 萨福，希腊抒情诗人，虽然她的抒情浪漫诗只保存下一些片段，但她仍被认为是古代最伟大的诗人之一。

2 埃斯库罗斯（前525年—前456年），古希腊悲剧诗人，与索福克勒斯和欧里庇得斯一起被称为是古希腊最伟大的悲剧作家，有"悲剧之父"的美誉。

3 关于对城市建造的以下内容，参见约瑟夫·里克沃特. 城之理念——有关罗马、意大利及古代世界的城市形态人类学[M]. 刘东洋，译. 北京：中国建筑工业出版社，2006。

4 http://en.wikipedia.org/wiki/Anthropomorphic。

5 *Trattato di Architettura*。全书最大的特点在于深刻的"神人同形同性"，其混合着半基督教、半神秘主义的观念。菲拉雷特采用了一种叙述化的日常对话的方式，描写了一座想象中的"乌托邦"城市斯弗金达（Sforzinda）中所被安排的建筑及城市的规划。

6 尼古拉斯·德·库萨（1401—1464年），德国主教、学者、科学家、数学家及哲学家。

7 迪埃戈（1495—1563年），西班牙文艺复兴时期的建筑师。

本章参考文献

[1] 理查德·桑内特. 肉体与石头——西方文明中的身体与城市[M]. 黄煜文，译. 上海：上海译文出版社，2006：5，12，33，86，91，111，115，118，146.

[2] 罗素. 西方哲学史（上卷）[M]. 何兆武，李约瑟，译. 北京：商务印书馆，1963：46.

[3] 丹纳. 艺术哲学[M]. 傅雷，译. 南宁：广西师范大学出版社，2000：75，77，78，340.

[4] Dodds G, Tavernor R. Body and building: essays on the changing relation of body and architecture [M]. Cambridge: The MIT Press, 2002: 3,121,124.

[5] 罗兰·马丁. 希腊建筑[M]. 张似赞，张军英，译. 北京：中国建筑工业出版社，1999：130.

[6] 维特鲁威. 建筑十书[M]. 高履泰，译. 北京：知识产权出版社，2001：1，71－72，74，101.

[7] 傅朝卿. 西洋建筑发展史话[M]. 北京：中国建筑工业出版社，2005：141－142.

[8] 约瑟夫·里克沃特. 城之理念——有关罗马、意大利及古代世界的城市形态人类学[M]. 刘东洋，译. 北京：中国建筑工业出版社，2006：72.

[9] 卓新平，许志伟. 基督宗教研究（第5辑）[M]. 北京：宗教文化出版社，2002：137.

[10] 卡尔·白舍尔. 基督宗教伦理学[M]. 静也，常宏，译. 上海：上海三联书店，2002：83.

[11] Chadwick H, Grant R M. Origen: Contra Celsum[M]. Cambridge: Cambridge University Press, 1965: 381.

[12] 褚瑞基. 建筑历程[M]. 天津：百花文艺出版社，2005：161.

[13] Risebero B. The story of Western architecture[M]. Cambridge: The MIT Press, 1985: 57.

[14] 汉诺-沃尔特·克鲁夫特. 建筑理论史——从维特鲁威到现在[M]. 王贵祥，译. 北京：中国建筑工业

出版社,2005:7,29,32-33.
[15] 克里斯蒂安·诺伯格-舒尔茨.西方建筑的意义[M].李路珂,欧阳恬之,译.北京:中国建筑工业出版社,2005:60.
[16] Vidler A. The building in pain: the body and architecture in post-modern culture[J]. AA Files, 1990(19): 3-10.
[17] 约翰·奥尼尔.身体形态:现代社会的五种身体[M].沈阳:春风文艺出版社,1999:1.
[18] Rykwert J. The dancing column: on order in architecture[M]. Cambridge: The MIT Press, 1996: 32,36,45,61.
[19] Wittkower R. Architectural principles in the age of humanism[M]. New York: W. W. Norton & Company, 1971: 7,27-29.
[20] 理查德·帕多万.比例——科学·哲学·建筑[M].周玉鹏,刘耀辉,译.北京:中国建筑工业出版社,2005:13,15.
[21] 杰昂里·斯科特.人文主义建筑学——情趣史的研究[M].张钦楠,译.北京:中国建筑工业出版社,2012:104.

3 空间中的身体体验

3.1 身体知觉与空间体验

英文“space”一词来自拉丁文“spatium”，其当时的意思是与“空（void）”和“距离（distance）”同义。德语“Raum”来自日耳曼语“ruun”，其意思是“一块（a piece），一部分（a part）”，这一词也演变成英语“room”。[1]所以 Raum 不仅仅指的是一个毫无差异性的无限空间的扩张，而其指的是通过边界和定位所界定的有差异的一处空间，它既包括了“空”和“距离”，也包括了围合，但是英文中的“space”就缺乏了最初所蕴含的围合的涵义。

自 18 世纪以来，建筑师通常采用“volumes”和“voids”，他们偶尔采用“space”来代表同样的意思。直到 19 世纪 90 年代，空间才作为建筑词汇出现。它的出现源自于 19 世纪德国哲学领域对它的关注，同时也是与现代主义的发展密切相关。埃德里安・佛蒂（Adrian Forty）认为，19 世纪建筑空间概念的发展源自于两个完全不同的传统：首先，是一种源自哲学而并不是建筑传统的创造建筑理论的尝试，这主要是来自戈特弗里德・森佩尔（Gottfried Semper）的尝试；另一种传统是出现于 19 世纪 90 年代的探讨美学的一种心理学方法，其与康德的哲学有些关联。[1]这两种传统影响了最初的现代建筑师对空间的理解，并奠定了最初的现代主义建筑中的“空间”概念。

19 世纪一小部分德国的哲学家、艺术史家以及建筑师对空间概念的阐释奠定了空间概念在建筑学中的理解和发展的基础。最为突出的是“移情”理论的发展及对空间“围合”内涵的阐释，这二者奠定了空间中身体体验概念的理论基础。

3.1.1 有关空间概念的哲学解释

从古至今，空间的概念一直是哲学中一个重要议题。柏拉图和亚里士多德最早对空间进行了知识上的解释，因此，空间的概念一直是属于理性知识的范畴，它被认为是形而上学上的概念，而并不是一种艺术上的概念，是思想的产物，我们可以通过它来认识世界。这种将空间看作是绝对静态的观点直到 16 世纪的尼古拉斯・哥白尼（Nicolaus Copernicus）提出的观点才得改变。哥白尼提出了地球与其他行星绕着太阳运动的日心说，这种观点打破了人类世界是一个静态中心的观点。对空间进行更激进的阐释的是 17 世纪的雷内・笛卡尔（René Descartes）。

17 世纪，雷内・笛卡尔对传统的空间理解提出了质疑，他反对空间是脱离于物质世界的独自存在。对笛卡尔来说，空间同体量（mass）是一样的，都属于物质的扩展，也就是，空间也是由长、宽、高所形成的物质实体，由此，空间第一次作为“物质”概念而出现，从“形而上”的思想上的产物转化到“形而下”的物质。

17 世纪晚期，艾萨克・牛顿（Isaac Newton）在他的著作《自然哲学的数学原理》中扩展了笛卡尔的概念，并区分了两种空间类型：绝对空间和相对空间。对牛顿来说，绝对空间并不能被我们的感官所感知，它只能依赖于相对空间来测量。绝对空间是均质的和无穷的。相对空间则是一种坐标体系，是测量绝对空间的标尺。这种相对空间的理论基础来自欧几里得的几何原理，牛顿将欧几里得几何学[1] 所展示的空间体系视为唯一的空间体系。[2]欧氏几何被大部分的哲学家及科学家视为是对物质世界提供了绝对而正确的描述。在欧氏的空间体系下，牛顿相信点构成空间，就如同瞬间构成时间。也就是说，牛顿的相对空间与笛卡尔的实质空间具有一定的相似性。牛顿认为空间是实质的，不是抽象或者是智力上想象的。空间本身是实质的本体。也就是说，空间的存在，不受时间和出现的事物的影响。在巴洛克的空间动态出现之前，古典建筑中的空间就如同是牛顿理解的实质性的空间一样，相对静止地存在着。[3]

牛顿的绝对空间受到了德国哲学家莱布尼兹[2]（Gottfried Wilhelm von Leibniz）的批判，他认为并不存在绝对空间，而只有相对空间的存在，他认为绝对空间在形而上学上是不可能的。空间是存在于相互并存的事物之间的一种关系，对他来说，空间就是能够被感知体验所把握的实体。[4]

到了 18 世纪末，康德（Immanuel Kant）提出了与莱布尼兹相反的空间理论，康德认为空间是满足人类知识的东西，是属于大脑的，用来理解世界的工具。他在 1781 年出版的著作《纯粹理性批判》中，认为空间并不是来自于我们的感官体验，空间和时间都是一种先前存在的观念：

空间并不是一种源自于外在体验的经验主义的概念。空间并不能代表任何事物的属性，也不能代表事物彼此之间的联系……空间是一种存在于大脑中的先前存在，就如纯粹的直觉一样，在这种先于所有体验，先于决定事物之间的关系的任何原理的直觉中，来判定物体。因此，只有从人的观点，我们才能探讨空间，探讨延伸的事物。[1]

从上面这段话可以看出，在康德看来，空间是与体验无关，与目的无关，与建筑美学无关的。这直接导致了康德的空间理论与建筑美学之间的相互独立。虽然这样看来，康德的哲学似乎与建筑及空间的概念没有什么关联，但是毫无疑问，康德的美学观点成为 19 世纪一代德国理论家的观点的基础，他们最终将空间的概念与建筑创作联系起来，并将空间定义成为界定美学的工具。[5]

无论是“形而上”的空间概念还是“形而下”的空间阐释，这些解释也仅仅停留在哲学领域的探讨中，直到叔本华（Arthur Schopenhauer）第一次将空间与建筑联系起来。1818 年，叔本华在他的文章《意志和观念的世界》中，将建筑同空间结合在一起，他认为建筑首先是存在于我们的空间知觉之中，并相应地来要求我们这种预先感知的能力。但叔本华也仅仅是提及，并没有进行深入的研究，直到移情理论的发展，建筑同空间才密切地联系在一起。

3.1.2 移情理论与空间体验

19 世纪初，德国理论家弗雷德里希·西奥多·菲舍尔（Friedrich Theodor Vischer）提出了移情的心理学理论。移情（Einfühlung；Empathy）[3]，指的是感知和体验他者思想和感情的一种能力。菲舍尔是第一位研究移情在建筑中的可能性的学者。他的著作主要探讨了身体上的感官作为解释形式意义的途径[6]。他认为，并没有空洞无内容的形式，形式的内容正是存在于主体的艺术性的行为中。一件艺术作品应该是通过主体情感来表达的一种象征。因此，菲舍尔首先关注的就是主体与艺术作品之间的情感上的联系。形式不再仅仅是一种数字上的和几何上的比例关系。感知也不再被限制在视觉中。观察一件艺术作品需要观察者的全身心的投入，并对其进行选择性和创造性的分析。菲舍尔这种移情理论的目的是为了将分离的主体与艺术作品相互联系在一起。

这种理解艺术作品的方法在 19 世纪得到发展，并且被新艺术运动的建筑师，如亨利・凡・德・费尔德（Henry Van de Velde）和赫克托・奎马德（Hector Guimard）作为一种表达的心理学工具。对凡・德・费尔德来说，一条线，在心理学的感觉上就代表力量。当在设计中同时运用几条线时，它们就相互加强或者彼此相克。新艺术运动发展了移情理论的一方面，并最终将其与装饰表面相联系起来，同时，另一个侧面的移情理论也得到发展，进一步探讨了空间。

罗伯特・菲舍尔（Robert Vischer）在他父亲的影响下，在文章《关于形式的视觉感官：一种美学理论的探讨》中重新发展了移情的概念。R. 菲舍尔认为触知性（tactility）是体验深度中必不可少的。触知性不同于触摸（touch），触摸仅仅是我们体验三维维度知觉的一部分。在空间中的记忆和运动让我们能够确认真实地投影在我们视网膜上的平面的影像具有空间性。我们的四肢就是构建空间中的三维影像的工具，而执行构建的这个行为正是我们的身体。对 R. 菲舍尔来说，感觉使我们与外在的环境联系起来，我们将自身的感觉与精神渗透到外在的客体中的过程，就是移情。然而，R. 菲舍尔的理论仍然被限制在经验主义心理学的框架中，他更加关注于个体感觉的投射而不是客观物体的观察。[5]

1893 年，德国心理学家西奥多・利普斯（Theodor Lipps）在文章《空间美学与欺人的几何光学》中，将移情理论应用到美术作品的空间体验中，利普斯区分了美学上的和视觉上的观察，认为首先关注的应该是研究对象的内容，其次才应该是其物理上的形式等，也就是说，利普斯区分了两种空间概念，几何学上的和美学上的。几何学的空间就是物体排除体积外壳之后的形状，一种抽象的空间结构。美学空间就是我们将感觉或精神投射到所占有的几何空间中所感知到的空间，这样，移情就依赖于我们感知抽象空间的能力，并能够意识到物体对象的体量所传达的魅力，利普斯将这称之为空间体验（space experience），并且认为它对建筑来说是非常重要的。[7]

利普斯的这种将空间看作非物质化的实体的观点得到了德国雕塑家阿道夫・希尔德布兰德（Adolf Hildebrand）的发展。希尔德布兰德宣称“所有艺术家的目的就是对一种全面的空间概念的表达”。对他来说，形式的概念就是空间的界限划定。他的这种观点标志了空间划分的观念的产生。与 R. 菲舍尔一样，希尔德布兰德赞同我们对物体对象的形式的所有体验都来自于触摸的感官。然而，与 R. 菲舍尔不同的是，他认为这种触摸感官不仅仅来自于四肢，同样也来自于眼睛。希尔德布兰德还界定了两种视觉：平面的和运动的。平面的视觉是指当身体处于某一固定的位置，其观察点与观察对象的距离保持不变的时候，观察者此时所得到的图像会是一种统一的平面图像，这种图像会呈现出一种二维的平面，或者是一种内在关联的平面。但是一些艺术品，比如建筑，单凭这种平面图像是不能完全理解其内涵的，这就要依赖于观察者的行为以及身体和眼睛的运动。

另一种视觉，运动的视觉是指身体处于运动中，并且我们的眼睛是从不同方向来观察的。当我们的身体运动的时候，我们的观察点也在不断地变化，这样我们就从不同的距离和定位来观察物体。比如我们进入到一幢建筑物中，通过身体的运动，我们所得到的视觉就是一连串的场景，而每一个场景都来自于当时特殊的定位。换句话说，就是我们通过眼睛的视觉来感知触摸物体，这样我们就可以更好地来理解三维空间的表达，这样，我们就可以得到一个全面的空间概念的理解。[1]

希尔德布兰德的空间概念探索了主体与建筑空间之间的关系，而施马索夫进一步发展研究了二者之间的联系，他在空间的许多理解上都受到了同时代的德国建筑师森佩尔的影响，尤其是森佩尔对空间"围合(enclosure)"的阐释。

3.1.3 森佩尔与空间围合概念

德国建筑师和理论家戈特弗里德·森佩尔在将"空间"一词引入作为现代建筑的基本主题上居功至伟。森佩尔并没有专门针对空间概念的论著，而且，涉及空间的观点也非常简短，但是他的空间围合以及触知性和空间深度的观念无疑影响了后来许多建筑师的空间概念。森佩尔在研究建筑起源理论论述的同时，认为建筑的最初的冲动就是对空间的围合，而建筑中的物质成分也是空间围合的产物。他在《建筑四元素》中涉及了围合与维度的问题。他界定了两种产生最初的住所的概念：围合与屋顶，后来，他又附加了壁炉和围合墙的概念。由此，建筑空间是一种由边界界定所组成的围合的实体。这样，内在空间就与外部空间因为围合元素而相互区分开来。森佩尔的这种空间围合的概念有可能是源自于他对哲学家黑格尔《美学》的阅读。黑格尔认为建筑目的的特点之一就是"围合"，不过黑格尔并没有详细地论述这一观点，森佩尔却直接宣称空间围合是建筑的基本属性。他的这种观点影响了20世纪最初10年德语语系的现代建筑的先驱们对空间作为建筑主题的理解，比如路斯。按照哈里·迈尔格雷夫(Harry Mallgrave)的说法，"围合"在19世纪40年代的德国，是作为建筑学中的主题来探讨的。路斯在1898年发表的文章《围合的原则》中表示，"建筑师的基本任务就是提供一处温暖舒适的可居住空间"[1]。

关于空间的触知性，来自森佩尔在《建筑四元素》中阐述的建筑发展的四个基本元素——围墙、壁炉、屋顶和平台，这是对建筑形式语言的起源的认知。他认为产生这四要素的原因是与四种基本技术相关的，而这四种基本技术又来自四种基本材料——织物(编织)、黏土(陶艺)、木头(建构)和石头(石工)。这四种基本技术是基于四种材料的不同特性的基础上的。织物的柔软性、黏土的可塑性、木头的延展性和石头的坚固性的特点并不是基于视觉性的划分，而是基于一种触知性。这种对材料触知性的认识对希尔德布兰德和施马索夫以及后来一些建筑师发展感官、运动和空间之间的关系的理论具有非常重要的启发性。

在文章《美好形式理论》[4]中，森佩尔认为所有的自然形态都具有三种空间力矩，也就是空间在长度、宽度和高度三个方向上的延展，这三个方向的力矩可以衍生出匀称(symmetry)、比例(proportion)和方向(direction)的概念。将这种观点应用到建筑中，森佩尔空间在三个不同方向上的扩展的做法是来源于竖立的人的身体。[8]他认为这种空间上的扩展和对深度的感知在建筑中是非常重要的。人与动物在空间上的最大的体验区别就是，因为人的直立行走，使人在水平方向体验的同时，也带来了竖直方向上的空间体验。森佩尔的这种空间深度体验的概念影响了路斯、西特的空间概念，而施马索夫则从美学的观念发展了对森佩尔的空间概念的理解。

3.1.4 施马索夫与空间的创造

奥古斯特·施马索夫(August Schmarsow)对研究空间是建筑中的属性的贡献非常突出，他是第一位直接宣称建筑主要的任务就是空间的创造的理论学者。施马索夫在1835年5月26日出生于德国梅克伦堡州(Mecklenburg)，早期他在瑞士的巴塞尔从事文化历史的研究，因为健康和当地气候的原因他去了苏黎世，在那里他继续从事历史的研究。后来，他广泛的研究兴趣使他游学于斯特拉斯堡大学、莱比锡大学和波恩大学。1877年，他重新回到斯特拉斯堡大学，并获得了博士学位，他的博士论文是关于莱布尼兹和施特里斯(Georg Schottelius)二位哲学家的研究。施马索夫是一名艺术史学家，与同时代的阿洛依·里格尔(Alois Riegel)和海因里希·沃尔夫林(Heirich Wöfflin)[5] 一样，他们努力为视觉艺术的研究构建学科基础。

施马索夫一生的研究兴趣十分广泛，他对空间和建筑方面的研究首先出现在1893年他在莱比锡大学所做的就职演讲《建筑创作的本质》[5]中。施马索夫对建筑的研究加入了移情理论和可见性理论，以便来了解历史上的建筑的表现。施马索夫的《建筑创作的本质》主要是批判了当时流行于世的由风格上的折中主义和形式化的设计占主流的建筑设计。他分析了历史上的建筑在不同的历史阶段是如何处理空间的直觉感觉的实现，并得出结论："建筑的历史就是空间感觉的历史。"[1]

同希尔德布兰德一样，施马索夫最初也是从关注视觉开始。在文章《建筑创作的本质》中，他宣称，建筑的本质就是空间的创造，而空间的第一感官是由视觉组成的。他认为空间是我们通过感官、观察和自由的运动而得到的一种直觉形式。同样，我们通过周遭的空间与自身身体的联系来理解空间形式。

> 存在于我们周围的空间的直觉形式，是由我们身体的肌肉感官、皮肤的敏感性以及所有构成我们身体结构的感官体验所组成的。一旦我们了解到体验自身，并将自身置于围绕我们周围空间的中心，我们就能发现其珍贵的核心，也就是建筑创作所依赖的基础。[5]

这种由直觉了解的核心被称为是空间的感觉(the sense of space)。空间之所以存在是因为我们具有身体，这种存在于世的肉体结构是空间场域存在的源泉。施马索夫认为空间创造来自于相互联系的人的行为，这种行为包括两个方面——感性的倾向和理性的思考。感性倾向将自身内在的直觉投入到实际的空间现象中，同时，理性的思考在计算着空间的几何形式。这二者都需要视觉来观察四周，这对于我们发展空间想象来理解外在世界和确定空间的划分是非常必要的。

受森佩尔空间的三个力矩的启发，施马索夫认为绘画、雕刻和建筑这三种视觉艺术可以来表达这三个力矩的空间表现：绘画是在水平轴线上占主导地位，创造一种平面空间；雕刻则是在竖直轴线上创造一种实体形态；而建筑则是同时占有了方向和深度三维的空间维度，包含了身体在其中的运动，施马索夫认为这才是真正的空间创造。[5]

施马索夫进而强调建筑在方向和深度二者之间要保持一定的平衡和协调，不然就容易导致使其倾向于绘画或雕塑。在保持二者平衡的前提下,在不同维度上的空间强调,会营造出不同的空间效果,比如文艺复兴时期的伯拉孟特和米开朗琪罗喜欢采用穹顶,这种强调竖直方向的空间压制了人们向前移动的意愿,以表达沉思和静默。相反,水平方向上的空间强调,比如巴西利卡,就促使人们在水平方向上移动。不过,在强调水平方向空间的同时,竖直维度上同样起着重要的作用,因为这种空间的创造与和谐依赖于人的身体的体验和精神上的构建,施马索夫认为是身体在建筑中的运动才将建筑统一于不同纬度的空间中。

与森佩尔的空间围合概念不同,施马索夫认为空间不一定在于围合,而是在于界限划分。他认为建筑的最初的目的并不是人类保护自己不受外界侵犯,而是在于划分界限,比如人类在沙土上留下的足迹就是一种连续边界的表现,随着这种足迹逐渐地消失,人类开始采用固定的元素使这种界限变得清楚。这种最初的行为也许是来自人类的自发行为,但是随着人类技术的发展,建筑就产生了,那么这种划分界限的构筑行为所形成的直觉上的形式,施马索夫将其称为是空间,这种构筑行为的"唯一的基本特征就是空间的划分"。

森佩尔认为空间需要连续的竖直墙来进行围合;施马索夫从圣・康斯坦萨教堂(Santa Costanza)中得到启发,发展了在没有连续的实墙的前提下建筑边界创造的可能性,比如成排的柱子以及光线的营造,这也使施马索夫认为屋顶在建筑空间的创造中并不是必需的要素。他认为建筑师应该更加关注地面的特性以及界限的划分,而不是过多地对围合形式的关注;所以空间的围合不仅仅可以在建筑中应用,同样也可以在室外环境的空间创造中进行应用,这种理解使空间概念能够在城市空间以及室外空间中得到发展。

施马索夫完全是从美学的观点来阐释他的空间概念,这挑战了当时艺术领域中普遍对形式的关注,不同于森佩尔认为围合是由材料、技术和目的发展而来的,他认为建筑的围合是一种艺术形式。施马索夫区分了空间概念(spatial idea)和空间形式(spatial form)。空间概念是通过身体的运动对不同维度的理解。空间形式则是围合元素的最优良的表达。它们二者是不可分离的两极。那么,封闭空间的创造就带来了边界的创造,因此建筑也是边界的创造。对他来说,建筑空间及其围合是完全脱离了目的而存在的一种美学,人就被看作是审美的主体和艺术作品的欣赏者。[9]

所以,施马索夫认为空间是与人类主体和人类的构筑行为相关的。空间的感知不仅仅是与视觉和触知性相关,虽然这两者能够使人判断出一种"距离(distance)"感,但这并不就是空间,他认为空间的感知应该是基于身体在空间中的运动以及人类主体的精神上的构建。这种"空间的构建"实际上是属于思想的产物,与建筑物中的几何空间完全不同。他这种空间概念实际上超出了当时建筑师对建筑空间的理解,直到20世纪初他的观点才得到哲学家马丁・海德格尔的发展。

对森佩尔来说,围合与室内外空间的分离是最基本的。空间是由各种触知性的材料所形成的,它成为与建筑和社会行为之间的一个纽带。而对施马索夫来说,空间则是一种建筑美学上的观点,它是与建筑的计划相分离的。人被看作是审美主体或者是空间艺术的观察者,而不是建筑行为的参与者。这种空间观点显然忠实于康德的美学观,建筑空间被看作是与建筑目的无关的一种美学创造。

此外,施马索夫也是第一位将建筑学理论论述为是基于"知觉经验主义(perceptual

empiricism)”的空间上的创造。他认为建筑的本质是身体穿过空间的运动，而不是固定静止的知觉体验。他的这种空间体验以及空间划分的概念在路斯的空间布局和西特的空间艺术概念中得到具体的体现。

3.1.5 路斯与“空间布局”

阿道夫·路斯(Adolf Franz Karl Viktor Maria Loos)1870年出生于当时奥匈帝国的摩尔达维亚的布尔诺市(Brünn，现在捷克共和国境内)。1889年开始在德累斯顿(Dresden)高等技术学校学习建筑。1893年，路斯开始了长达3年的美国之旅，先后到达费城、芝加哥和纽约等城市，并在这些城市临时工作聊以糊口。1896年，路斯回到维也纳，在美的三年经历深刻地影响着路斯，美国当时的现实主义和自由的氛围与路斯当时生活的奥匈帝国的保守主义氛围形成鲜明的对比，路斯从中开始对欧洲文化和建筑进行反思。

19世纪初的欧洲对新建筑发展的探索还主要关注于形式的表现方面，如：以霍尔塔(Victor Horta)为代表的新艺术运动沉醉于对表面流畅曲线的表现，霍夫曼等维也纳分离派关注简化了的形式表现，他们试图通过对建筑表面的改变而从沉重的传统束缚中摆脱出来，尤其是与当时的折中主义划清界限。但是涉及建筑空间，他们的最基本的体量与空间构成仍然是传统的东西。例如，约瑟夫·霍夫曼(Josef Hoffmann)1911年设计的斯德克勒住宅(图3-1)立面较为简洁，是一个减轻了建筑沉重感的作品，但是其内部空间仍然是以中央多层大厅为中心的古典三段式构成。[10]这种传统的空间构成多是以中心大厅为主，以走廊连接各个单独的房间，因为无法摆脱承重墙，所以各个房间是相互独立的。这种单一乏味的空间构成在路斯这里得到了突破。

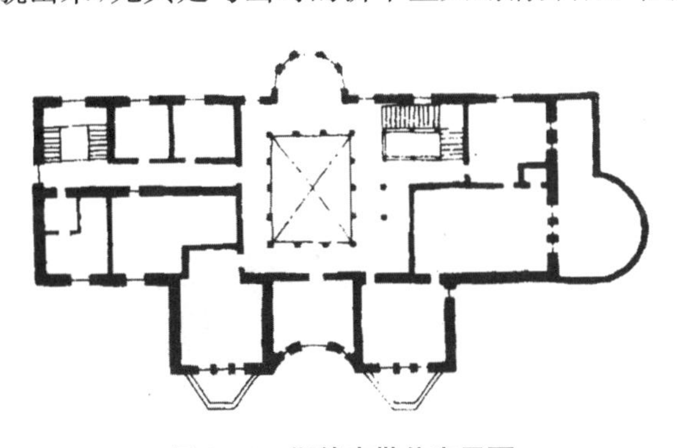
图3-1 斯德克勒住宅平面

路斯在坚持对维也纳文化批判的同时，也进行过建筑实践，他的建筑实践主要集中在室内设计和独立住宅设计。尽管路斯在其著作中很少提及他的空间概念，但是在他的实践中却非常关注建筑内部空间的设计。路斯著名的空间概念是“空间布局(Raumplan)”，英文一般译为“space-plan”[6]。这种概念源自于路斯对建筑与空间的理解。受森佩尔空间围合概念的影响，对路斯来说，创造建筑最初的目的就是围合，为人自身提供一个舒适的空间。“空间布局”主要关注建筑中室内空间的布局。路斯的住宅外部常常是简单的几何形体，而内部空间却富于变化且相对独立。米勒住宅(Villa Müller)的设计就是路斯的这种“空间布局”概念的集中阐释。

米勒住宅建于1928—1930年，它位于布拉格的郊区，是为工程师米勒(Franticek Müller)一家设计。米勒住宅外形是立方体，摒除了任何装饰，采用了简单朴素的白墙。但是，其内部空间却很复杂。室内空间是由一系列相关联的空间体积所构成，这些空间相互独立，通过“层”使彼此相连，层与层之间由复杂曲折的楼梯相联系。从平面(图 3 - 2)并不能看出其中的空间奥妙，从剖面及轴测更能看出住宅内部的构成关系。从轴测图(图 3 - 3)中可以看出，起居室位于一层，通高两层，餐厅、书房和厨房的标高更不相同，房间与通道空间因为设有墙壁和层高的不同，而彼此独立，形成安静舒适的空间。中心楼梯是各个空间单元的中心，并维持着空间彼此的三维上的联系。房间之间设有较多的凹室和壁龛等小空间。在复杂曲折的楼梯、过道上行走，就会看到一连串场景的展开，并由此带来了身体上的体验。这种空间的布局使身体更加关注了三维上的体验，当人们漫步在房间中，层级的升高或降低都会使人意识到空间及其空间边界的变化，空间在此不仅仅是视觉上的，更多地也是身体体验上的。

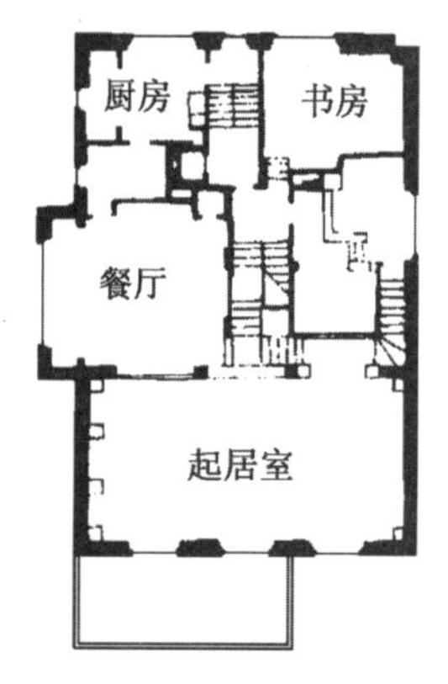

图 3 - 2　米勒住宅一层平面

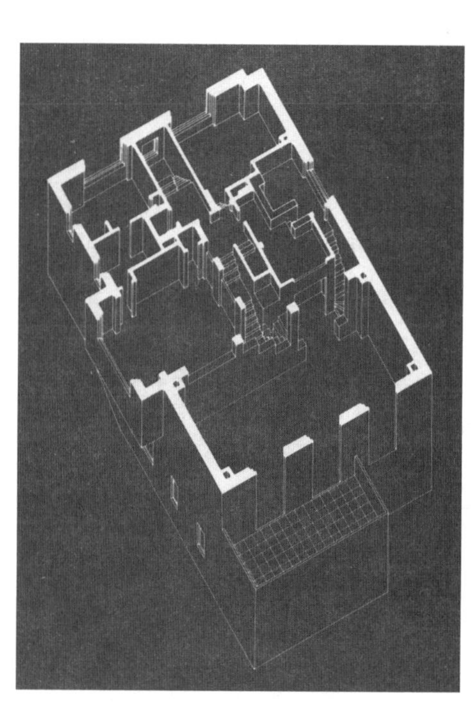

图 3 - 3　米勒住宅一层轴测

假设身体存在于空间之中对理解“空间布局”概念非常重要。住宅的整体是通过彼此独立的空间单元的相互联系和序列形成的，而不是当时盛行的由走廊来联系各个房间的设计。每一个单独的空间单元的结构和围合都被作为一个独立的空间构成来设计，这构成了彼此空间的不同体验，这些不同体验又通过复杂的楼梯将其串成一系列的场景。身体的体验在每一时刻都是不同的，但又是连续的。

这种单独的空间单元的聚集在室内的表现就是路斯的“空间布局”概念，而反映在城市中的室外空间上就是西特的“空间艺术(Raumkunst)”概念。路斯的每一个室内空间单元都可以与西特的室外空间单元相比较。

3.1.6　西特与“空间艺术”

卡米诺·西特(Camillo Sitte)于 1843 年 4 月 17 日出生于维也纳。他同样是森佩尔的追随者，他将城市设计看作是一门“空间艺术(Raumkunst，‘an art of space’[1])”，他的城市设计的法则是基于创造围合空间的原则上的，在一般建筑师认为围合空间只有是建筑室内的特权的时候，西特将它应用在室外空间的创造上。

西特从对古老城镇的欣赏的角度来对现代城市进行批判，主要批判现代城市的非人文的布局。他在1889年撰写了第一本关于城市规划理论方面的德文著作《城市建设艺术——遵循艺术原则进行城市建设》[7]，这是一本具有开拓性的论著，随着20世纪初所提出的城市规划的功能主义理论被逐渐废弃，这本书又重新获得了新的现代意义。

西特研究了从罗马时代到他的时代中的未经规划过的自发生长的城镇。对西特来说，时空连续性和不断进化发展的城镇肌理，是古老城镇的最基本一面。西特十分关注城镇中的公共空间、广场、街道及它们所展开的场景序列，他在这些表象之中寻求一种内部结构，一种能够允许不断变化生长的模式。[11]西特从社会和美学的角度来看待这些公共广场的功能，他认为现代城市的令人厌倦而乏味的事物是因为技术功能所决定的规划思想，在这一思想指导下建立道路交叉系统和街区之后，公共广场就变成了一个空旷的场所。西特无意否认现代科技和卫生领域的成就，他仅仅是希望公共广场和街道能够恢复到以前的“公众生活”之中，而不是变成单纯的交通脉络和空空如也的场地。[12]

在《城市建设艺术》中，西特考察了中世纪和文艺复兴时期特别是在意大利形成的公共广场，他认为，这些古老的广场产生共同一致的效果，就是因为它们统统是封闭的。房间和广场两者的共同本质是它们的封闭空间特征，而这正是一切广场艺术效果的最基本条件。这种封闭广场的研究成为西特对空间理解的基础，他研究了围合的形式和空间的集合，这种理解成为后来的“空间艺术”概念的核心。

西特的研究部分关注自发生长的城镇的空间构成。然而，这种城市有机生长的观点与西特的思想存在一些矛盾。一方面，西特坚持自发形成的围合空间及其周围环境的特征，他认为这是自然而然所产生的结果。另一方面，西特开始制定规则，以便能够重新构筑城市的空间构成和形式构成的偶然的集合。“空间艺术”就是组合自然的空间的一种方法，对西特来说，现代城市应该按照古老城镇和人类本能所自发产生的空间构成为模板来进行规划。

西特认为现代城市建设完全颠倒了建筑物与室外空间之间的适当关系。在过去，室外空间——街道和广场——设计得具有封闭特征以取得某一特定的效果；而今天，我们通常是先划出建筑基地，任意留下的空地才作为街道和广场。如果要想避免产生这种空旷无意义的城市空间，那么城市设计就必须基于一种艺术原则的基础之上。虽然现代生活和现代建筑方法不允许我们模仿古代城市布局，但是我们应该寻找出这些优秀遗产的基本特征并将它们运用于现代条件。我们在考虑全部艺术要求的同时，亦要满足现代建筑实际、公共健康以及交通运输的要求。建筑师必须牢记：“在城市布局中，艺术具有正统而极其重要的地位。”[13]

所以对西特来说，城市广场的设计就是建筑师能够为城市所作出的贡献。他认为建筑师应该把围合的城市广场当作一件艺术作品来设计。建筑师应该打破现代城市中的毫无章法的无限空间模式，城市应该被设计为是由相互关联的广场聚集组合的一种网络。

西特从来没有做过完整的城市规划，但是却设计过城市中的许多具体局部的平面(图

3-4)。从他所设计的平面中可以看出,西特的城市似乎是由片段化的空间单元构成的,而并不是如现代城市的一个扩展的网络。西特认为,现代城市的笔直的街道不仅仅是缺乏古老城镇所具有的独特的品质,并且暗示了一种缺乏等级和秩序的匀质空间。

广场

Ⅰ、Ⅱ、Ⅳ沃蒂弗教堂周围的新广场
Ⅲ 沃蒂弗教堂前庭
Ⅴ 大学广场
Ⅵ 市政厅广场
Ⅶ 大剧院广场
Ⅷ 小剧院广场
Ⅸ 议会大厦广场
Ⅹ 花园广场
Ⅺ 审判院广场
Ⅻ 新宫殿广场

建筑物

a 化学实验楼
b 沃蒂弗教堂
c 适合建造大型纪念物的地点
d 大学
e 市政厅
f 堡格剧院
g 建议的堡格剧院扩建部分
h 西修斯神庙
j 歌德塑像的位置
k 未定内容的新建筑
l 审判院
m 皇家宫殿的新建翼
n 建议建造的凯旋门

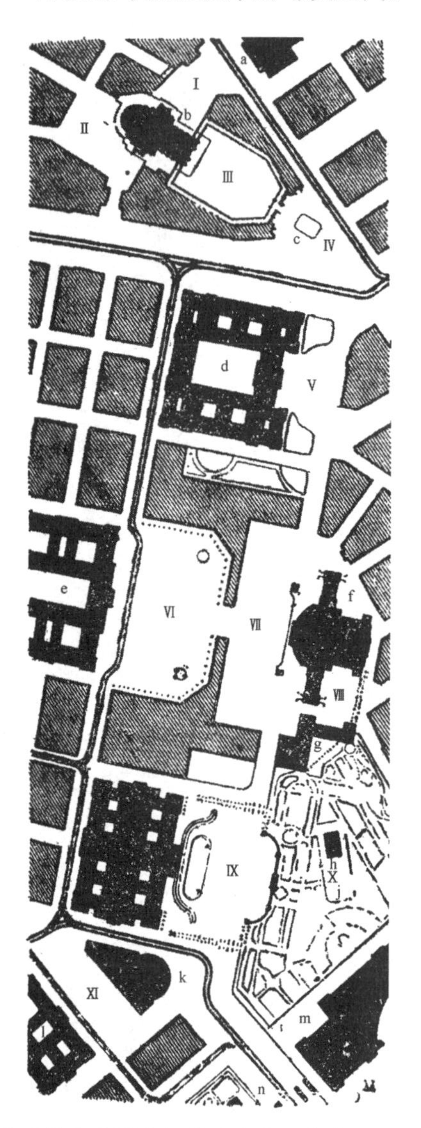

图3-4 卡米诺·西特,建议的从大学到议会大厦之间的地段布局方案

西特的城市设计更多的是同时建造的体量和空间的聚集,城市是许多聚集的空间,彼此之间通过特殊的设置进行联系。这种城市空间与路斯的室内空间有极大的相似性,在穿越彼此相联系空间的同时表达一种身体的体验。

西特试图解决那些由于城市扩张而带来的种种问题,这些问题在不久之后则在城市中更加明显地凸显出来。他所采用的解决方法,就是用适宜尺度的封闭空间作为公众广场,也就是他的"空间艺术"的概念。虽然西特曾被批评为忽视了现代城市的复杂性,但是西特无疑提出了身体在城市空间的体验的概念,现在看来,这种概念对于批判将城市看成是一部技术性的机器的城市规划理念是具有现代性意义的。

3.2 部雷的建筑

维德勒认为，18世纪之初，在建筑学中出现了第二次，并且更加扩展的身体在建筑学中体现的形式，这种形式最初是由崇高的美学所界定的。这里，建筑物不再仅仅表达成为身体的整体或者局部，而是被看作是身体的各种状态的即肉体上的和精神上的客观化。博克（Edmund Burke）认为，与其说是按照他们的美的固定属性来描述建筑，不如说是按照他们所能够激发恐惧和害怕的情绪的能力来描述建筑。[14]这种身体在18世纪建筑中的具体表现，就是部雷的建筑。

部雷（Etienne-Louis Boullée）追求的是富有诗意的建筑。他的目的是把这种纯粹的形式加以升华，上升到甚至超越理性的地步，而不再仅仅是一座建筑，他的建筑属于巍峨崇高、超凡脱俗一类的。部雷的每一座幻想风格的建筑都有其原型可寻，比较明显的是古罗马时期的建筑——大角斗场、万神庙、哈德良皇陵等等，他把所有这些建筑的外观剥光，使其变得更为崇高和富有幻想。维德勒把这一类的设计称为"建筑的离奇（architectural uncanny）"，意思就是说，这些设计是想让人们从不舒服的感觉中产生崇高的情感。

法国启蒙时代的著名建筑师部雷，于1728年生于巴黎，一直住在巴黎直到1799年去世。部雷的个性中庸稳健，在1780年成为法兰西学院的一员，因此能够享有舒适的生活。在法国革命期间，他倾向改革但却不主张流血，是开化、启蒙人物的代表。部雷是一位批评家和思想家，他的建筑少有建成，但设计图纸上的成就正是部雷建筑思想的精髓。

部雷是打破建筑设计传统清规戒律的第一人，并且他树立了一种全新的幻想式风格。部雷从大自然中吸收灵感，他的宏伟壮丽的建筑形象都来自于对大自然的敬畏。他追求的是绝对的法则——亘古不变、无所不包的绝对法则。他期盼在自然中找到这种法则。他选择规则的实体作为研究对象，摒弃所有物体中非规则的成分。他孜孜追求一种稳定的秩序，这种不变的秩序就是匀称，匀称在他眼里是不可逾越的圭臬。他设计的建筑有立方体、圆柱体、金字塔和圆锥体，但他的理想建筑是球体。这不仅是因为球体是所有形状中最规则的，而且在光照下，它能展示无穷的变幻，从最黯淡的光影到最耀眼的华丽。光是部雷理想建筑中的一个主要元素。

部雷在他的《建筑：论艺术》中认为："何谓建筑学？像维特鲁威那样将其定义为建造的艺术吗？不，此定义有一个明显的错误。因为，维特鲁威把结果当成了原因。建筑应是为施工而进行的设计。我们最早的祖先所住的窝棚就是在他们对窝棚的形象进行一番构思后建成的。正是这种精神智慧的生产，正是这种创造，才构成了建筑学。因此，我们可以将其定义为：赋予任何建筑以完美及生产的艺术。建造的艺术只是次要的艺术，它只不过给我们展示了建筑科学那一部分的命名而已。"[15]

部雷非常钟爱球体，对于球体，他写道："以任何比例构成的球形物体，都具有完美的形象。它集准确的对称、规则的韵律、充分的变化为一体。它使形体具有最充分的伸展，而自身的形状却是最简单的。它勾画出的轮廓最让人赏心悦目。所以，球体很利于发挥光的效果，特别是那种不易获得的、渐变的、柔和的、丰富而令人惬意的效果。这些都是自然赋予球体的无与伦比的优势。在我们看来,它们具有无穷的力量。”[15]

图 3-5　牛顿纪念碑内部的夜晚景象(1784 年)

部雷最有名的建筑方案是一幢献给牛顿(Isaac Newton)的纪念建筑(图 3-5)。他的目的是要激发出一种感叹宇宙之无限的幻想,让人沉醉于一种恍如在天国的喜悦。

这是一幢沿着圆球形房间外围建造的大建筑物。圆球形的房间象征着天体,像现在的天文馆。部雷试图通过这个想象的圆球形空间,来唤起自然庄严的空旷,而他相信这种庄严的空旷正是牛顿所发现的东西。部雷在这个方案中运用了新奇的照明系统:“这幢建筑物中的灯光,跟在晴朗的夜空中很相似,宛若繁星点缀着天穹。”为了产生这种效果,他建议在圆顶上打几个“漏斗状的开口……外面的天空经由这些开口的洞进入阴暗的内部,圆顶上便浮现了光亮、闪烁的亮点”。[16]观赏者从远低于圆顶的通道进入,然后上楼梯到达房间的顶层。看过天空之后,观赏者下楼梯,从另一边的出口出去。他写道:“我们只看到一个连绵不断的表面,没有起点,也没有终点,我们注视得越久,就觉得它越大。”[16]

很明显,部雷的这个建筑设计受到万神庙的影响。这种封闭的圆球形空间对进到里面的观看者有着显然的强制作用,观看者在仰望人造天空时,空间中没有任何标示来指引着观看者的身体,使观者一时不知自己身在何处。这个方案的剖面图显示,圆球内部的高度是人类身高的 36 倍,人类在硕大空旷的空间中显得微不足道,仅仅是底部的一个点。

图 3-6　自然与理性的神庙(约 1793 年)

1793 年,部雷设计了更加激进的理想建筑,当然这个方案也仅是停留在纸面上,一座“自然与理性神庙(Temple to Nature and Reason)”(图 3-6)。部雷再一次运用了圆球体,在地面上挖了一个大坑洞以安放圆球体下半部,也就是“自然”,对应着上半部,一个完全光滑的建筑圆顶,就是“理性”。进到这座神庙,走到土地与建筑之间的柱廊上,自然与理性在此交会。人们仰望着理性圆顶,看到的是圆滑、平凡以及没有特色。人们往下看,则是嶙峋的坑洞。从柱廊走下去是不可能的,而且自然神龛的崇拜者也不会有去触摸的念头。部雷将这个嶙峋的坑洞画成一个跟裂缝一样崎岖、切割的中心,往下隐没于黑暗中。

从部雷的建筑实例来看,其体量巨大、壮丽,空间宏伟、震撼,并且使用了完美的球体,无论从体量和空间,部雷都设计出了震撼人心的建筑。维德勒认为部雷的建筑空间与身体形成了强烈的对比，使得身体在这种巨大的空间中产生离奇和崇高感。部雷建筑的超乎寻常也源自他对基督教建筑的反击，特别是神人同形同性的建筑。他认为应该设计一种理性的建筑，来表达理性的思想，从而摆脱神学的控制。所以，部雷建筑中的身体—空间的关系完全摆脱了神人同形同性，使得身体恢复到人的尺度，从内心深处激发出对崇高的敬畏。

3.2.1 崇高的美学

部雷的建筑完全表达了"崇高(sublime)"的美学。"崇高"是西方美学史上的一个重要的概念，在对崇高美学的探讨中，其中值得一提的哲学家有三位：朗吉弩斯、博克与康德。

"崇高"正式提出是源于公元 3 世纪雅典的修辞学家、哲学家卡苏斯·朗吉弩斯(Casius Langinus)，他的《论崇高》[8] 一文首次对"崇高"的内涵进行了全方位的阐释。本书原是一封探讨诗歌的长信，核心是讨论崇高的风格，属于修辞学的范畴，但也揭示了崇高美的一些本质和特征。

朗吉弩斯认为，崇高是一切伟大作品所共同具备的风格，也是衡量伟大作品的一个尺度。这是一种格调高昂、矫健豪迈的文体。像柏拉图的对话录、荷马的史诗、西塞罗的演说辞等，都具有这种崇高的风格。这种文体给人的感受是"伟大""庄严""壮丽""雄浑"等。这种风格能在刹那间迅速征服读者的心灵，使读者为之震颤、激动。

朗吉弩斯认为，构成崇高风格有五个要素：庄严伟大的思想，慷慨激昂的热情，构思、辞格的藻饰，高雅的措辞，尊严而高雅的结构。但更重要的是："天赋的文艺才能仿佛是这五者的共同基础，没有它就一事无成。"在这五个因素中，思想、热情来自于主题中的人格、气质和修养；藻饰、措辞和结构则是依赖于艺术的技巧。

对于艺术作品中的崇高风格的来源，朗吉弩斯则认为：第一，是来源于自然的崇高感；第二，是来自于人的心灵。而他认为最根本的、崇高的风格的本质在于人的崇高的心灵。康德在后来否定了朗吉弩斯的第一个来源，他认为崇高只存在于主体之中。

朗吉弩斯对于人类本身充满自豪和骄傲，对于人类的理性和使命充满崇高感。他针对当时庸俗气息和颓废的环境而提出"崇高"的号召，鼓励人们追求思想的庄严伟大、灵魂的崇高和措辞的高妙，并从世俗的情欲中超越出来，去爱那些神圣、永恒、伟大、崇高的事物。

但郎吉弩斯的讨论显然局限于语言修辞学，真正奠定了作为近代美学范畴的"崇高"概念的基础的是 18 世纪英国经验主义哲学家博克。博克在《关于崇高和美两种观念根源的哲学探讨》中，首次将崇高确定为一个独立的审美范畴，并"在崇高与恐怖之间确立系统性的有机联系"方面作了首次尝试。

在《关于崇高和美两种观念根源的哲学探讨》中，博克认为人类关于美的观念是源于人类的基本情欲(本能)，他将人类的基本情欲分为两类——自我保存和社会交往。前者就是崇高感的根源，而后者是美感的根源。

所谓崇高感是指由恐怖或惊惧引起。对实际生命危险的恐怖和惊惧只能产生痛感，崇高的对象所产生的恐怖经由痛苦之后却有快感。二者的区别在于：前者真正威胁到生命，而后者不危及生命。因此，我们感觉到崇高感，实质上总有一种痛感在其中。因此，对自我保存构成威胁引起痛苦和恐惧的事物就是崇高的对象。幽暗不明、体积巨大和永恒无限的事物都能使人产生痛苦可怖的崇高感；而那些体积比较小的、平滑光亮的、没有棱角的、娇弱的事物就是美的。当那些崇高的事物离人们有一定距离因而不会威胁到人的自我保存需要时，痛感就能转化为惊羡的喜悦。因此，在博克看来，崇高感的产生需要有两个心理条件：第一，心理感受到威胁，产生惊恐；第二，这种威胁不是致命的，而是给心理留有产生愉悦快感的余地。

博克认为崇高感对象的特征一般来说，是体积巨大、晦暗、粗糙、无序、力量、空无、无限、壮丽、突然性等。海洋、神庙、星空、火山、飓风，甚至猛兽等，都具有这些特点，能够产生可怖性。此外还有某些颜色（黑、褐色、深紫等）、声音（巨响和寂静）也会带来恐怖之感。博克的崇高论是围绕恐怖来构建的，在博克的眼中，所有"崇高"情感的根源都在于恐怖，它源于隶属于弗洛伊德的"自我保存的本能"，源于主体体验到的对自身生命的威胁。[17]"恐怖在一切情况中或公开或隐蔽地总是崇高的主导原则。"[17]

康德继承了博克的美与崇高相分的理解，他认为美存在于对象之中，而崇高却只存在于人类的心灵之中。康德认为崇高感又可以分为数学的（mathematically）崇高和力学的（dynamically）崇高。数学的崇高是由体积巨大的对象引发的，当一个体积巨大的事物突然出现在我们面前的时候，超出了我们感官把握对象的尺度，把我们的想象力推进到一种"无限"的企图里，令我们感到一种震撼、惶惑。

力学的崇高是从自然中具有势力的事物引发的。这种势力带有恐惧的因素。如果我们对于这个自然势力的抵抗的力量不及它，它就是一个恐惧的对象。但是，如果我们被激起一种更高的力量并战胜了它，这种恐惧在随即到来的判断之后消失了，力学的崇高就会产生。

康德与博克都认可崇高能够引发一定的不同于正常愉悦的快感。但他们对于这一快感产生的根源的认识却大为不同。康德将这种快感称为是"消极的愉悦"。主体内心被对象吸引，但又交替性地一再被对象所拒斥，最后凭借理性达到对对象的超越，从而获得快感。博克则用"欣喜（delight）"来表达那种伴随痛苦的崇高感受。在他看来，崇高快感来源于主客体之间的审美距离，而非主体的超越。"当痛苦逼得太近时，不可能引起任何欣喜，而只有单纯的恐怖。但当相隔一段距离时……就有可能是欣喜。"[17]前者是先验的整体性的超越，而后者则是恐惧中的战栗以及随之而来的置身事外的暗自庆幸。康德式的、超越式的崇高，如韦斯凯尔等人研究所指出的，更多的是与古希腊悲剧和浪漫主义相契合。

从上面可以看出，朗吉弩斯、博克和康德三人的崇高论是不尽相同的，朗吉弩斯的《论崇高》一文，诚如鲍桑葵（Bernad Basanquet）所言，除了对文章的"崇高"修辞风格进行探讨之外，"作者并没有真正肯定地抓住任何明确的崇高观念"[18]。朗吉弩斯反复强调崇高的思想显然是与崇高主体的道德观念密切相关的。"崇高可以说就是灵魂伟大的反映。……崇高的思想当然是属于崇高的心灵的。"康德也强调崇高主体除了具备对恐怖的感知能力之外，还要必须有一种先天的道德理念。[19]康德认为："真正的崇高不能包含在任何感性的形式中，而只针对理性的理念。"[19]在他看来，博克眼中的狂暴崇高的自然不能称其为崇高，只有内心充满理性理念的主体在面对客体时，远离感性，同时运用反思判断力专注于那些包含有更高的和目的性的理念，从而“感受到内心有一种超出任何感官尺度的能力的东西”[19]时，主体才能感受到崇高。

博克所提出的“崇高”却属于另一类——注重痛苦、危险与恐惧的自我保持的情感。他主要是从人的心理和生理机制出发来探讨客体在主体心里激起的崇高感的，注重直觉本能，而几乎完全摒除理性在其中的作用：“处于这种状态时，其他一切精神活动都会终止，此时精神完全被其对象占据，以致不容纳任何其他东西，结果也不能用来思考对象产生的崇高的伟大力量，它产生于推理以前，并以不可抗拒的力量驱使我们。”[17]博克的“崇高”完全激发了另一种美学，如果说朗吉弩斯的“崇高”是由部雷的建筑表现出来的话，那么，博克的“崇高”则表达出了建筑学领域中的“离奇”的空间体验。

3.2.2 离奇的空间

两个天使轻盈地飞翔在城市的上空。这是一个灰白的城市。灰白，是因为天使没有凡人的眼睛，也许它们能够用精神来感知。但是，精神能感知到色彩吗?

天使悄无声息地穿行于城市的每一个角落，倾听每一个人的梦想和忧虑。它们没有凡人的耳朵，那么，它们用灵魂能听到吗？能够理解凡人的心声吗?

天使，据说是城市的守护神。他们生活在持久的与永恒的时间里。

这是从德国著名导演维姆·温德斯(Wim Wenders)的电影《柏林苍穹下》中所引出的问题。影片中有一个镜头很特别：一位哀恸欲绝的青年人无望地坐在屋檐上，天使伸出手想要去搀持他。但手从虚空中滑过，而那青年已纵身跳下。天使竟是如此的无力，而这只因为它是一个纯粹的精神、纯粹的灵！

天使没有身体，没有手，它们存在于人类形成的时间之外，存在于纯粹精神的领域之中，存在于无限的和永恒的时间之中，所以，天使的世界是灰白的、轻逸的，也是死寂的。恰恰是因为天使没有身体，才能生活在一个永恒持久的时间内，而正是这样，他们无法对人类世界中的“这里”与“现在”做出反应。就像一位天使所抱怨的，“我们决不能真正参与，只有假装”。天使在这里因为无法参与，无法体验，就没有身份，没有认同。时间与空间因为独特的结构，被看成是铸就个人身份的框架。片段的时间与空间和永恒的时间和空间一样，都不能铸就个人的身份。在影片中，天使和个人的一个共同点，就是都在追寻着个人身份的认同感。

维姆·温德斯的《柏林苍穹下》中的大都市上演了瓦尔特·本雅明(Walter Benjamin)对二战之后大都市离奇的预想，说出了现代都市人的一种独特的类似幽灵的感觉，这种感觉是由传统的身体和位置上的参考的缺失所激发引起的。

“离奇(uncanny)”来自弗洛伊德的《离奇论》。弗洛伊德在这篇文章中大量援引了霍夫曼(E. T. A. Hoffmann)的哥特小说中的离奇现象。其中的词汇“崇高”与“离奇”成为弗洛伊德的关键词。

“离奇”源于德语“das Unheimiche”，字面上的意思是“无家可归地(unhomely)”，其又表达了一种美学概念。弗洛伊德将其总结为：“隐秘的、熟悉的东西，这些东西受到压抑，最后仍然显现出来，所有让人感到诡异离奇的东西都符合这一条件。”[20]弗洛伊德罗列了他所能发现的、可能引起离奇感的小说母题和日常生活经历。比如：恍若有生命的玩偶或机械人、被暗示着阉割焦虑的人、挖小孩眼睛的睡魔、双重角色、人格分裂和自我置换、数字、迷宫般的道路、让人联想到内心的“强迫性重复”的事物、“恶毒的眼光”、不幸却准确的预感等等。弗洛伊德最后将这些母题归纳为两类情况，即“当受到压抑的幼时情节因某种印象而复苏，或者，当已被克服的原始信仰似乎又得到证实”[20]。在这两类情况下，我们将体验到离奇感。

安东尼·维德勒在《建筑的离奇》中，指出了后现代人类身体呈现出碎片状的观点，“身体不完整的状态是处于每种真正的感觉中”。“在这种环境下，离奇将会成为……身体对一直压抑知觉存在的建筑的回归。”[14]这种离奇的感觉成为探讨后现代身体缺失的一个重要方面。

3.2.3 大都市中的“离奇”

“离奇”被维德勒用来形容现代大都市的空间。在维德勒看来，都市中的废弃地、衰败的购物商场、空闲的停车场，以及废弃的空白地和后工业文化的肤浅的都市表面，都滋生了离奇感。如果说部雷的建筑接近于朗吉弩斯与康德的崇高的美学，那么，维德勒对都市空间所认为的离奇则是博克式的崇高，是引发恐怖而滋生的崇高。

在19世纪城市的历史背景下，从卢梭(Rousseau)到波德莱尔(Baudelaire)这些作者所表达的个人的疏离感正日益被居住者在经济上和社会上所体验的疏远所加强。本杰明·贡斯当(Benjamin Constant)认为，这种城市中人们体验的疏离感是国家的集中化和政治文化权力集中化的必然结果，在这种政治文化集中化的城市中，所有的“地方风俗”以及社区联系都被残忍地切断了。“个体，在一座远离自然的孤岛中迷失，对他们出生的地方感到陌生，对过去没有联系，只是活在瞬间逝去的现在，就像丢弃在广袤平原上的微粒，远离祖国，看不到任何地方。”[14]这种个体的疏远逐渐变成了阶级的疏远，马克思认为，租赁体系的发展已经使“家庭”成为当代的幻想。人类已经逐渐退回到互相疏远、恶性的形式中。本雅明同样指出，离奇同样在大都市的增长之外诞生，它们将不同种类的异质聚集在一起，以新的方式形成斑点鳞状的空间。

这种离奇的产生主要源于公共空间的消失，并且受到媒介图像的加强。

滕尼斯(F. Tonnies)认为城市离析出社区的多重社会联系，它以城市会所的形式使社会交换变成专业化和单向度的活动。城市的规模、密度和多样化正在导致异化和缺失的形式。对于一些人而言，异化和冷漠的城市就意味着被忽略和遗弃。未受控制的城市公共空间逐渐变成控制和警戒的对象，或变成半私有化的空间。封闭的天井代替了开放式广场，购物中心取代了街道。

理查德·森尼特(Richard Sennett)认为，西方文化里的城市的冷漠和不确定感改变了公共领域特性，鼓励人们退缩到家庭、密友形成的私人领域中。这种公共领域在17世纪、18世纪城市中的咖啡店和小酒吧里获得一席之地。随着城市成长和社交关系更多地被工业资本主义所影响，城市中的公共空间因为人们退缩回私人领地而解体，公共领域成为与他人交往中的慎重的非个人化、无倾向性和理性的空间。

随着这种公共空间的消失，个人的身份感就消失了，大都市中生活的人们就好像《柏林苍穹下》中的天使，他们视野中的大都市是一个看得见、听得见却怎么也不能参与生活的城市。公共空间的定义变得非常单一,对公共与私人空间做出严格区分的要求,也已经成为高度视觉化的行为。疏远和隔离所滋生的离奇都可以看作是与空间恐惧相关联,包括恐旷症和幽闭恐惧症。

这种离奇受到大都市中不断闪动的图像的加强,本雅明在他的著作《机器复制时代中的艺术作品》中讨论了图像的重复能力。他指出图像之间的交换价值的丢失,在这个纯粹的信息时代中,唯一有价值的事物就是图像的"冲击(shock)",这种冲击正是图像突出的地方,而且,它也是我们当代状况的特征——一种现代大城市生活危机的特征。这些特征导致了持续不断的焦虑——发现自身处于万事万物都无意义,都是无偿免费的这个世界中。这样的焦虑的体验是非熟悉的体验,离奇的体验。[21]

随着现代主义焦虑的状况,离奇最终在大都市中变成公众的感觉。人们在现代大城市中的不安全感引发了他们的焦虑、恐惧,这种不安分所引发的恐惧已经成为他们的特征。

3.3 施莱默的"身体"概念

奥斯卡·施莱默(Oskar Schlemmer)是20世纪早期的重要先锋人物之一,是一名教育家、艺术家和建筑师。1923年作为包豪斯壁画工艺和舞台工作的负责人,他在包豪斯的9年期间,通过舞台表演、绘画、雕刻和服饰设计,对身体与空间之间关系的所有可能性进行了探索。施莱默的作品形成了独一无二的空间中身体的理论性研究,并且他的概念为20世纪早期的艺术和建筑学之间提供了一个切实的联系。[9]施莱默的作品被看作是对一战与二战之间欧洲混乱的一种反映。

3.3.1 形式

"形式(*Vordruck*)",德语,英文译为"form(形式)",是由施莱默设计的一位理想化的男子形象,用来探索一些身体概念。"形式"是施莱默在1928和1929年之间在包豪斯所教授的课程"人体(*Der Mensch*, the Human Being)"中的一个重要的部分。施莱默和他的学生常常采用"形式"来作为他们研究人体比例和设计的基础。当然,采用一种标准化的身体形式是包豪斯标准化课程计划中一贯使用的方法。

男子形象——the *Vordruck*——是一个现成的具有良好形式的男子身体,这个图像比施莱默1916年的另一个名为"人(*Homo*)"的男子图像更具有基础性。"人"是一个坐着的男子形象,其印刻的十字架是按比例缩放的。这个图像反复地刺激着施莱默,并且一直出现在施莱默的绘画和建筑中。

"形式"是由两个单词组成的,前缀*Vor*-,其意思是"在……之前,外面的,或以前的",这是表达时间、空间和地点的前缀。*Druck*的意思是压力或者挤压,是指"位于压力之下,或者是置……以压力",也可以表示为绘制、印刷或者复制。*Druck*同样也有与"类型(type)"的意思相关,施莱默的一些服饰研究都是基于"类型"这个关键词上研究的。

施莱默自己使用这种预先印刷好的"形式"来描述内在的身体和外在的身体。"形式"变成了一种可以绘制人类解剖学系统的模板:肌肉、"内在的"器官和骨头。他常常用它来探索其他的一些人体的标准，并且施莱默将它看作他后来的芭蕾舞剧中和戏剧中的人物特性的服饰的设计和绘制的一个二维的“模型”。许多形象都成为施莱默当时的戏剧服饰的基础。

对施莱默来说，“形式”是一个在他课程上应用的一个空白形式。“形式”中包括五个男子图像(图 3－7)，可以同时从前面、侧面和后面三个角度同时看到。这种同时观看的角度也是建筑绘制的方法之一，这种方法同时也将时间从空间中脱离出来。施莱默将这五个男子赋予不同的比例高度，与一个 1.8 米的男子比较起来，其两个最高的形象比例是 1∶5，较矮的是 1∶6.666。两个头部的比例是 1∶2。“形式”被 7 个特殊的点分成 8 个长度：其中从脚到踝是 9 厘米；从踝到膝盖是 42.5 厘米；从膝盖到尾坐骨是 42.5 厘米；从尾坐骨到腰部是 13 厘米；从腰到肋骨是 13 厘米；从肋骨到胸骨 27 厘米；从胸骨到下巴是 9 厘米；从下巴到头顶是 24 厘米。这 8 个长度加起来恰好是 1.8 米。施莱默或者将其按照 1∶5 来绘制，或者就按照 1.8 米的来绘制。但是施莱默对为什么这样分成 8 个长度并没有做过多的解释。

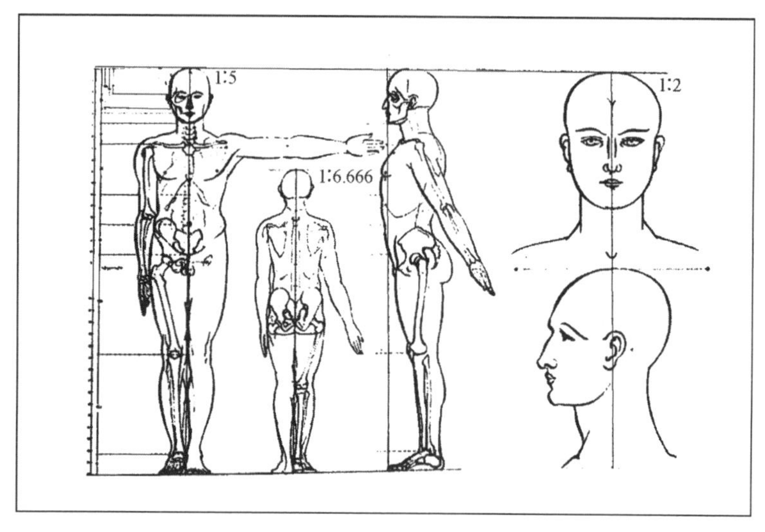

图 3－7　形式(Vordruck)

“形式”的纸张大小是 DIN A2，DIN 版式在 1925 年被包豪斯采用。DIN(Deustch Industrie-Norm，德国工业标准)参照了 1917 年由德国标准协会(German Standards Institute)创建的标准体系。DIN 的设置是为了协调德国的制造业和工业规则与标准。DIN 的版式被认为是“最小化的浪费”，其长是宽的$\sqrt{2}$倍，当时，官方的 DIN 的 A2 尺寸是 48 厘米×67.88 厘米。施莱默的“形式”并不是完全依照当时官方的尺寸和比例，它的尺寸为 48 厘米×64 厘米。

“形式”不仅仅是表达了男子图像的形式，而且，也表达了这些图像中所蕴含的空间形式。施莱默用一个矩形格局包含了这五个男子形象。这个矩形组合了两个方形，其方形的边长是由最高的两个男子的高度所决定的。其中第一个男子伸出的手臂与第三个男子形象结合，又形成了两个矩形空间：上面的一个矩形，是以第一位男子伸出的左臂为下底，左右两位男子的脸为两边，顶部就是连接最高的男子头顶的线。下面的矩形，是以第一位男子伸出的左臂为上边，两位男子身体为侧边，而形成了一个具有黄金分割比例的矩形，这个矩形又可以被分割成包含了各种身体和头部的一些几何比例，揭示了一种敏感的关于比例和比例关系的理论化的观点。

一些阐释者认为施莱默的“形式”是一种随意的数字化创造，或者说是不考虑环境和场所的一种形式。实际上，施莱默所设计的这些图像是置于空间中的，并且两个图像之间存在着一定的空间比例关系。这样，在这些图像中，就存在某种“规则”，这种规则在施莱默的绘画和设计中也反复出现，他采用这种方法，在一个二维的图像上探讨了三维空间的问题。它所表达的是一种“规范”而并非单纯的形式，它是一种标准的空间构成，是对发生在空间中的“行为”和“运动”所构成的空间结构的一种物质化的分析。

施莱默对这些形象之间的比例关系处理并不是固定不变的，可以看出，这些比例关系蕴含了更多的暧昧和不确定性，这也是施莱默以一种接近游戏的方式来探讨身体-空间关系的表现。

3.3.2 身体与服饰

施莱默的服饰(costume)设计的探索、思考了身体在空间中的创作。对施莱默来说，建筑空间不是一个身体的容器，而是身体转换的一个方面。他的全部作品完整地探讨了充满身体的空间、介入身体的空间和作为身体的空间。施莱默的以身体为基础的研究方向在他所有的绘画作品中，以及所有的奇怪的雕塑和舞台剧作品中也是明显的。

施莱默将他在包豪斯的课程中的“人体”看作是格罗庇乌斯的“创造一种新型的整体，这个整体的基础是位于人自身之中，并且只有作为一种鲜活的有机体时才具有意义”[22]的原则的扩展。他的课程提出了一种服饰设计的神人同形同性理论。施莱默赞成将服饰看作是作为身体类型的哲学上的和构成上的表达，而这种身体类型是与具体的行为和空间相关的。

对施莱默来说，服饰、建筑、身体和空间是动态的，也是必然相互联系的。而且，他的关于人体和服饰的理论正是一种身体和建筑之间的联系的理论，这种理论的动力是为了揭示最初的类型(type)理论。对施莱默来说，人的类型是基于人的各种本质和生命体验的基础上人工构建的，他认为人是一些相互作用的环境而形成的一种合成物，人的环境的多样性不断地改变着人的组合。施莱默的这种对人的观点在他的服饰理论中体现了出来。

施莱默的服饰观点是基于人的图像的基础上的，这种人的图像是由不同的人的本性所构建的不同的人之间的调节平衡。他的服饰理论对存在于不同种类的人之间的和谐提出了质疑，表达了困难的和暧昧的人的关系，而正是这种关系测量和表达出了人的状况。对施莱默来说，他的“存在(being)”就是，也将会是一种人造物——一种“艺术形象(Kunstifigur)”，这种人造物源自于“人体的转化与变形”，并借由服装和伪装成为可能[23]。

施莱默在他的文章《人和艺术图像》(*Man and Art Figure*)(1924)中，采用了他自己设计的标准的“形式”，实现了他的服饰理论。每一个“形式”都“穿上”一种特殊的“法则(law)”，创造了独一无二的二维和三维的(身体的)姿态，这些成为施莱默服饰原则的夸张的表达。施莱默认为他所设计的这些服饰是一种具有特殊形式和轮廓的人像语言，这些形式和轮廓表明了四种不同的身体概念，并且展示了四种身体-空间的关系。这四种身体概念并不是单一的概念。它们是基于结合使人变成某人的过程中文化的、功能上的彼此之间的“行动”的基础之上的。服饰将隐藏的人体塑造成片段化的或是受限制的运动形式。这种身体和运动的相互作用创造了人的第三种状态。在日常生活、空间和运动三者合一的关系创造了四种不同的特征，施莱默将其命名为“移动的建筑（Ambulant Architecture）”“牵线木偶（Marionette）”“技术上的有机体（Technical Organism）”和“非物质性（Dematerialization）”。[22]

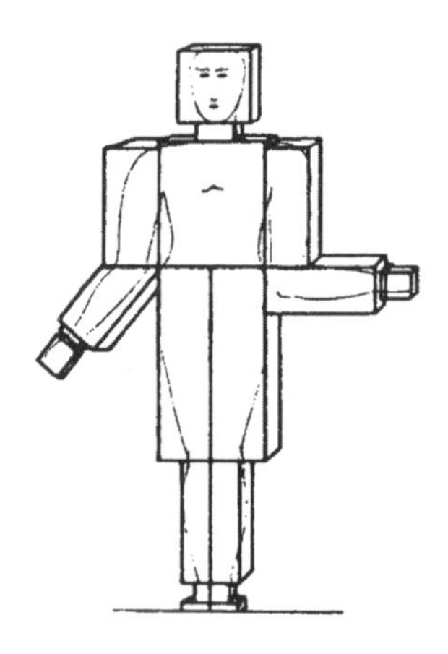

图 3-8　移动的建筑

“移动的建筑”（图 3-8）是一种“立方体空间的法则环绕着人”的“空间的立方体构筑”。它是固体的、笨重的立体的身体，是一个较小基础上的较大重量的塔楼，它创造了一种被压缩的、被束缚的身体，就好像建筑空间的元素一样——空间或者房屋的角部和边、门和窗户的矩形框架等。这种服饰表达了处于笛卡尔式空间中的身体-空间关系。然而，这种身体就好像直接穿上了一件建筑形式的外衣。我们关节所产生的所有的曲线和自由运动，都在三维矩形网格所产生的建筑空间中削弱了。“移动的建筑”这个服饰，是按照身体上的主要的关节来划分的。这些关节被重新构思，来适应建筑空间中的运动，尤其由水平和垂直平面的交叉所产生的直角空间。这些交叉促使身体按照这种直线形的构筑和结构来运动。身体位置维持了这种紧凑体积的特征。

第二种概念化的服饰——“牵线木偶”（图 3-9）是由曲线和圆环组成的，具有“蛋形的头部、棍棒形的胳膊和腿，和球形的关节”，表达了“人体在与其空间关系中的功能法则”。牵线木偶，是由圆规绘制的，揭示了与身体的关节有关的环状。这些关节被处理得就好像是用大头针别在一起，因此身体中的每一点的运动、每一部分的运动都揭示了其机制的功能，就像牵线木偶一样。这些功能上的法则是通过舞蹈者身体穿越空间并且扩展他们的身体位置的运动来表达的。这种服饰揭示了骨头/肌肉的生物力学，这些生物力学的表达在一种表面上非常不同的服饰形式中变得更加明显。同样在施莱默 1927 年为包豪斯舞台剧（Bauhaus Stage）设计的金属舞蹈（Material dances）中的棍舞（Staff dance）的表演中也涉及了对这种身体-空间关系的探索。

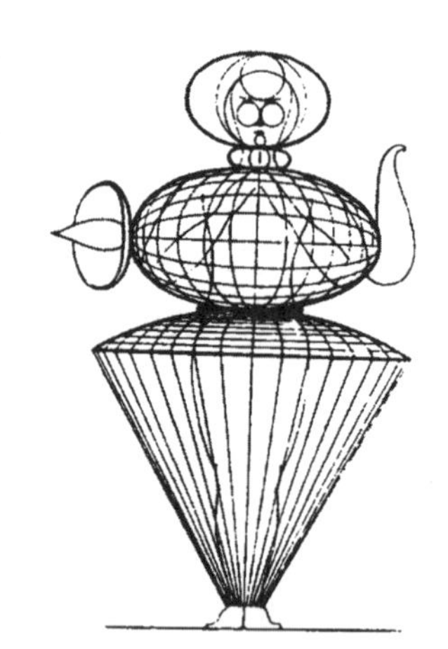

图 3-9　牵线木偶

舞蹈者将木棍附加在每一个身体的剖面上，因此，关节能够自由地移动身体部位（比如前臂、大腿等），并且通过木棍在关节之处相互交叉，来表达出每一个关节的运动-空间的关系。这种服饰和表演的美感是通过身体部位运动的关节来表达的，身体的整个图像被重新构筑，这些运动的关节使其空间具有一种动态的特征，这些身体特征创造了对角线性的和直角线性的动力学，揭示了一种不同于第一种服饰的空间结构。牵线木偶的原则，揭示了功能上的动力学，并且扩展了我们身体上正常运动幅度的空间限制。

第三种服饰——“技术上的有机体”(图 3－10)揭示了“人体在空间中的运动法则”，如“旋转、方向和与空间的交叉：抽陀螺、蜗牛形、螺旋形、圆盘形”。它是由创造出一种曲线形或轨道形空间的运动着的部分的组合。这个着服饰的身体表达了一个正在运动着的个体，这个个体中的每一个部分都剖切到身体的最基本的部分，如头、脖子、躯干等。这个单独的轮廓的基本形式和运动创造了曲线形的和旋转形的空间。在施莱默的 1922 年版本的“芭蕾三部曲(Triadic Ballet)”中的“三人舞(Dance-for-three)”中描述的人物位置和运动就是这种服饰的理解和展现。这三个演员，包括一个男性黄金球(Gold Ball)表演者、一个女性黄金球表演者和一个女性的金属丝服饰(Wire Costume)表演者，其中男性黄金球表演者和女性金属丝服饰表演者彼此相对应地沿着直线形和曲线形直接向对方运动，创造出一系列的空间中的人物——卷绕的人物、旋转的人物、对角线移动的人物，并创建了运动着的身体之外的空间轨迹，扩展了身体上的客观限制。由于三个身体不停地运动，轨迹就从直线形成了圆环，再形成圆柱。这些表演者通过整体的运动，而不是几个特殊的姿态创造了一种空间上的交流。

图 3－10　技术上的有机体

第四种服饰名为“非物质性”(图 3－11)，表达了由身体所形成的一些象征性的形式和姿态——“表达的形而上学的形式”。这是身体的外在服饰和隐含于人身体中的服饰之间的一种直接的对话。它是由一组动态的图像组成的，它在围绕着竖直轴线旋转的同时，也在水平方向和竖直方向地运动，并且在跳跃着的姿势和站立的姿势之间、平衡与不平衡之间不断变化着。[24]它既是面对我们，同时也将两个侧面展现给我们，它的胳膊也是同时从前面和侧面展现给我们。组成这个形象的是一些形而上学的象征——十字交叉和关于无限的符号。“非物质性”似乎是放弃了其物质上的身体，被还原成为比例的关系和符号，而变成了一种没有物质存在的身体。

图 3－11　非物质性

服饰的“物质性”通过材料的构建及其所引发的特殊的重量所体现，并且将这种“物质性”转化成一种特殊的身体上的特征。他采用了平时不常使用的材料：混凝纸、铝板、橡胶、赛璐珞、玻璃。

施莱默从来没有完全地阐述四种穿着服饰的身体。这些服饰是“戏剧化的”，然而却是“生动的”，它将穿着服饰的演员转换成为了一种特征。“戏剧性的服饰增强并夸大了演员和他的特征，而并没有消除他。”[22]施莱默的人体原则增强了人的存在的这种观点，重新将身体定义为是一种空间的创造。施莱默的每一个服饰都表示了一种包含不同形状和运动模式的“理论上的”身体，就好像安妮·侯兰德(Anne Hollander)认为这些理论化的服饰“是一个表演者自身的扩张，同时这个戏剧化的服饰将他完全转换成为一个特点”[25]。

施莱默的理论允许身体的原则可以是单一的，也可以是相互结合的，或者是统一结合在一系列的形式之内的。他的服饰“增强了”人之所以是人的这个观点，并且这个服饰可以被用来重新界定身体作为空间创作者的这个特点。施莱默确定了一个以“脉搏、循环、呼吸、大脑和神经运动”为条件的生物学上的存在——“身体是有机体”，和一个以比例、表达、步法和移位为条件的“身体作为机制”的存在的这些原则。这个有机体的空间就包括高度、宽度、深度、身体的运动以及揭示内部不可见的规律的“内在的机制”和将身体的形式和特征进行归类的“外在的机制”[26]。

服饰类型包含了一种特定的生活和运动模式。施莱默通过一种“掏空”和“拼装”蕴含在身体之中的、扮演着服饰类型所蕴含的“秩序”和“条例”的各种元素的过程来设计这些服饰类型。施莱默相信人的“本质(essence)”并不是单一的，人是由规制和再规制人造世界的观点构成的组合物。施莱默的每一种理论上的身体-服饰都导致了由运动着的服饰所构建的可知觉的空间。上面的四种身体复制这些以身体为基础的动力，正是这些动力创造了空间类型。

3.3.3 舞台上的身体

施莱默对舞台表演的兴趣源自于对人的运动类型的阐释。他认为有关人姿势的运动的基本“类型”与其蕴含着三种行为和运动的姿态相关：首先是习惯，也就是一种无意识的倾向；第二是仪式，是指有约束力量的一系列的行为规则；第三种是身体的本能和生物学上的反应，如呼吸、咀嚼、建巢穴等。每一种运动的空间性都描述了“情境”的特征，情境从而被转化。施莱默认为无论人们是否意识到这些，只要是他具备这些能力，那么所有的行为和姿势都是这些基本元素所组成的。施莱默将这些还原为站、坐、躺、走，并且他将这些人造物品和空间与人类行为的每一个类型相联系起来。这些基本的姿势是形成日常生活语言的一套运动体系，但是在日常生活中，这些都是一种无意识的表达模式。

施莱默最早的舞蹈表演作品“芭蕾三部曲(Triadic Ballet)”(图3-12)，源自于他对音乐“三和弦(triad)”的理解。施莱默将人的运动还原为一系列的三个元素，这些元素结合他四个服饰中的一些元素，使得舞蹈者能够按照一定的方式进行运动。人的行为类型被分为三组，每一组都包含了三个元素，所有这些元素进

图3-12 施莱默的舞台剧“芭蕾三部曲”(1922年版)

行组合，就形成了他所称呼的“类型(the type)”：“水平的、竖直的、对角线的，站、躺、坐、姿态、手势、运动。”[27]这样，人就抽象为九个表达的品质——三个一组——其组成了施莱默的“类型”。水平的、竖直的和对角线的形成了一组；站着的、躺着地和坐着的形成另一组；摆姿态的、打手势的和运动的形成第三组。

施莱默的这种关于“类型”的概念是可变的，是对各种元素的结合，也就是说，这个类型是一种结合物。它并不是用来作为一种达到某种和谐的身体或者统一的身体的方法，而是构筑运动特点的成熟的理论化的方法。他试图创造这种图片化的原型，来传达出一个基本的概念，即人是一个空间环境的功能，这也是为思考建筑及其空间提供灵感。

施莱默的舞台剧中的玩偶身体，将运动的类型与他所设计的服饰类型相结合，企图寻找一些相互不关联事物之间的新关系，实验出一条路径以通往与现代主义息息相关的抽象符号世界。通过对舞台戏服的部分机械化，身体成为机器，这种意图在演出的剧目上就一目了然，最开始的剧目称为“金属节日(Metallic Festival)”，后面的剧目称为“玻璃之舞(Dance of Glass)”“金属芭蕾(Metallic Ballet)”“人＋机器(Man＋Machine)”。[28]

在舞台上的身体展现了一个可以透过空间伸展的身体，是一个戏服与布景相结合的身体，在那里，解剖学上的组织与空间几何形式变成了自然与文化的几何形式，一个技术与生物的融合区域，由此向世界打开了新建筑趋向弹性的有机空间进展的可能。建筑用基本的生命需求代替了正式的表征要求，这些最低限度的基本要求包括光线、空气与卫生等在本质上与心理同等重要的需求。人体工程学(Ergonomics)和心理功能主义(Psychofunctionalism)都只能是对于相同问题的不同反应，也就是身体的新中心、形式、尺度、需求和本质同一问题不同侧面的反映。

施莱默所创作的玩偶般的身体代表着身体新的延伸，代表着本质的突破，有别于勒·柯布西耶的模具化的身体。身体的可延伸性，使得身体与全世界的地球村接轨与沟通，因为对于“脱离盒子般空间(Explosion of Box)”导致时空关系的脱轨，人体模型的单一观念最后也将最终消失。在这样的观念下，柯布西耶的“模度(Modulor)”成为传统身体模型的最后一道防线，它重新确立了维特鲁威的身体图像的原则：人体是客观而永恒的尺度，并隐含着人类与世界合理的、单一的关系。

施莱默在包豪斯期间所创作的舞台表演为表演艺术寻找了适当的表演空间。剧院与舞蹈、舞台与身体、视觉与语言、声音与光线等都找到了新的动力与源泉，从而颠覆了本来的表演方式。从身体的角度来看，当各种不同研究采取不同的观点从事对于身体的探索，反而更清楚地显示出这些研究拥有一个共同的根源，这就是 20 世纪建筑所关心的居住空间为什么与人类的身体息息相关的原因。

3.3.4 “身体”特征

施莱默的“形式”又可以称为是“包豪斯的身体”，或者是“施莱默的身体”，形成了独一无二的身体-空间的理论研究，为包豪斯的教育提供了一个可以继续探索空间的工具。施莱默在他的绘画和建筑工作中，始终在寻找一种“类型”，如服饰类型的研究、身体运动类型等，他的类型概念，受到了森佩尔的理论概念和沃格林(Eric Voegelin)类型的影响。与森佩尔一样，施莱默暗示了人类行为创作过程中的、制作中的隐含的关系，认为形式是源自于一系列的元素。不同的是，森佩尔认为这种形式的形成是一种进化的过程，也就是一种形式可以从另一种形式中产生；施莱默的进化概念多少有一点游戏成分，他认为行为的进化是源自于形式之上的，是朝着一种“行为的几何学”上发展的。受到沃格林的影响，施莱默的“形式”也是一个合成物。沃格林的人物建构是源自于人类动态本性和生活现象的结合。施莱默的人物形象是源自于对人物的基本行为的组合。他试图创造一种图片式的原型，这种原型能够传递出人作为界定空间环境这个功能作用的一些元素概念。施莱默通过这些组合元素的身体与服饰的结合，认为我们有可能延伸我们的身体，达到产生更敏感空间。

施莱默对“形式”的创作某种程度上受到了杜勒（Albrecht Dürer）的对身体概念的研究，但同时也是针对当时德国艺术和文化的理解。处于一战和二战期间的德国，经济萧瑟，艺术家面临着艺术与工业化生产这种矛盾，许多艺术家积极地探寻一种能够与工业结合的艺术品，以便既能保证艺术的品位，也能够大量的生产出口，以便使德国在世界经济中处于一定的地位。于是，对于“类型”的探索成为当时许多艺术家的研究主题。

另一方面，“形式”似乎是施莱默所想追求的乌托邦，它是几何化、数字化、比例化的身体，但是“形式”实际上却是最暧昧模糊的，它是一种空白的形式，等待各种特征赋予其上，尤其是男子的面部，没有头发、没有表情，完全是一个未完成的成果。脸部五官的组合是按照黄金比例来进行定位的。对这样的男子来说，是没有时间，没有服装，没有欲望，也可以说是没有身体的，它仅仅是一具躯壳。这样看来，“形式”内部包含的恰恰是非乌托邦，表达了对孤独和时间的恐惧，以及对当时战后德国城市的反应，按照本雅明从弗洛伊德那里借用的说法，这种反应被称为是“有创伤的震惊（traumatic shock）”[29]。这个词汇也曾经被波德莱尔（Charles Pierre Baudelair）用来形容发展中的城市文化的“置换的和没有个性的体量”的原因。这种创伤在大城市发展的人群中再一次表现出来，人们相互面对，却漠视对方，人们的身体在这种人群拥挤的城市中，在无个性的体量中迷失了。波德莱尔认为，人们的眼睛已经在城市中失去了看的能力。这种能力的消失使得人们彼此之间形成一种看不见的藩篱。人们不再关心对方是谁、在哪儿、在干什么等等，位于大城市中的身体形象是空白的、空虚的，这几乎就是施莱默的“形式”所描绘的形象。

可以说，“形式”描绘的就是现代人的身体，它几乎具有一切现代人所具有的特征。首先，“形式”表面上看是理性化的产物，受几何与严谨的数字关系的约束，是一种“类型”，适合模数化的工业化生产，可以根据不同的情况赋予其不同的特征。

另一方面，“形式”本质上是空白的、未完成的形式，它是冷漠的、盲目的、虚无的、自恋的、麻木的、孤独的，这些特征是一切大都市发展下的身体形象，也是施莱默对当时德国都市人的真实写照。城市中资本的发展运作，使得一个人失去了完整的个性，人们被剥夺去被称为是“普通人性特点”的东西，个体文化中的灵性、精巧和理想主义随着都市文化以及物质文化的繁荣而逐渐萎缩。这个矛盾根本上源自于资本经济下的劳动分工。劳动分工要求个人在技艺上单方面的发展，而单方面的发展即意味着个体人性上的不完整。个体在这个强大的资本组织下仅仅变成了一个齿轮、一个渺小的工具。个体的完整性被剥夺了，成为一个破碎不完整的碎片。现代人的身体就是这样被剥夺去了独一无二的特性，成为冷漠而麻木的碎片。

“形式”表面上的秩序与实质的非秩序、表面上的平静与内心的孤独、表面上的完整与本质上的不完整，其所表达出来的矛盾性、暧昧性的身体特征也许正是施莱默希望达到的目标。

3.4 本章小结

维德勒将部雷所代表的法国启蒙时代的幻想式建筑看作是身体在建筑学中第二次明显的体现，这种表现是对神人同形同性体现的拒绝，也是对古典主义的美学，以及自文艺复兴以来的持久统治的挑战。

同时，维德勒将现象学的研究聚集在离奇的概念上，因为离奇感的产生是源于人的体验，这是来自现象学的方法，尤其是对博克来说，这种离奇感是直接来自本能的直觉反应，是发自内心深处的惊恐的感觉。

18 世纪的博克与康德成为当代理论家探讨离奇的一个非常重要的源泉。对于维德勒和埃森曼(Peter Eisenman)来说，离奇和怪诞是崇高的另一方面。按照维德勒的话说，“在这种环境下，离奇将会成为……身体对一直压抑知觉存在的建筑的一种回归”[14]。在埃森曼的著作中，美与离奇这种对立的关系经常出现，埃森曼并不是以二元对立的关系来看待二者，他认为应该认识到孕育在美观中的所呈现出的离奇。

在戴安娜·阿格雷斯特(Diana Agrest)看来，如果美观是美学的“标准化的”讨论，那么崇高就会被看作是与美观相对的“分析的和探索的讨论”[30]，这种分析的探讨成为对现代建筑学的批判性的讨论。崇高的美学在 20 世纪的重新探讨，被看作是对社会批判的现代现象，或者是作为心理学层面进行批判的一个方面。在建筑学领域中，对这种崇高的美学和离奇感的理解不尽相同，包括埃森曼对学科的解构和抽象概念的一些不明确的主张，维德勒对现代大都市空间的理解，以及屈米对事件-空间的一些探讨，但是这些不同层面上的探讨的重点都是集中于人类的空间体验上，以及从这些体验出发，对建筑的形式主义和非体验的挑战。

图 3 - 13 《呐喊》

维德勒以现象学的视角认为，离奇可以作为工具，来恢复人们日益被压抑的身体体验，也是对模仿、符号等形式主义的拒绝。同样，对现代主义先锋派来说，离奇已经成为作为“不熟悉”的工具手段，故意地造成“陌生的”事物的结果来达到突然之间回忆起来的效果。离奇被重新作为美学上的类别，现在被理解为现代主义的震惊和骚动的倾向的一个真实的标志(图 3 - 13)。

另一方面，离奇的滋生加强了传统的对怀旧思想的联系，这种“无家可归”，被许多理论家看作是现代主义的状态。“思乡病(Homesickness)”，在战争大规模的浩劫，及继而出现的精神上和心理上的无家可归之后出现了，这是对真实的、诞生之外的家的怀旧。正是在这样的环境下，从海德格尔到巴舍拉尔这些哲学家对"栖居(dwelling)"的消失进行沉思思考，而基于海德格尔的"栖居"，许多建筑理论家也对建筑学的现代性展开了现象学上的思考。

本章注释

1 欧几里得(Euclid)几何原理大约出现在公元前3世纪左右，其以"无限、等质，并为世界的基本次元之一"作为空间的定义，被认为是忠实地描述物理空间的思考方法，一直延续到19世纪，因非几何学的诞生和相对论的出现而被淘汰。高斯几何，里曼几何等非欧几里得几何相继出现以后，科学家的空间概念发生了极大的变化。最明显的是爱因斯坦(Albert Einstein，1879—1955年)提出的相对空间观，强调了空间现象之间的关系。

2 戈特弗里德·威廉·冯·莱布尼兹：德国自然科学家、物理学家、数学家和哲学家。他和牛顿同为微积分的创始人。

3 移情一般说来是与20世纪相关联的一个概念。诺瓦利斯在1798年将这一概念描述为："……通过一种给人以美感的知觉为媒介而将自身与自然事物融合在一起，感觉他自身，如其所是的样子，进入了这些事物之中。"

4 这篇文章没有完成，后来收录在森佩尔的著作《风格》(*De Stil*)的前言中。

5 德国艺术史家阿洛依·里格尔的《风格问题》(*Stilfragen*，1893)与瑞士学者海因里希·沃尔夫林的《艺术史的基本原理》(*Prinzipien der Kunstgeschichte*，1915)的出版最终确立了艺术史学科的现代形态。

6 英文将其翻译为"a plan of volume"，翻译成中文就是"体积规划"。

7 Sitte C. Der Städte：bau nach seinen künstlerischen Grundsätzen[M]. Vienna，1889. 英文译本很多。中文译本是译自英文版 Stewart C T. The art of building cities：city building according to its artistic fundamentals[M]. New York：Reinhold Publishing Corporation，1945. 中文译本：卡米诺·西特. 城市建设艺术——遵循艺术原则进行城市建设[M]. 仲德崑，译. 南京：东南大学出版社，1990。

8 公元10世纪，西方学者发现一本名为"*Peri Hupsous*"的古罗马著作抄本，译为《论崇高》。1674年法国学者布瓦洛(Nicolas Boileau-Despréaux，1636—1711年)首先将其译为法文。关于《论崇高》的作者问题，还存有争议：一是说公元1世纪的古罗马修辞学家狄奥尼锡欧斯(Dionysius)，或是朗吉驽斯(Langinus)，另一说是公元3世纪的朗吉驽斯，但从书中引用的《旧约》来看，此书不可能属于1世纪。

9 http://en.wikipedia.org/wiki/Oskar_Schlemmer。

本章参考文献

[1] Forty A. Words and buildings：a vocabulary of modern architecture[M]. London：Thames & Hudson，2000：256-258，261，280.

[2] 诺伯格·舒尔兹. 存在·空间·建筑[M]. 尹培桐，译. 北京：中国建筑工业出版社，1990：5.

[3] 陈坤宏. 空间结构——理论与方法论[M]. 台北：明文书局，1991：3.

[4] Jammer M. Concepts of space：the history of theories of space in physics[M]. Cambridge：Harvard University Press，1954：93-125.

[5] Mallgrave H F，Ikonomou E，et al. Empathy，form and space：problems in German aesthetics，1873—1893 [M]. Chicago：The Getty Center/The University of Chicago Press：Getty Research Institute，US，1994：1-85，89-124，286.

[6] 戴维·史密斯·卡彭. 维特鲁威的谬误——建筑学与哲学的范畴史[M]. 王贵祥，译. 北京：中国建筑

工业出版社,2007:147.
[7] Schwarzer M. German architectural theory and the search for modern identity[M]. New York: Cambridge University Press, 1995: 233 - 243.
[8] Mallgrave H F. Gottfried Semper: architect of the nineteenth century[M]. New Haven: Yale University Press, 1996: 229 - 308.
[9] Panin T. Space-Art: the dialectic between the concepts of raum and bekleidung[D]. Pennsylvania: The Faculties of the University of Pennsylvania, 2003: 61 - 66.
[10] 原口秀昭. 世界20世纪经典住宅设计——空间构成的比较分析[M]. 谭纵波,译. 北京:中国建筑工业出版社,1997:47.
[11] Collins C C. Camillo Sitte and the birth of modern city planning[M]. New York: Dover Publications, 1995: 26 - 33.
[12] 汉诺-沃尔特·克鲁夫特. 建筑理论史——从维特鲁威到现在[M]. 王贵祥,译. 北京:中国建筑工业出版社,2005:237.
[13] 卡米诺·西特. 城市建设艺术——遵循艺术原则进行城市建设[M]. 仲德崑,译. 南京:东南大学出版社,1990:78.
[14] Vidler A. The building in pain: the body and architecture in post-modern culture[J]. AA Files, 1990(19): 3 - 10.
[15] 罗宾·米德尔顿,戴维·沃特金. 新古典主义与19世纪建筑[M]. 邹晓玲,等,译. 北京:中国建筑工业出版社,2000:25,180.
[16] 理查德·桑内特. 肉体与石头——西方文明中的身体与城市[M]. 黄煜文,译. 上海:上海译文出版社,2006:294 - 295.
[17] 博克. 崇高与美:伯克美学论文选[M]. 李善庆,译. 上海:上海三联书店,1990:36 - 37,59 - 60.
[18] 鲍桑葵. 美学史[M]. 张今,译. 北京:商务印书馆,1997:140.
[19] 康德. 判断力批判[M]. 邓晓芒,译. 北京:人民出版社,2002:83,89. 105.
[20] 弗洛伊德. 论文学与艺术[M]. 常宏,等,译. 北京:国际文化出版公司,2001:294,297 - 298.
[21] Tschumi B. Architecture and disjunction[M]. Cambridge: The MIT Press, 1994.
[22] Dodds G, Tavernor R. Body and building: essays on the changing relation of body and architecture [M]. Cambridge: The MIT Press, 2002: 229,231.
[23] 奥斯卡·施莱默,等. 包豪斯舞台[M]. 周诗岩,译. 北京:金城出版社, 2014:10.
[24] Gropius W, Wensinger A S. The theater of the Bauhaus[M]. Middletown: Wesleyan University, 1961: 26 - 27.
[25] Hollander A. Seeing through clothes[M]. Oakland: University of California Press, 1993: 250.
[26] Beckman H P. Oskar Schlemmer and the experimental and the experimental theater of the Bauhaus: a documentary[M]. Alberta: University of Alberta, 1977: 53 - 57.
[27] Feuerstein M F. Oskar Schlemmer's vordruck: the making of an architectural body for the Bauhaus [D]. Philadelphia: University of Pennsylvania, 1998.
[28] Palumbo M L. New wombs: electronic body and architectural disorders[M]. Basel: Birkhäuser Publisher for Architecture, 2002: 17.
[29] 瓦尔特·本雅明. 论波德莱尔的几个主题[J]. 张旭东,译. 当代电影,1989(5):103 - 114.
[30] Nesbitt K. Theorizing a new agenda for architecture: an anthology of architectural theory(1965—1995)[M]. New York: Princeton Architectural Press, 1996: 31.

4 身体在建筑现象学中的回归

研究“现象”是如何出现在意识中，是基于希腊单词 *Phaino* 和 *Logos*。*Phaino* 意思是“展现了”或“逐渐出现”，它也是单词“幻影（phantom）”和“幻象（fantasy）”的词根，而 *Logos* 可以理解为“原因”“词”或“说”，因此它在科学中的使用是为了“研究”。[1] 从对这一单词的词源解释来看，现象并不是我们常常所说的事物本身的表面现象，而是对人意识中逐渐出现或展现的东西的解释或研究。

德国哲学家埃德蒙特·胡塞尔（Edmund Husserl）被认为是现象学之父，他也是最早对“现象”这一词汇做出研究的人。他在 20 世纪早期的著作，影响了关于这个主题的后期著作。按照胡塞尔本人对自己学说的解释，现象学观念是通过逻辑学和心理学的研究，达成心理的“实证主义”，胡塞尔也将他自己的现象学称为“描述心理学”“本质心理学”或“理性心理学”[2]。与西方形而上学哲学传统截然不同的是，胡塞尔反对从概念到概念的思辨哲学，主张认识事物要尊重现象本身，认为“现象”是一切知识的根源或起源。而为了探索这一根源，他则主张决定通过研究事物如何出现在脑海中的方式，来发现可以进入到事物本身的领域中的途径。为了彻底认识事物，就必须将有关这一事物的一切观念、理论加以“悬置”，而从直接直观的经验出发寻求事物的本质。这也是现象学的第一原理，就是“回归事物本身（Back to things in themselves）”！

基于此，建筑领域中出现了基于行为和感觉来重新研究身体与建筑之间的关系。这并不是严格的哲学现象学的研究。它仅仅是为重新审视建筑学提供了一个方法和参考，它假设了人的身体的感官体验作为物质形式的合理的参考。它突出建筑形式与人的听觉、嗅觉、触觉和视觉之间的和谐。这种研究同样关注建筑作品中的场所，总之，建筑现象学尝试阐述建筑与人的存在状况之间的关系。这种关注主要建议了一些相关的方法，来强调身体的某种特定存在以及社会政治上的议题。

在建筑理论中，出现了两种主要的研究方向：一种是建筑现象学的哲学研究方向；另一种主要是研究建筑中的体验和社会主观性。这二者都建立在身体的运动和感官的基础之上。当然两者的研究也是相互渗透的。

第一种的研究方向主要是关注胡塞尔、梅洛-庞蒂、海德格尔等这些哲学家的著作，将他们的著作以及方法看作是对抗建筑理论中的“功能化”的方法。建筑理论家阿尔伯托·佩雷斯-戈麦兹的一些著作就探讨了这种方向。他认为建筑理论已经逐渐受到起源于 17 世纪中期的技术领域的控制，并且在 19 世纪中愈演愈烈，这样就导致了 20 世纪的建筑学在理论、实践以及具体体现的体验之间的危机。对佩雷斯-戈麦兹来说，建筑理论通过在科学化、概念化的框架中得到发展，但是这种框架并不与现实保持和谐一致，并且这种框架摒弃了，至少并不能与思想上的丰富与暧昧保持一致。这套框架下发展的建筑理论发展了一系列的方法论、类型学以及功能主义的一些理论，这些理论都是将精确的正确性置于首位的，而佩雷斯-戈麦兹认为应该是将知觉置于首位。这种知觉的首要性成为建筑现象学的主要的方面。建筑现象学重新将身体的知觉作为是意义中的不可分割的一部分。它挑战了笛卡尔的身心二分。佩雷斯-戈麦兹的建筑现象学倾向于忽视发生在超越身体之上的社会层面和偶然发生的历史上的变化。对佩雷斯-戈麦兹来说，现象学认为体验的领域是“在知觉的神秘中，在存在(Being)和生成(Becoming)之间的空间中，同时赋予普遍的体验和特殊的体验的地方”[3]。迈克尔·汉斯(Michael Hays)认为，这种能够将个体的神秘的体验“同时普遍化和个人化的能力”恰恰将体验置于“其所发生的场所和时间”之外。[3]从这个角度来看，戈麦兹的建筑现象学缩减了我们如何来构思理解身体的真实性，它忽视了身体上所附带的某种历史性与社会性。从现象学出发，建筑设计理论重新将身体的体验扩展到建造领域中，使建造领域创造出“能够与身体自身相呼应的秩序”[4]，因此，身体的“与世界的交战”就成为产生建筑意义的地方。

4.1 梅洛-庞蒂的“身体”理论

现象学最早通过胡塞尔的“还原事物本身”来探索事物本质的寻求，来探索人之所以存在的这个世界的本质。它的前提首先是人生活在现实世界之中，而不是将人与外在世界对立，其次，无论是胡塞尔还是梅洛-庞蒂，都是企图摆脱人的先验知识，尽量在先验之前来还原事物本身，他们都认为事物在人的理性知识出现之前就已经存在了自身的意义，而不是凭借人才有意义。而梅洛-庞蒂的身体现象学则旨在寻求借由身体感知来探索世界的方法——人虽然处于世界之中，但是这个人却是借由自己的身体，而非头脑，借于自己的感知，而非理性分析，尽量来描述外在世界。他打破主、客观两分的二元论，尽可能不作任何科学的解释和加减，不带任何哲学的偏见观察和描述世界如何展现在身体的“知觉”面前，并试图说明人们如何通过身体与外在现象接触。

莫里斯·梅洛-庞蒂被誉为“法国最伟大的现象学家”。梅洛-庞蒂 1908 年出生于法国南部；1926 年进入巴黎高等师范学校学习，与让-保罗·萨特(Jean-Paul Sartre)成为同窗和好友；他们一起在 1945 年创办了哲学期刊《现代》(*Les Temps Modernes*)，后来一直合作，直到因一次意见不合而分道扬镳。在求学期间，梅洛-庞蒂逐渐对德国现象学发生了兴趣，尤其是胡塞尔的思想。后来，他曾经专程前往比利时的卢汶胡塞尔档案馆，研读胡塞尔后期未发表的手稿。正是胡塞尔的后期现象学思想深刻地影响了梅洛-庞蒂的身体现象学理论。

1945 年，梅洛-庞蒂的主要著作出版，这本著作来自他的博士论文《知觉现象学》。在这本著作中，他通过基于临床研究的案例研究基础上的一系列的翔实分析，首次陈述了身体对我们感知的影响。通过研究感官在牵连作用(synaesthesia)的过程中一起运作的方式，以及研究感知如何提供原始的数据，而思想如何将这些数据安排在一个清晰的概念中，梅洛-庞蒂希望说明，语言本身仅仅是源自于我们的生活体验。他在该书的前言中写道：“问题在于描述，而不在于解释和分析。”[5]这显示出他将现象学归根为同时排斥经验主义或自然主义以及主观主义思想，梅氏反对这二者所主张的客体-主体对立的二元主张，而以身体-主体替代之，即“我即我的身体(I am my body)”。[6]这是一种介于二者之间，且双方都不是具有这样二元对立的思考立场。

梅洛-庞蒂所尝试描述的是一类先于语言学(pre-linguistic)的理解,世界在它被"包含"在语言中之前,对我们来说已经有意义了,这多少带有一些存在论的色彩。但在远离了哲学的历史的同时,他的研究反而使他考虑了人的行为在我们感知外在世界中所扮演的角色。在早期的著作中,梅洛-庞蒂曾经关注根据口语在手势"语言"中的起源,同时也说明了手势在交流中仍然是一个重要的角色。在他后来的文章中,他继续关注了人类在交流中的其他表达方式,如艺术家可能用他的肢体语言来传达观点。在 1961 年出版的文章《眼与心》中,梅洛-庞蒂将身体描述成是正在感知的思想和物质世界之间的一个接触面。他对艺术作品的兴趣同样来自这种相互作用的表达,如画笔在一幅画上画画是显示了艺术家的手的运动。这种在艺术家的身体和正在使用的媒介的自然的抵抗之间的"交战(encounter)"为日常在身体和世界之间相互作用的过程提供了一个强有力的图像说明。就像另一位哲学家亨利・伯格森(Henri Bergson)[1] 在 1896 年写道:"围绕在我身体周围的物体,反映了身体作用于它们的可能的行为。"[1] 梅洛-庞蒂注意到了这种在艺术作品中的建造品质中的身体行为的本质——这暗示了身体与外在世界之间的连续性的观点。人则是借由身体与外在世界保持一种连续的"交战"。

4.1.1 身体现象学

梅洛-庞蒂在他一系列的著作中构造出了一种独特的身体现象学。那么,在梅洛-庞蒂的身体现象学中,身体的概念是什么呢,他又如何借由身体来构架他的思想呢?

梅洛-庞蒂的身体绝对不是物理上的肉体,他接受海德格尔的在世存有的基本思想。梅氏认为,在世存在是身体性的在世。身体在世呈现出独特的蕴涵结构,即心灵、身体和世界这三者构成了一个相互蕴含、不可分割的循环辩证系统。它们中的每一项都不可能脱离其他两项而单独起作用,只有在这一整体内,它们中的每一项才能获得其存在的理由和保证。因此,心灵就是肉身化的心灵,内在于世界的心灵;身体则是灵化的身体,也是在具体处境中的身体。而世界,也不是实在论意义上的客观世界,或者是由先验意识所构造的世界,而是一个被知觉的世界、现象的世界,也就是一个主体间的世界,把极端的主观主义和极端的客观主义结合在一起的世界。不过,在这三者中,身体起着枢纽的作用,因为它贯穿了其余两者。

那么,这个身体是如何存在于世的呢? 它又是如何来感知周围的世界? 梅洛-庞蒂发展了"世界的肉(the flesh of the world)"[2] 的概念来进一步探索身体如何作为人与世界之间的媒介,他将它看作是身体的肉体与事物的"肉体"发生相互作用的过渡区域。他认为身体不是思想和世界之间的障碍,他将身体看作是我们接触外在世界的途径——我们可以达到理解世界的唯一的途径:

在预言家和组成在预言家的身体看来的可见的事物之间有一段肉体的厚度,但是这个厚度不是这二者之间的障碍,它是他们之间交流的途径……身体的厚度,不但不是与世界对抗,相反,它是我不得不通向事物中心的唯一的途径,通过把我自己看成一个世界,把他们看成肉体的方式。[1]

在这种独特的身体在世的思想基础上,梅洛-庞蒂构建起了他的身体-主体概念。身体-主体有空间性、时间性、性欲、表达等多个侧面,它透过这些不同的侧面而呈现出来,每一侧面都揭示了内在于主体的某一属性、某一特征，每一侧面对于主体来说都是同等重要、不可或缺的。这些侧面之间不存在从属关系，而是相互交织，相互作用，共同构成了一个不可分割的整体。身体-主体作为一个在世界中的主体，它同时也是一个介入的、实践的主体。梅氏试图探讨了身体与自然、个体与普遍如何相互交融衔接。

梅洛-庞蒂建立起的是身体性在世的思想。这里的"身体性(corporeality)"是个非常含混的概念，它不单单指支撑着我们行动的可见和可触的躯体，也包括我们的意识和心灵，甚至包括我们的身体置身其上的环境。因此，"身体性"是一个整体的概念，它对立于任何身体/心灵、身体/物体、身体/世界、内在/外在、自为/自在、经验/先验等等二元论的概念，而是把所有这些对立的二元全部综合起来。这种综合的特性尤其体现在身体的两种最基本的活动，即"行为(Comportment/Behavior)"和"知觉(Perception)"中，而这两者可以说分别是梅洛-庞蒂最早的两本著作《行为的结构》和《知觉现象学》的主题，尽管事实上它们又常常是不可分割地交织在一起的。

长期以来，经验论和唯理论这两种对立的观点就一直占据着西方思想的主流。尽管它们对于意识与自然这二元关系的解释各不相同，但其共同点是，它们都把这种关系看作是客观与主观两项之间的外在的因果关系。而在梅氏看来，所有这些理论都遗忘了我们置身于其中的现象世界。为了探讨两者间的关系，需要超越意识与自然、主观与客观之间的二元对立，从一种既非意识也非自然，或者说既是意识又是自然的第三层面入手，这就是"身体性"层面。

由此看来，梅氏的身体既不是存在于世界内部的一个物质对象，也不同于意识。梅氏通过分析空间、时间、他人及身体等经验因素，终将意识的现象学转向为身体的现象学。

那么，这种身体现象学是从哪些方面来研究的?

4.1.2 身体

1) 身体的主体-客体意涵

自笛卡尔思想以来，"心灵(mind)"一直被认为是主体，而"身体(body)"则被看作是与别的物体一样的客体，并因此沦为解剖学或生理学的范畴，这样的身体仅仅是物理上的组织。笛卡尔是以机械论的观点来看待人的身体的，并提出身、心二元论，将身体与心灵看成是两个完全独立的实体。

笛卡尔的"我思故我在"将"我"定义为是思想之物，是一种实体，一种灵魂，独立于身体而存在。身体被认为是纯粹的肉体，而心灵则是为我存在的主体。梅洛-庞蒂则认为那些赞同纯粹的客观性或纯粹的心灵精神的哲学，通常忽略了在有形的具体肉体中嵌入思想精神，忽略了我们的身体与知觉事物相互间的暧昧关系。身体的知觉心灵隐含肉体的存在，知觉的心灵是一种被肉体化的心灵。

梅氏所说的身体是身心合一的整体。梅氏认为，客体之所以称为客体，是因为它能够与我们分离，而且最终会从我们的视野中消失，它的存在伴随着可能的消逝。但是身体不同于客体是可以随时消失的，身体是依附于我而存在的，我的身体永远依附于我，"身体作为一个观念可能是真的，但不能作为一个物体存在"，身体"始终贴近我，始终为我而存在，就是说它不是真正地在我面前，我不能在我的注视下展现它，它留在我的所有知觉的边缘，它和我在一起”[5]。以此可知，梅氏所说的身体是因为主体我的存在而存在的，身体即我，“我即我的身体”。这样，梅氏的这番推论最后得出身体是主体而非客体的概念。

另一方面，物体没有欲望，不会思考，永远只是其自身，故只能是客体。但是梅氏所说的身体则是身心相融的，身体具有欲望，同时也能对身体自身进行感知，所以梅氏把“我的身体理解为一种主体-客体（subject-object）”[5]，身体既是主体，又是客体。

梅氏认为生活于世界的主体是身体-主体（body-subject），将身体看作是一种身心合一的组织结构，所以身体-主体所谓的身体不同于一般而言的纯粹肉体，不是基督教中的上帝的完美化身，不是福柯的被权力桎梏的身体，不是马克思的资本运作中的工具，它是一种身心交融的主体-客体。

2）身体图示（body image）

梅氏通过对人们对身体图示的定义的肯定以及再否定，来进一步解释什么是身体图示，身体图示在人的感知中起到了什么作用。

首先，梅氏说，“人们最初将‘身体图示’理解为我们身体体验的概括，能把一种解释和一种意义给予当前的内感受性和本体感受性”[5]。这种理解是身体图示的最基本的功能，也就是为了表明身体的感知-运动的统一性。其次，身体图示的作用不仅仅如此，“身体图示不再是在体验过程中建立的联合的单纯的结果，而是在感觉间的世界中对我的身体姿态的整体觉悟，是格式塔心理学意义上的‘完形’”[5]。“我通过身体图示得知我的每一条肢体的位置，因为我的肢体都包含在身体图示中。”[5]但是仅仅说我的身体是一个完形，是整体大于局部之和也是不够的，因为身体图示表明我在空间中所处的位置，但是这种空间性并不是如同外部物体的空间性那样的一种“位置的空间性，而是一种处境的空间性”[5]。总之，“‘身体图示’是一种表示我的身体在世界上存在的方式”[5]。

身体图示表明了身体是有机整体的关系，是能动身体感知自身的整体，这种身体能动的感知是基于身体的运动机能来达到的。也就是说，身体图示是因身体在世界中的活动所产生的，身体与世界、身体与外在的空间关系交错互动产生了身体图示，而身体图示反过来让我感知到我在世界中存在的方式，一种存在于处境空间中的方式。

3）身体统一性

身体是我们拥有世界的一般方式，身体既保存生命所必需的行为，又在我们周围规定了一个生物世界。笛卡尔主义的传统将身体定义为无内部的部分之和，把灵魂定义为无距离呈现的存在，从而获得两种意义：人作为物体存在，或者作为意识存在。然而，身体不是一个客体，身体的意识也不是一种思想，也就是说，身体并不能被分解成一个清晰的概念。身体的统一性始终是不明确和含糊的。“我的身体作为一个自然主体、作为我的整个存在的一个暂时形态的情况下，我是我的身体。”[5]通过体验和感知，接受形成身体的生活事件以及与身体融合在一起，身体的统一性才会被重新认识到。

4.1.3 知觉

身体的作用中，最重要的，便是“知觉”，这种功能使得人的世界与外在的世界可以交融成一个活生生的生活世界，使人去感知周遭的一切，体现周围的所有，将一切外在世界与人内在的世界的隔阂打碎，所以身体的知觉，可以说是梅氏哲学中，使身体脱离纯物质性概念的一个非常重要的作用。梅氏的身体知觉重心是在描述知觉的现象，而非物理性或生理神经方面对知觉过程的理解。知觉是感觉的整体，是感觉的综合整体且直接地反馈于身体中。

1）双重感觉（double sensation）的能力

在梅氏的观点中，身体的知觉有一种双重感觉的能力，他认为："我们的身体是通过它给予我的'双重感觉'这个事实被认识的：当我用我的左手触摸我的右手时，作为对象的右手也有这种特殊的感知特性。""双重感觉"表达的意思"就是在一种功能到另一种功能的转换中，我能把被触摸的手当作随即就能触摸的同一只手——对我的左手来说，我的右手是一团骨骼和肌肉，我在这团骨肉中立即猜到我为探索物体而伸向物体的另一只灵活的、活生生的右手的外形或体现"[5]。这说明了在知觉的自身中，身体的知觉具有主客体的双重角色，既可以是主体，也可以是客体，主客体角色能够相互转换。

梅氏进一步地说明："当我的两只手相互按压时，问题不在于我可能同时感受到的两种感觉，就像人们感知两个并列的物体，而是在于两只手能在'触摸'和'被触摸'功能之间转换的一种模棱两可的结构。"[5]这种所呈现的暧昧感受性说明着这种双重感觉的模糊而难以描述的主客体知觉关系。在身体知觉自身所产生的接触与被接触的知觉感受是处在模糊隐晦的状态，因为接触与被接触、知觉与被知觉、知觉主体与知觉客体，它们是同样地发生与纠结。

2）融合感知（synaesthetic perception）的功能

身体的这种功能是指能够将身体上的各个知觉融合起来，如听觉、视觉、触觉等等。比如，梅氏认为："颜色在被看到之前，已经通过相应于颜色和准确地确是颜色的某种身体态度的体验呈现出来。"[5]这说明身体的全体感觉器官是同时地共同感知客体，然后身体根据客体的样态性质而以最可以感受到信息的器官来感知。这样，全体感觉器官的同时知觉客体以及全体感觉器官的融合感知，使得视觉器官感受声音，或者听觉器官感受外形成为可能。

可见，对客体对象所感受的所有信息，包括视觉、听觉、触觉等，其共同的整体感知是对客体对象感觉的统一。而感觉器官的经验上的统一是身体知觉的本质内涵性，并非形式上的表现，它是基础的。在这感觉的统一之中，事实上有其主导的感知力量，而普遍地是以视觉感官为主。

4.1.4 情境

马林（Samuel B. Mallin）在其著作《梅洛-庞蒂之哲学》中提出梅氏哲学最重要的核心便是建立一种"情境的哲学"。情境（situation）所指的是"关涉到自然的、人文的和人类问题的情势的行为关怀，也就是指兼含人心灵活动及外物相融的关系的所有活动场域"。[6]由此可知，情境是涉及人的所有活动场域，所以其真正所指也还是我们所存在的这个世界空间。

情境是指包含着人类具体生活、具体行动的这个世界空间，其所指的也是人与各种外在环境的关联性，其中环境包括了他人、自然以及各种人文环境等。情境兼容人意识活动与外部空间相互交融的关系，它指涉出人的所有活动场域。"情境"也能用来说明我们自己和他人之间的内在“交互性”。也就是说，“情境”一词，并不只有说明人我或者人与环境的“外在关系”而已，它同时能展示人我间更深一层的“交互性”。

法肯海姆(Emil L. Fackenheim)在《形而上学及历史性》一书中，则更把“情境”定义成“事件”和“行动”。[6]情境一词，长久以来被广泛讨论，也有不同的意义，梅洛-庞蒂则赋予情境新的意义，将其认为是人与环境的相互交融，且具有主观面和客观面，既是主体，也是客体，它不能被单方面的独立所分离，乃是兼具二者交纵错杂的关联之间。

由“情境的存有论”所衍生而来的“情境空间”，与一般所称的“场所感觉(the location sense)”是不相同的，与“位置(position)”“地方(place)”是不一样的。因为，不论是位置、地点或者是地方，这些词语皆涉及“外在环境”，仅描述了外在的事物和对象等，却不能说明人内在的心灵活动，不能兼顾“主观面”和“客观面”的交纵错杂，并不能清楚地表达“情境空间”。

人的空间，是不能从现象世界中脱离而孤立出来的，使得它变成孤单毫无意义的内容。在对象和几何学的特征里，涉及空间关系的知识与主体无关。即使在分析空间中的抽象功能时，也不包括我们团体的空间经验。空间性成立的条件应该是基于主体的建立之上的。

在思索空间问题时，如不能兼顾到主体的空间经验，而单就谈论客观对象问题，或者是对于主体的建构空间能力及空间的实践经验直觉弃而不顾的话，是不能创造出一种真正打动人心的空间的。梅洛-庞蒂提出了一套全新的空间观，建立一套兼顾“主观”与“客观”的空间理论，让空间不离开人的身体经验世界，也就是不离开现象的世界。这种基于现象中的空间，也是一个存有论式的空间。

所以梅氏的现象学并不是从生活世界中把“合理性和真理的标准从外部加之于经验，而是用描述的方法从经验这种偶然‘事件’中间选取合理性和真理出现的过程”[7]。他所指的经验是指与世界、身体和他人进行内在的交流，经验不是与这些并存，而是与它们共存。经验是指主体与世界交流的这样一种交换世界。这种相互蕴涵的结构，构成梅氏的“经验”轴心，因此，主体并不是像欣赏外在风景的无关于世界的主体，而是挺身走向世界的主体。这样的主体挺身进入到这样的经验之中，又从其中用描述的方法解开世界与自我之间的环节。梅氏情境的分析是从身体与世界的关系为思考点，以身体与世界的根本存在关系来剖析身体存在的状态。

4.2　身体的栖居——对现代主义无家感的反思

“人诗意地居住在大地上”这句话来自德国诗人荷尔德林的诗，因海德格尔的阐发而在学术界广为流传。在海德格尔看来，“诗意地”的本身并不带有很多的浪漫情调，却有着较重的形而上学的意味，他涉及一个整体性的理解。“诗意”可谓之“劳作”与“技巧”，“居住”则为“建筑”“营造”与“栖息”，大地是“作”与“息”的“处所”，其意义可以概括为“人自由地、技术地，劳作在居住在大地上”。这也是人类追求的一个永恒的主题——诗意地安居。[8]

4.2.1 海德格尔的栖居概念

在《建居思》中，海德格尔主要阐释了建筑与栖居的关系，尤其是界定了什么是"居"(dwelling)的概念。海德格尔借由字源学的推演而认为，古英文与德文的"营建"一词，是baun，意为定居。此外，baun的意义也延伸至"我是(ich bin)"，因此它不只是意味着营建与定居，也意味着存在(being)。[9]然后他界定了"营建"一词中包含了三个概念："营建实际上就是栖居""栖居是人在大地上存在的一种方式""作为栖居的营建展示为培养生长之物的营建和建造建筑的营建"[9]。

根据海德格尔的观念，营建的本质是"让居住"，只有人采取爱护与赦免的态度才会知道如何栖居，并且才会知道如何营建。因此居住并不出自营建，而是其他东西：真正的营建建立在真正的栖居经验上，毕竟"营建"意味着从彼此无差异的空间中造成场所，在这个聚集四位一体的场所之中，大地确立为大地，天确立为天，神确立为神，而人确立为人。

这是海德格尔在《建居思》中，所提出的栖居中的天地人神四要素和四要素"四位一体"的概念，这种四位一体的不可分割性是人类存在于世的特殊方式，这种存在方式则是通过"栖居"而获得的。人类通过栖居而进入四位一体，人是以保护四位一体的本质存在和显现的方式栖居的。

从荷尔德林(Johann Christian Friedrich Hölderlin)的诗"充满劳绩，然而诗意地，栖居在这片大地上"中，海德格尔进一步认为："诗意"是理解栖居方式，栖居属于"诗意"，这里所说的诗意并不止于文学形式上的，而是一种"度量"。这种度量不是几何学的或科学的度量测定两者之间，它将天空和大地两者带到相互并存，这种度量"拥有其自身的尺度，因此拥有其自身的格律"[9]。而何谓诗意地栖居？海德格尔说，就是"人用赋予自身的尺度度量自己的本性，将栖居带入其基础计划。尺度的度量，是人的栖居赖以持续的保证"[9]。海德格尔引申荷尔德林的话说："诗意是人类栖居的基本能力。……只要善良的赋予持续着，人便能长久地、成功地、幸福地运用神性度量自身。当这种度量转化时，人由诗意的特别本性创造出诗歌。当诗意适宜地出现时，那么人将可以人性地居住于此大地上，即'人的生活'乃是'栖居地生活'。"[9]

在海德格尔的想法中，栖居是人存在于世的方式，营建本身就是居住，而建筑物是营建的成果。当我们了解栖居并进行营建，其成果建筑物就成为住所。建筑物作为"物"，其聚集四位一体并因此而有一场地(site)，凭借此场地，在许多不被证实的点(spot)之中将其中一个点证实为地点(location)，如此才使场地成为空间(space)。[9]他认为，住所是一个任务，人必须学会如何栖居，而且只要人能够认识到他所处的那种无所寄托的情境是个必须加以改变的事实，便能立刻学习如何栖居。人必须让自己屈从于一个过程以达到栖居。这个过程当然是营建的工作，不过住所是使人能够将事物或客体结合起来的一个过程。因此，住所一开始的目的是要结束人无所寄托的困境的一个过程，最终达到营建。住所的目的是住宅，营建的过程是构筑起一栋住宅、一个家庭、一个场所，以建立起心灵的核心并且让生命与事物相结合。海德格尔将空间的本质与主体生活在世间的经验联结在一起。住所空间不是一种几何空间而是我们经由对场所产生现象学感知而得到的一种实存。住所空间的营建是以经验为基础，所以海德格尔针对技术文明以及住所真实性的沦丧提出控诉，希望能将手中握有营建任务的人将住宅视为对无所寄托的与建构的住所本质性需求所作的回应，并且能拒绝只考虑数量的与非本质性的集合住宅。

正如德·索拉-莫拉雷斯(Ignasi de Sola-Morales)所言，海德格尔的文章，并不是一位哲学家对战后所发生的现象进行深奥的沉思，而是针对二次大战刚结束时城市——尤其是住宅——的重建需求而对不同领域的专家学者共同思考居住问题所作的具体回应。他之所以认为"思考"与"存有"之间的分离，以及现代世界中强调科技与经济，造成了当下存在的疏离化是为了说明：住宅的问题必须从本质的观点加以思考，当代的人与城市以及世界之间的关系已经不再具有似乎合理的与丰富的关系，因此住宅重建的需求并不是集合住宅短缺的问题，而是现代人的情况所造成的一种结果。

4.2.2 诺伯格-舒尔茨的栖居概念

诺伯格-舒尔茨认为现代主义建筑是以"追求"更好的生活为出发点，但功能不在于"完成"更好的生活，而是为了对抗19世纪欧洲城市非人性的生活状况，但他并不认为现代建筑已经完成了"更好的生活"。他认为现代建筑有前后两个阶段，第一个阶段的目的是要"脱离巴洛克及其后继者独裁制度的力量"，拒绝地方性与区域性，拒绝装饰。这一点，现代建筑做得很彻底。

在理解海德格尔的栖居概念的基础上，诺伯格-舒尔茨认为栖居意指与上帝所给予的环境建立有意义的关系，这个关系包含了"方向性(orientation)"与"认同感(identity)"；而只有在建筑提供了方向性与认同感，人才得以知道身处何方以及自己是谁，人才能从中认识到自身存在的意义，才能产生认同感，栖居也才能得以实现。因此他认为建筑的目的不在于实践抽象的理论，而是凭借有组织的空间与营建的形式共同构成具体的场所来达成方向性与认同感，从造型特性中具体地表达场所精神，以免于在变迁中造成场所的混乱与迷失，满足人类认同性的需求。从这样的观点，他指出现代建筑的"第二阶段"要回到地方性与区域性，"回到人性的居住"，"就空间特性而言，现代建筑第二个阶段的主要目标是赋予建筑物和场所独特处。这意味着设计应该将地方性和建筑物的环境纳入考虑，而不是基于一般性的类型和法则"。[10]

在诺伯格-舒尔茨的观念中，造成今天城市场所失落、人们产生无家感的原因，是因为后人忘却了现代建筑第一阶段的形式是反抗旧有体制的结果，并且"误认"其所衍生的建筑形式就是"栖居"的直接展现而紧抓不放的缘故。[10]因此，只要建筑师能够"正确地"理解现代建筑的精神，能够脱离对抽象形式的迷恋，能够重新重视"存在"和"栖居"的本质，现代都市人依然可以脱离这种暂时的无家感与失根的性质，重新体验"真正的建筑""栖居"与"存在"。[10]

诺伯格-舒尔茨非常注重"方向性"与"认同感"。二者都是凭借有组织的空间与营建的形式来达成，这两者共同构成了具体的场所。因此，他强调必须要使用象征化与具体形象化，并注重材料的质感，建筑才得以提供人性的居住。在象征化方面，诺伯格-舒尔茨提出建筑的元素与手法，例如墙、楼板、天花板[3]，轴线、水平性与垂直性[4] 等，这些都象征了某种具体的意义。具体形象化意味着建筑必须要以某种具体的图形唤起人们的记忆，就如诺伯格-舒尔茨所说的：

图形的特征是聚集天、地的形式。一个三层的“古典式”宫殿的墙可以说明这个意思。它的底层必须同时表达与地的贴近,即坚实、围合以及入口,即内与外的沟通。这个双重的,从某种意义上是矛盾的任务,或许用强而有力的石墩与落地拱相连来解决。这从理查德与沙利文的作品中可以找到极好的例子。与之相反,顶层必须体现与天的贴近和全景观点。所以它变为轻巧和开敞的凉廊或瞭望台。最后,中间的主要楼层是人们遭遇相逢的地方,故而以神人同形同性的柱或壁柱,或有古典式窗套的窗户为特征。于是作为整体的墙,使天、地的之“间”得到显现。[4]

不同于语言学将语言视为一套约定俗成的信号或代码,诺伯格-舒尔茨引用海德格尔的语言概念,将建筑视为一种“让存在栖居其中”的语言,因此建筑语言并不再现(represent)任何东西,而是使某种东西出场(present)——把某种东西带进在场状态(presence)。这个某种东西,诺伯格-舒尔茨认为是场的意义,而建筑作品的空间性便是在其中确定。因此诺伯格-舒尔茨认为:“建筑作品不是一个抽象的空间组织,它是一个具体的图形,在那里,平面投射出允让(admittance),立面投射出体现(embodiment)。于是他与居住地景闭合,让人诗意地栖居,而这正是建筑的终极目标。”[4]

在这样的概念下,诺伯格-舒尔茨认为建筑语言的任务在于赋予建成形式以图形品质。图形的品质不在于激动人心的发明,而在于天与地之间的关系的显现,因此可以区分为以下四种关系。第一,一个建成形式经由界定清晰的元素向天与地两个方向出发。第二,形式在上在下都有自由的结束。第三,形式具有清晰的基础,但它在空中具有自由的结束。第四,形式自由地,不以地为限而成长,但却有一个简单的直线型上部结束。[4] 所以诺伯格-舒尔茨认为,首先,任何构图必须考虑到横向与竖向之间的差别,并用韵律、张力,简而言之,用比例来构想图形。因此墙会“讲述”它所连接的生活,如横向对行动应允,竖向使特征具形。其次,构图必须由等级,因为任何构图由主导元素和从属元素构成,所以,主要入口比排列成行的窗子更重要。再次,构图必须具有真实的或想象中的结构自明性,它必须被构象成实体的或骨架的,或两者的结合。建成形式总是具有结构“基础”,因为这样的结构带出上部、下部的关系,即表现重力。建筑史表明,形式与技艺的回应一直存在,尽管后者常常是虚假的。[4]

4.2.3 卡其阿里的栖居概念

诺伯格-舒尔茨视现代建筑为造成现代人疏离漂泊的祸首,认为现代人感到无家感,是因为现代主义建筑师们所要表现的并不是栖居。但是马西莫·卡其阿里(Massimo Cacciari)却认为,现代建筑是现代人困乏的表现,正是因为人心感到无家感,现代建筑表现的才会因此不是栖居。他认为,在现代世界中,现代人主体本质存在绝对的断裂、对于存在的遗忘,以及栖居与营建之间的关系根本是不存在的现象,都是因为我们不再为自己建造房屋,不再是栖居者,与世界的关系也变得薄弱的缘故。因此,“无栖居性(non-dwelling)”是现代基本的特性,我们在现代世界中所面临的问题不是如诺伯格-舒尔茨所认为的营建失去栖居为其基本意义,而是“营建本身早已经不再是栖居”。

大都市失根的精神本质并不是“贫瘠的”,相反的,正好是最丰富的部分。就是因为主体本质存在绝对的断裂,才使得人们得以征服自然。海德格尔知道这样的事,而西美尔

(Georg Simmel)也已经说过。但是在这其中有个较本质的差别，问题不在于营建本身的形式，不是建筑有没有符合精神的问题，而是在于事实上，精神可能不再栖居——精神变得与栖居疏离。这也是为什么建筑不能再让家“显现”的缘故。[11]

卡其阿里认为，既然“无居住性”在大都会的生活中是基本的特性，那么今日大都会中的生活便不可能与天、地、人、神四者发生任何关系，当真正的栖居不再存在，真正的营建就同样地消失了。从这样的观点，卡其阿里认为海德格尔的论述并不是一种过去的乡愁，而是以表达现代化文明发展下所不可能再发生的生活形态来批判现代世界，是凭借反映“不存在的逻辑”来说明今日所缺乏的部分，凭借呈现“栖居—营建—栖居”循环的这种不存在的逻辑，批判对过去存有任何幻想的想法，强调这种幻想与现代真实世界的差距。[11]

在这样的立场下，卡其阿里认为，海德格尔要说的不是“人诗意地栖居……”而是“人非诗意地栖居……”。“所谓的‘家’已经是过去式，不再存在。”[11]因此，诗意地栖居不再存在，诗意的建筑同样也不再存在，现代建筑唯一留下的只是凭借建筑的空符号(empty sign)来表达“诗意地栖居”的不可能性，只有反映了栖居的不可能性的现代建筑才能够依然宣称某种真实性，只有展现其极端的无用性才是现代建筑所要达到的最终境界。

既然这种无用性才是现代建筑的最终目标，既然建筑要反映时代精神，那么现代建筑的任务就是要将现代“无栖居性”的精神忠实地反映出来，以漠视栖居的方式来表现无栖居性，而现代建筑中常用的大玻璃则是对这种漠视栖居的恰当表达。

对于栖居极端的漠视，以中性的符号来表达：“极端形式化的结构呼应了极端不存在的形象”，不在场的语言为不在场的栖居作见证——完美地区分建筑物与栖居。没有任何方式可以补救栖居的消逝。“宽大的玻璃窗”表现的是栖居的沉默与无助。当它们反映大都市，它们便否定了栖居，而这样的反映只能在这些形式中表现出来。[11]

卡其阿里认为现代建筑与栖居是对立的两端，为了反映无栖居的状态，表现栖居的沉默与无助，我们必须让建筑“真实地并且仅止于象征建造物”，使用“没有承载任何意义、纯粹的符号”。所以现代建筑中的大玻璃，尤其是最佳典范密斯的玻璃建筑所表现的“无形式”不是为了脱离形式，相反的，无形式是为了反映无栖居的“形式”，“近乎虚无(beinahe nichts)”的意义是“栖居的意向近乎虚无”，而不是为了脱离形式的束缚以追求建筑的内在价值。

4.2.4 栖居、无家感与现代性

诺伯格-舒尔茨的概念中，栖居建立在连续的、永恒的认同感上。从海德格尔的观点来说，栖居的意义是与“存有”同义的，在本质上达到“四位一体”。然而现代的特征则使“存有”遗忘，人们不再追寻存有，不再试图显现“四位一体”，现代世界充斥的是以实用与效率为基础的工具理性。在现代中，改变与碎片化是主要的目标，因此，卡其阿里认为栖居是现代中不可能存在的传统特质。选择栖居，则将会置身于进步之外；而选择现代性，则将会背离自己熟悉的一切事物。现代性与栖居被视为对立冲突的两个极端。

然而从现代性的观点，现代的认同感并不是清楚的、稳定的，而是模糊不清的、持续不断地改变，它们从未被确立下来，相反的它们是持续的移位。现代人的特质是每个人都是一直持续保持动态，在这样的观点下，其认同感就必须一直被更新，现代栖居不是某种确

定的与过去的东西，而是会产生转化，由传统中静止与安定的状态过渡到流动的、无方向性的和非同一性的状态。传统中与栖居对立的现代性，反而成为栖居的内在特质之一。

海伊能（Hilde Heynen）通过探讨现代性与建筑之间的关系认为，如果建筑的目的是要反映栖居，则不断自我更新的特质也将会反映在建筑中。想要详尽地表达从字源学所得到的栖居概念的建筑，只能在想象的世界而非真实世界中，追寻着栖居者心中想象的蓝图。因此建筑与栖居并非是完全的契合，它们之间是断裂的而并非是一完整的整体。[12]她认为：

建筑不能直接地看作是栖居的显现。现代栖居起源于找寻与流动，随着外在环境或人内在心理因素而不断地变化。但是建筑并不能解除物质与形式的限制而与栖居一样的不断转化，栖居与建筑之间的关系因此并不能被看作是直接的线形关系，建筑并不能表达栖居本身，而只能表达审视栖居的张力；建造空间提供了一个无家感与安居之间互动的框架；建筑在找寻栖居的轨道中标识了一个定点，建筑也表现了确定的栖居的不可能性。

一个有现代特征的审视必须有两个面相。它给予栖居以形式，虽然是暂时的与不适当的，而且就是经过这个形式，它在某种程度上也表达了栖居的不可能性。建筑的现代主义正是被建立在它所表达的栖居的形式与不适合人栖居的世界的张力场中。在这建立的过程中，建筑提供了栖居以物质与形式框架，但是却无法完整地表达栖居。现代建筑建立的过程中发生了一个“非同时性（nonsynchronicity）”的状况，这种状况是发生在真实世界的栖居（从属于现代人快速的变化、连续的转变）与建筑（因为其物质性而有永恒不变的特性）之间的断裂。[12]

海伊能认为栖居与动荡的活动同义，人的栖居是永远忙于为他自己找寻被围合，这种栖居因为不断自我更新，所以是一种发生在无家感与栖居之间的栖居，永远在找寻认同感与自我显现。海伊能说明了现代栖居是发生在栖居与无家可归之间的来回震荡。

在现代性的观点下，现代人追求居住与面对无家感的方法是在当下即逝的瞬间中把握某种永恒的东西。这种永恒不是固定的，而是变动的，是“流浪活动的状态”。这样的状态并不是现实和“瞬时出现”的二者关系的形式表达，而是在这种关系中互相完成和实现。居住与无家感并非决然地对立，而是辩证地相互定义，两者是实践认识过程中产生的对子，二者的产生互为前提，互为条件。栖居与无家感在现代性的条件下，不再是对立的两端，无家感是人类不可避免的存在本质，是我们存有的阴影，只可以将其淡化，但是却不可能将之消减。

4.3 “身体”的实验——匡溪的实践

4.3.1 匡溪艺术学院

匡溪艺术学院（Cranbrook Academy of Art）位于美国工业城市底特律的郊区。与这所工业城市的气质相反，匡溪恰恰是一个以艺术品与手工业品为核心内容的集体性教育团体，这一教育团体的构想部分是来自匡溪的创始人乔治·G. 布斯（George G. Booth）对迅速工业化的底特律极度匮乏人文主义品质的不满，部分是源自于布斯对其父亲的出生地，具有优良的手工艺传统的英格兰肯特郡的匡溪村的怀念，这也是匡溪这一名字的由来。

匡溪创办的初衷得到了历任学院领导人的继承与发展。1925 年，芬兰建筑师伊利尔·沙里宁(Eliel Saarinen)被任命为匡溪领导人。在其后的 25 年中，匡溪“从学前教育到研究生院，在所有想象之内的层面上，都成为关于艺术和人文主义教育的麦加”[13]。1932 年，沙里宁设计并完成匡溪艺术学院的主体建筑，这是一所关于艺术与设计的研究生院，旨在“为有才华的学生提供一个在高水平的艺术家领导的有利环境中学习的机会”。其明确的目的是，“对当代设计的发展注入一种艺术形式，这种艺术形式将成为我们时代的一个真实反映”——以帮助美国的设计和工业创造一个“形式世界”，充分表达出正日渐形成的现代精神。[14]沙里宁对艺术与手工业之间的关系的关注深刻影响了匡溪艺术学院，并且也一直影响了匡溪建筑工作室之后的教育和发展。

1978—1986 年，丹尼尔·里伯斯金担任建筑系主任。在这 8 年里，里伯斯金为匡溪的教学实践带来了很多个人化的实验，他强调建筑的非实在性，使纯粹形式研究成为工作室最主要的教学内容，并将当代诸多新出现的哲学思想与文化理论的研究引入到建筑学思考中，尤其是一些解构主义的概念和思想。同时一批著名的客座建筑师和历史学家涌入匡溪建筑系，包括约翰·海杜克、肯尼斯·弗兰普顿、阿尔多·罗西、佩雷斯-戈麦兹等。至此，建筑学作为一项思维活动这样的一个观点出现在匡溪的建筑教育中。建筑工作室的学生们开始积极探索新的、建筑学之外的、与人类生存状况相关的多种经验领域、知识领域，以寻求它们与建筑学之间的关系。

1986 年，丹·霍夫曼(Dan Hoffman)接替里伯斯金，成为建筑工作室新的领导人。在霍夫曼的带领下，建筑工作室出现了一些不同的学科和方向。霍夫曼自身的作品，就具有建筑的尺度和工业化的参考，他的作品成为建筑工作室中灵感的重要源泉。霍夫曼与他的学生通过对美国文化的关注，将他们的兴趣扩展到工业等更广阔的层面。

霍夫曼在匡溪待了 10 年，为匡溪献上两件礼物——散布在整个匡溪校园里的无数个中型、小型、微型的“圣物”和一本书。这些小“圣物”基本上全是由霍夫曼与工作室的学生一起设计、制作、建造完成。实际上，这些物件被看作是对与建造行为有关的概念所进行的一系列形而上思考所衍生的具体练习。制造、连接、榫合、编织、装配、分工等这些定义被霍夫曼赋予了相应的哲学意义，因而成为了可以进行深入讨论的建筑学概念。

匡溪建筑工作室自成立以来，就以各种方式来进行这种对人类行为及其随之带来的意义的思考。1994 年，里佐利(Rizzoli)出版社出版了《建筑工作室：匡溪艺术学院，1986—1993》(*Architecture Studio: Cranbrook Academy of Art*，1986—1993)一书。这本书收录了 1986—1993 年之间工作室所做的 33 件作品，这些作品都是在霍夫曼的指导下完成的。它是对霍夫曼卓有成效的教学活动的一个总结。

这 33 件作品涉及沙里宁和里伯斯金在匡溪期间，所关心的所有建筑问题：城市问题、手工艺与工艺产品之间关系的问题、艺术生产过程的问题、材料问题，以及里伯斯金最热衷的非根源性经验、时间等等问题。在这本书里，霍夫曼带领工作室的学生对诸多建筑学的纯理论主题进行了严肃的探讨。

《建筑工作室：匡溪艺术学院，1986—1993》这本书在讨论纯粹而基本的建筑问题的时候引入了很多非建筑知识，比如梅洛-庞蒂的现象学、德勒兹的褶子理论等。这种哲学上的引入以及大量的图片和简单的介绍，旨在为读者提供更广阔的思考空间。

霍夫曼在导言部分就清晰地表达出了他们所研究的想法。霍夫曼将其工作的重点针对现代建筑学中的身体的缺失，旨在重新缝合起我们的身体与建筑的基本精神之间的分离。导言从法国哲学家米歇尔·塞尔(Michel Serres)的一篇文章开始，重新思考了几何学的神话起源。霍夫曼认为，神话是一种记忆，是叙述了在人类的事情中具有重要意义的某件事件，以这样的方式将人类自身与历史结合起来，为了理解一种神话，必须生活在某种体验中。但是随着现代科技的发展，这种神话的消失也带来了随之相对应的人类某种体验的消失。那么，我们是否能够重新进行同样的行为来思考逐渐消失的神话为我们生活中所带来的意义？而对于建筑学来说，霍夫曼认为，丢失了的就是身体的知识，以及包裹着我们身体周围的时间。他向我们指出，建筑学一直是以几何学为基础，当建筑凝固在静止的几何学时，身体以及时间就都排除在建筑学之外。那么，我们如何来恢复这一直蕴含在建筑学之中，但是却丢失已久的身体?

霍夫曼所做的就是记录这些在建造中所发生的过程，包括身体在从事这些动作中的过程和轨迹。他们的工作不同于一般建筑师，后者更多的是将建筑物描述成为抽象的图纸，而前者试图记录在建造过程中人类的身体随着周围的环境而发生的不经意的行为，这是对过程的收集和记录，而非表达。

所以，处理素材的动词就变得非常重要：折叠(to fold)、切割(to cut)、分裂(to split)等。这种动词的过程显示了人类身体行为与素材状态之间的关系和可能性的研究，并证明了这些物理行为与身体行为的知识对于我们的有效性。本书记载的也许就是对蕴含在这些动词之间的一些可能性的研究。下面列举书中的一些案例来审视匡溪建筑工作室所作的思考。

4.3.2 身体知识

1) “身体测量，测量的身体”(Body Measure, Measured Body)

在匡溪的作品中，身体被紧密地卷入到这些作品的制作中。它的极致在作品“身体测量，测量的身体”中得到一次直接的探索。设计者詹尼妮·森托里(Jeanine Centuori)采用了能够将身体无意识的运动转换为绘画的二维形式的装置。这种装置固定在实验者的头部，并且用绳子直接与人的手相连，并且绳子联系着一支铅笔，因为身体的运动，铅笔就画出相对应的轨迹。这样产生的图纸测量了平时用眼睛所观察不到的身体运动的轨迹。这样的以过程为主的作品更多的是一种记录，而不是表现方法。类似这样的作品关注了传统的建筑表达方法——平面、主面和剖面等——中表达上的局限性(图4-1)。

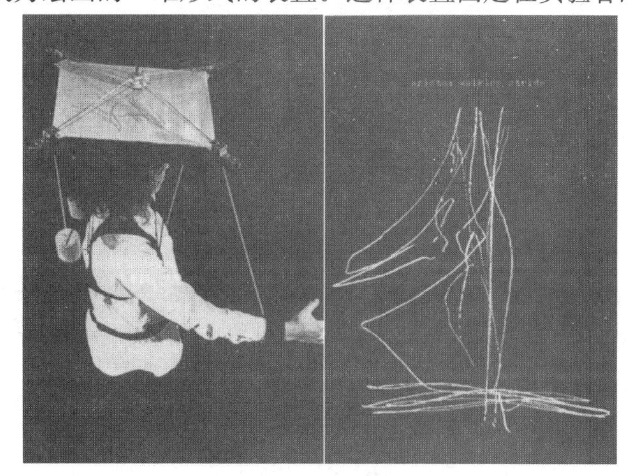

图4-1　身体的测量

2) 建立测量体系(Building Measure)

霍夫曼认为,不断增长的技术手段改变着建筑的面貌,同时也使我们的身体远离了与建筑过程的直接联系,技术发展的同时是我们身体知识的丢失。他同时又指出,对于建筑物的修建来说,身体却仍然起着重要作用,建筑施工仍然是劳动密集型的劳动,身体仍然在建筑物中留下印记。但是现在的建筑实践的职业分工使得今天的建筑师只负责在图纸上描绘建筑物,建筑师的身体远离了建造过程,所以,霍夫曼认为,我们现在面对的问题是:对于建筑师的体验来说,身体知识的丧失意味着什么?

他的作品就是要找回丢失的"身体知识"。因为在图纸上描述一条线是和在建造基地上放置那条线有着深刻的差异的。前者是在一个几何空间中所构筑的一种表达手段,而在地面上建造一条线,是不能超越基地的物质状况的,必须要将当地的环境考虑在内,将构筑一个图纸的行为与在空间中展开几何学的身体行为联系起来。

霍夫曼让学生从一个废弃的工厂中搜寻各种旧的、工业阶段的碎片。霍夫曼认为,这些工业时代的碎片都承载着身体在它们生产中的痕迹,因此可以用它们来"检查身体与建筑之间失去的联系"。霍夫曼的这个计划就是重新获得已经丢失的工业碎片,并审视它们作为建造工具的潜在用途。通过这个实验,霍夫曼希望能够重新获得现在已经丢失的一些知识,重新将身体返回到建造的实践中,并且重新建造了被替代的建造行为的基础。

图 4-2 建立测量体系

这个作品包括了好几位学生的实践,其中一个学生制作的构筑物采用了玻璃纤维的曲线剖面来作为模具,进行浇筑薄的混凝土穹窿,并采用了脚手架和坡道来作为支持纤维剖面的支撑(图 4-2)。

还有两个学生将一个大的圆柱形的钢结构运送到工厂基地,他们认为这种努力的困难应该被记录在基地上的对某种东西的置换中。他们在一些实验的基础上认为这个框架结构的重量是他们两位运载者重量之和的两倍。于是他们将结构悬挂在天花板上,将每一个与运载者重量相等的沙袋,通过滑轮与天花板联系起来进行平衡,为了决定框架结构最后平衡的位置,实验者通过控制沙包中的沙子,来反映每一个水平的身体的重量的分布。通过这个实验,参与者的身体与框架结构在对抗地球引力的力量上得到置换,参与者用身体体验并记录了运载框架结构的努力。

3) 皮肤(Skin)

这个作品的概念是来自于对身体表面的调查。采用的方法是对身体的小局部进行拍照,以垂直于表面的局部的曲线进行拍照,然后将其摊开成平坦的平面。在这过程中的同时要求,相邻的照片沿着一条线或轮廓进行修剪。单独的一张张身体表面的局部沿着这些线重新结合在一起,就接近与身体最初的曲率,重新构筑了一个复杂的表面。但是,这种方法却不能产生一个身体的真正的地图,因为它需要无限张照片来抚平复杂的曲线(图 4-3)。

这种对自身皮肤的调查产生了视觉与自身身体脱离的感觉，因为身体从来都没有感知到皮肤的存在。这种身体表面的重新拼贴将原始的身体地图重新拼装成各种各样扭曲的身体，将维持身体形状的基本因素朝着各种方向上进行发展，每一个身体的局部表面都由自身的维度发展。这样拼贴的皮肤似乎产生了另一种有机体，这个有机体在摆脱身体结构的同时，也摆脱了身体皮肤所代表的象征，通过这种拼贴，我们释放了变成所有象征的因素。

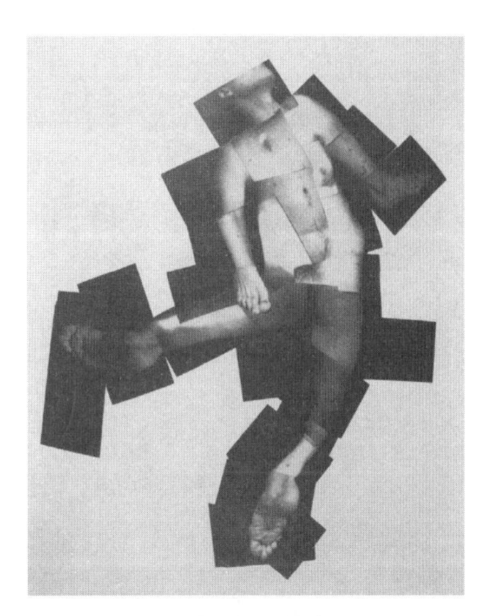

图 4-3 皮肤

这种对身体表面的探索关注于皮肤及其内在结构的关联与脱离。假若皮肤摆脱了支撑其内部秩序的结构，按照自身的维度发展，会怎么样？假若皮肤摆脱了其身体所赋予的象征，又会怎么样？这种附带着许多象征或者印记的身体表面在信息时代中有着进一步的探讨。

4.3.3 身体几何学

1）中心装置(Centering Device)

“中心装置”直接参照了莱昂纳多·达·芬奇所做的“维特鲁威人(the Vitruvian Man)”，它是一个机械装置，其灵感也来自于达·芬奇笔记中所做的草图。

达·芬奇所做的“维特鲁威人”常常被作为是对纯粹的几何形式的信仰和对人类是上帝在地球上的存在的信仰的例证。四肢向外伸展的人被置于圆和方的几何上，而肚脐恰恰位于圆和方的中心位置。对这种图像的思考常常会是：是哪一种形式在先，几何学是身体的产物，还是身体所追求的形式？虽然达·芬奇的“维特鲁威人”并没有回答这个问题，但是这个图像探索了身体运动的潜能与几何学之间的关系，圆形的圆心和半径决定了身体四肢旋转的位置和轨迹。几何学在这里成为分析身体在自然中的动态行为的工具。

图 4-4 中心装置

这个装置是将身体看作是能够产生力量的机器，这种力量是通过齿轮的连接和旋转的杠杆的机械装置来产生的，它可以通过身体在空气中的运动来推动自身，这里几何学就成为产生这种力量的工具。

从图中看出(图 4-4)，这种装置是围绕一根精确的垂直的轴线，按照向外伸展的身体的四肢的运动轨迹来形成围合，产生的围合的形式就与达·芬奇的维特鲁威人的形式非常地相似。

这个机械装置完全是依靠人的身体的力量来进行旋转，但是受到其中心固定轴的限制。它一方面展示了机械装饰的功能是如何依赖于对中心轴的严格且对称的遵守，所有的行为都必须按照一个单一的原则来进行组织；另一方面展现了身体自身的运动和局限。

也许现代运动的发展，带来的不仅仅是身体运动消失，也带来了身体局限的消失，当几何学仅仅成为构图的工具，就丧失了蕴含在其中的身体的知识。这种对身体的运动与几何学之间的关系的思考可以成为我们重新审视理性的几何学的角度。

4.3.4 身体现象学

1）必要的摩擦力(Necessary Frictions)

这个实验讨论的是现象学的命题：身体通过与世界上各种客体的“交战(engage)”来理解自己。霍夫曼认为：“每一个客体都作为一个抵抗身体的特殊构造而出场。通过与客体交战，身体开始了解自己，每一个客体都在具体化的意识地图上印上一个独特的印记。”

图4-5　必要的摩擦力

实验者首先探讨了手在抓握东西时的状态与形态。他用钢托架将两块毛毡固定在椅子座部，用双手抬起椅子座部，当手抓上去时，就可以清楚地看到手与椅子的“交战”，因为有弹性的毛毡立刻呈现出紧张状态，实验者用这个装置将手的位置与形态具体化表现出来(图4-5)。

然后实验者探讨了在一个表面(一块钢板上)水平推动椅子的动作。他把椅子变成了一个记录自己运动的装置：在椅子底部装上一个尖角铅锤，又在钢板上铺上一层油脂，这样，椅子的运动就通过铅锤记录在油脂上面，这里，油脂实际上表明了在记录。霍夫曼认为这种记录是从一个表面到另一个表面的转移，正是两个表面之间必要的摩擦力实现了这种转移。

2）未倒置的视觉(Vision without Inversion)

这个实验与现象学有关，它来自梅洛-庞蒂在《知觉现象学》中提到的一个心理学实验。这个实验是让实验者戴上一副特制的眼镜，通过特制眼镜看到的世界是混乱和颠倒的，但是在几天后，这个世界的形象通过实验者自身的调整慢慢地倒转了回来。这是因为视觉，同其他知觉一样，是不能从身体及它的世界的语境中孤立出来的，当实验者在从事身体活动时，身体的各个知觉的相互作用以及与世界的无数联系，补偿了被扰乱的官能。梅洛-庞蒂认为：“我已生活在风景画之中，我因此看见直立的它，实验造成的扰乱被集中于我所拥有的身体上，身体因为变成不是一团表达感情的知觉，而是一个需要感知一幅奇观的身体。”这实际上是把身体还原到了它与世界的原始的关系之中，同时也是对梅洛-庞蒂的“身体统一性”的表达。

霍夫曼和学生采取了另一种方式进入了这个特殊情境。他们将自己的身体倒过来进行各种活动，来体验整个倒置的世界。霍夫曼称之为“居住于‘未倒置的视觉’的视域中”。在这样倒置的身体/世界中从事艰难的活动中，从而理解我们具体化的意识(图 4-6)。

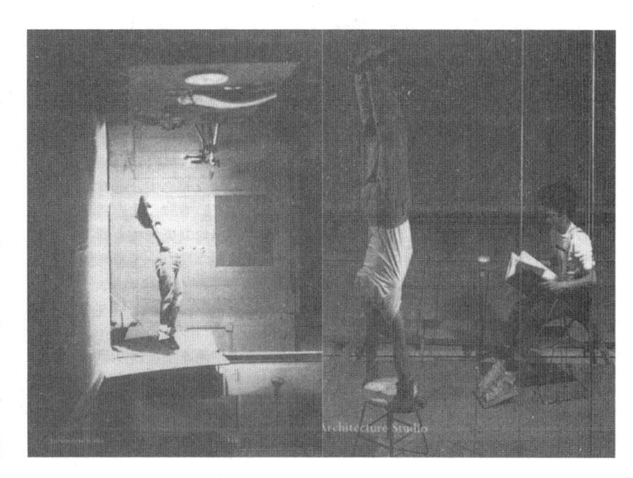

图 4-6 未倒置的视觉

这个实验完全证实了梅洛-庞蒂的身体现象学，证明了在我们的体验中，所有的感官是一起工作的，并没有那一个感官处于某种领导地位，这挑战了当今建筑学中以视觉为主导的设计原则，因为，从人的体验来看，视觉并不会因为单纯的倒置而受到破坏，但是，如果单纯地压抑其他的感官而使视觉孤立出来，这样的视觉就会脱离实际。

4.4 基于身体知觉的建筑实践

现象学被用于各种“抵制”工程，重点强调身体的体验来暴露出功能主义原则的限制。曾经研究过在身体与空间的关联中的感知身体这个主题的建筑师主要有美国的斯蒂文·霍尔、帕拉斯玛、卡洛·斯卡帕等，他们都存在对清晰表达材料品质的渴望，以加强我们在身体和事物世界之间的相面对的感知意识。

4.4.1 斯蒂文·霍尔

斯蒂文·霍尔是美国当代著名的建筑师之一，他 1947 年出生于美国华盛顿州，1971 年大学毕业后在意大利罗马学习建筑，1976 年在伦敦建协从事实习工作，同年开设了自己的事务所，并开始独立的设计实践。霍尔多次获得 PA 奖、AIA 奖与其他奖项，曾被美国《时代》周刊评为 2001 年美国最优秀的建筑师。

1) 霍尔的理论概念

斯蒂文·霍尔的建筑理论早期受到类型学的影响，而近二十年则深受现象学的影响，这一阶段的理论作品主要以《锚固》(*Anchoring*，1989)、《知觉的问题——建筑的现象学》(*Questions of Perception: Phenomenology of Architecture*，1994)、《交织》(*Intertwining*，1996)、《视差》(*Parallax*，2000)等著作为代表。相应地，霍尔在 20 世纪 80 年代后期至今这一期间的建筑创作中，重视建筑与场所之间的现象关系，重视从知觉与人的真实体验上把握建筑与场所之间的现象关系。

霍尔的现象学思想中对场所的强调对其设计实践起着决定作用。从 20 世纪 80 年代至今，霍尔的现象学思想大致可分为两个阶段：第一阶段以《锚固》这一代表为标志，此阶段霍尔的现象学集中在场所之上；第二阶段以后以《知觉的问题》《交织》和《视差》为代表，霍尔的现象学观点转向知觉本身。在这些作品中，霍尔以梅洛-庞蒂的知觉现象学为基础研究各种富有意义的建筑现象，包括建筑中的光、色彩、材质，空间的运动以及所有这些彼此作用形成的整体。并且他还具体探讨了建筑中的现象学问题，明确提出现象（从场所到知觉）对于建筑概念形成的意义和对建筑设计的引导作用。[15]

（1）场所

霍尔场所概念体现在1989年出版的《锚固》一书中，本书主要讨论的是如何将建筑坚实地根植和锚固于建筑独特的场所中。霍尔强调了场所在设计中的决定作用，他认为建筑的场所不是设计概念中的佐料，而是建筑的物理和形而上学的基础。场所不是抽象的地点，而是由具体事物组成的整体，共同形成"环境的特征"。将"场所"简化为单纯的空间关系、结构组织和系统等抽象关系，只会失去场所和环境可见的、实在的、具体的性质。人的参与，使得场所和环境产生意义，即由原来抽象、匀质的"场址（site）"变成现实、具体的人类行为发生的"场所（place）"。这也是建筑现象学中理解的建筑存在的目的。霍尔的建筑现象学有两个基本原则：其一，是要在概念上将建筑与其所表现的现象学经验结合起来；其二，是将建筑"锚固"在场所中[16]。

霍尔在《锚固》一书中对建筑、基地、现象、历史等几个方面阐述了自己的观点。他认为："建筑是被束缚在特定场所中的。一座建筑物不像音乐、绘画、雕塑、电影以及文学那样，它总是与某一地区的经历纠缠在一起……建筑不仅仅是因场地而形成，它更是通过一种链接、一种引申出来的动机来体现其内涵的。建筑一旦与场所融合在一起，就超越了他物质和功能方面的要求。"[17]他认为"建筑思维是一种在真实现象中进行思考的活动，这种活动在开始时是由某种想法引发的，而这想法来自场所"，所以"整体和真实地把握场所现象，并据此将建筑锚固在场所中"就是霍尔的设计思想之所在[16]。可以看出，"锚固"就是对建筑与其场地间的各种概念上的和经验上的联系进行锻造，创造出诗意地锚固在场所中的建筑。

（2）知觉

1994年霍尔发表了与帕拉斯玛等人合著的《知觉问题——建筑现象学》，成为他的知觉建筑的宣言。他认为，人对建筑的知觉是最为重要的，霍尔对建筑所呈现出的现象及人们对这些现象的知觉进行了分析与总结，将其划分为11个"现象域（Phenomenal Zones）"：① 纠结的经验：主观与客观、主体与客体的融合（Enmeshed Experience：The Merging of Object and Field）；② 透视空间：不完全的知觉（Perspective Space：Incomplete Perception）；③ 色彩（Of Color）；④ 光与影（Of Light and Shadow）；⑤ 夜的空间性（Spatiality of Night）；⑥ 持续的时间和知觉（Time Duration and Perception）；⑦ 水：现象镜（Water：A Phenomenal Lens）；⑧ 声音（Of Sound）；⑨ 细部：触觉的领域（Detail：The Haptic Realm）；⑩ 比例、尺度以及知觉（Proportion，Scale，and Perception）；⑪ 场所、环境和概念（Site，Circumstance，and Idea）。[18]霍尔通过解释这些概念，认为建筑的本质存在于知觉与物质现象的交织之中，这种理解非常接近于梅洛-庞蒂的"世界的肉"的概念。

1996年，霍尔出版了他的第二部作品集《交织》，记述了1988年至1995年间他的事务所作品，霍尔结合实践，探讨了“交织的建筑”的概念，这是一个与日常体验紧密相关的建筑现象学问题。大卫·迈克尔·列文(David Michael Levin)在《开启视觉之门：虚无主义和后现代情境》中这样解释“交织”：“哪种概念属于交织呢？我想它应该是一种象征的或者隐喻的概念：一种来自于根本的现象学思考的内在诗意性的解释的概念，它是一种真正基于我们对本质原始的东西体验的概念。”[19]建筑通过对形式、空间和光的组合，通过各种各样的现象可以提升人们日常生活的体验，这些现象来自于特定的场所、计划和建筑。一方面，思想的力量驱使建筑的发展；另一方面，结构、材料、空间、色彩、光和阴影在建筑的构成中交织。书中还进一步探讨了知觉的隐喻性、纠结、透视空间、绵延的实践、秩序、几何、比例、思想与限制、材料和触觉的领域等问题。

2000年出版的《视差》中，霍尔则明确地引入了“身体”的概念，认为“身体”是所有知觉现象的整体，是人在建筑中定位感知的媒介。“视差”一词来自天文学，是指观测者在两个不同的位置看到同一天体的方向之差。视差可以用观测者的两个不同位置之间的距离(又称基线)在天体处的张角来表示。……测出天体的视差，就可以确定天体的距离。因此，天体的视觉测量是确定天体距离的最基本的方法，称为三角视差法[20]。霍尔将这种来自天文学的测量方法引用到建筑中，指的是通过身体在建筑中定位的变化与感知的变化，而产生对建筑和观察者自身的整体性认识。这个概念的引入更加明确“身体”在建筑体验中的不可取代的地位，建筑通过身体在空间中的运动，和知觉在建筑内部中的体验，结合视差来表达出“当下”的意义。[15]

在《视差》中，霍尔同样提出了几种现象域来阐释他的建筑现象学观点。现象域是建筑师对世界直观认识的表达，用种种现象直接描述建筑与现象学的可能关系。这些现象域中主要有弹性视域(elastic horizons)、十字交叉(criss-crossing)、纠缠的体验(enmeshed experience)、物质的神秘变化(chemistry of matter)、影子的速度(speed of shadow)、绵延(duration)、奇异吸引子的故事(the story of a strange attractor)、多孔性(porosity)。[21]在这些现象域中，霍尔探讨了科学和艺术与建筑有关的现象学问题。

霍尔的知觉理解和身体概念是直接受到梅洛-庞蒂的“身体现象学”的影响。那么从身体的角度出发，霍尔是如何理解建筑的？下面列举几条霍尔的“现象域”的概念，来解释霍尔是如何通过身体来体现他的现象学概念。

(1) 弹性视域：这是《视差》一书中的重要理论概念。“弹性视域”是与过去30年以来科学领域的新发现拓广了人们的视界有关。霍尔认为在21世纪，知觉被科学上的空间发现所改变，人们基本体验的视界已经扩展，并将继续扩展。人们以不同的方式进行思考和体验，因此感觉自然也不相同。当我们所在的地球的视域逐渐缩小，我们思维的视界则在扩展，在所有尺度上，人们的价值都要重新定义。[21]

(2) 纠结的体验：霍尔将对象和客体与“场域”或“视域”的融合称之为“纠结的体验”，这是一种建筑特有的作用。这种体验也即是梅洛-庞蒂所描述的“中间状态(in-between)”，也即是每个单独元素开始失去清晰性的瞬间状态。建筑综合了无时不在变化的背景、中景和远景中所有的材料和光线的主观性质，而形成交织的知觉基础。霍尔认为纠结的体验不仅仅是事件、事物和活动的场所，而且是某种更为无形、不可捉摸、难以确定的事物。它从不断展现、联系重叠的空间中浮现出来。这种纠结的体验是连续的感知的叠加。因此霍尔的设计草图中，概念总是以一幅幅室内外的空间透视整体表现出来。

(3) 绵延：人们对场所和空间的体验是持续的，它成为心智和记忆的产物，它可以弥补支离破碎的现代生活所造成的紧张、焦虑等心理障碍。空间的知觉通过时间的连续与身体的流动成为一个整体，当然也存在时间的"暂时性"，建筑的空间经验就填补了间断暂时的实践，使其成为"绵延的时间"。

图 4-7 光的刻痕

(4) 光与影：不同光影的变化，和不同光影作用在建筑界面上的变化表明，并不存在任何单纯的光，光是有色彩变化的，这使光影的变化更加丰富多彩。霍尔对路易斯·康(Louis I. Kahn)的推崇使他同样关注对光的研究，霍尔用现象学描述的语调描绘了光影的微妙，认为建筑的表情正是通过光才更加丰满。霍尔将光分解为线形光(linear light)、弯曲光(curve-shaped light)等，研究几种光分别作用于不同界面或共同作用于不同界面时产生的效果，形成"光的刻痕"(图 4-7)。

(5) 触觉：建筑的触觉领域是由触摸的感觉决定的，当建筑空间由细部的材料性构成时，触觉领域就出现了。霍尔认为一个彻底和完全的建筑空间感觉取决于材料和细部的触觉领域。这种触觉也不单单是手去感知材料时候的感觉，而是人的心灵对材料的感知。霍尔认为各种材料的细微变化都给人以不同的知觉感受，建筑师应该研究能够改变材料的同时也不失去其材料特性，甚至加强了材料的自然性质的手段。

2) 霍尔的建筑实践

霍尔对建筑的深刻独特的理解都反映在他的建筑实践中，他的每一个作品都有着自己独特的构思，这些特定的构思都来源于霍尔对建造场所和环境的思考。他的实践作品也成为对其现象学理论的解读。

霍尔的实践作品从设计手法和思想上大致分为两个阶段：第一阶段是在 20 世纪 70 年代中期，到 80 年代中后期。这一阶段霍尔的实践主要是一些住宅设计和小型工程和方案，他重视建筑与场所之间的现象关系，并采用类型学的思想对传统类型住宅进行分析与借用，发展和强化建筑与场所的现象关系。其中伯克维兹住宅(Berkowitz House，1984)和"杂交建筑"均是这一阶段的代表性设计。

在伯克维兹住宅设计(图 4-8，图 4-9)中，霍尔极佳地把握了建筑与场所的关系，创造出了一种场所精神，使人感受到真实的自然和生活的经验。霍尔对这个作品的构思灵感，来自于梅尔维尔(Herman Melville)的小说《白鲸记》中描写的印第安人的鲸鱼骨架小屋。暴露在外的传统的"气球式"骨架结构使人联想起鲸骨棚屋，同时也使景观、建筑类型和场所融合为一个全新的、具有生活意义的整体。他在这件作品中使用了乡村住宅的"驼背长枪"类型[16]。霍尔对美国住宅的构造、工艺和施工的传统方式进行了研究和革新。美国住宅的传统木构架系统有两种：一种是称作"平台式"，另一种称为"气球式框架"。"平

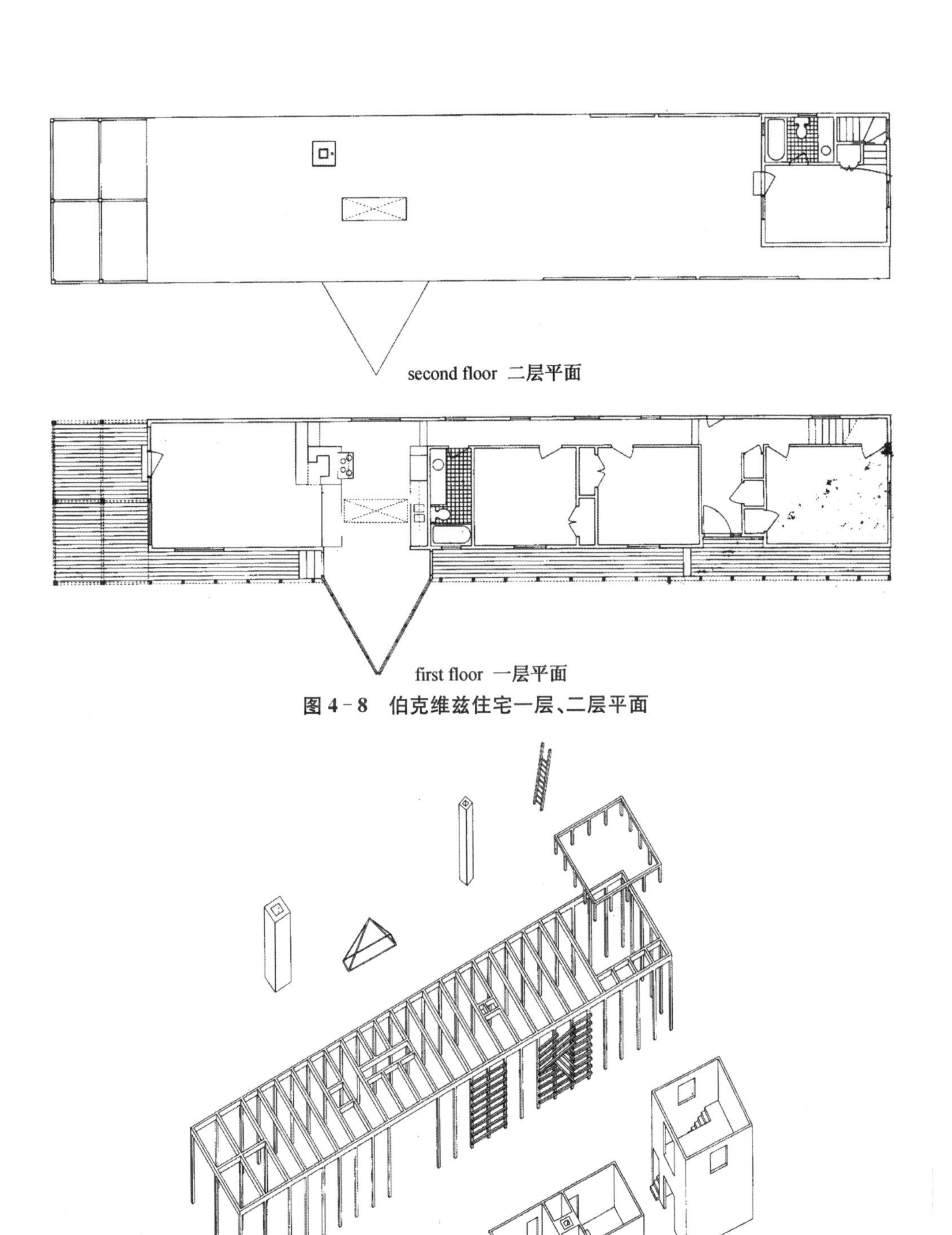

图 4－8　伯克维兹住宅一层、二层平面

图 4－9　伯克维兹住宅轴测分解图

台式”是指木框架不是连续的，而是一层层构造的，也就是在每层木框架顶部都设有木框架平台，在其上再建造第二层木框架。而“气球式”则是木框架连续发展直达二层屋顶。传统方法是用三合板将“气球式”的框架包裹起来。霍尔在这件作品中将“气球式”木框架暴露出来作为一种表现手段，使得天然的木框架与周围的自然环境自然地连接起来。

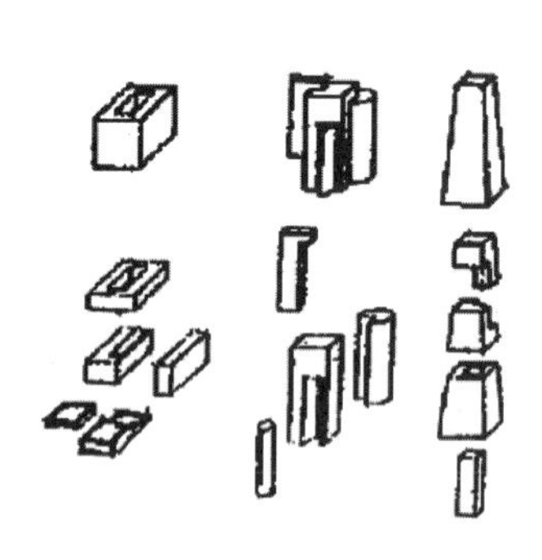

图 4－10 杂交建筑

“杂交建筑”位于美国佛罗里达的滨海城。霍尔根据城市的杂交建筑类型[5]，创造了一件既具城市景观特色，又融于自然环境之中的作品。在这件作品中，商店、办公室和住宅三种类型的空间“杂交”起来。在内部空间布局中，霍尔设计出了不同经验的空间，表现出不同的空间“现象”，尤其是在三四层的住宅处理手法上。建筑中的住宅是为三位职业不同的住户——一位音乐家、一位数学家、一位具有悲剧色彩的诗人——设计的。他根据住户的性格和职业特征创造出对比强烈、富有戏剧效果的空间(图 4－10)。[22]

第二阶段主要从 1984 年开始至现在，这时期的作品多为城市建筑，这期间他受法国哲学家梅洛-庞蒂的影响，研究范畴从“场所”转向对建筑感知和经验的重视。因此霍尔将更多地关注于形式语言、建筑要素与空间知觉感受的探索和研究中。他称这是对现代主义“开放词汇”在构成要素、形式、丰富、几何上的发展。他认为这种形式探索发展了一种建筑的“原型要素”，这是一种开放的语言。原型要素包括线、面和体。从意大利米兰维多利亚城市区设计(Porta Vittoria，Italia)开始，霍尔大量使用线、面、体的“原型要素”，采用开放的形式语言和构成，开创了精致的、具有历史文化意义的新现代主义发展方向。霍尔在设计中针对欧洲历史城市特点，使用了“精致设计”的方法，大量地创造性地运用三维“原型要素”，展现强烈的现代性的同时，也在现代城市中创造了意义丰富的城市空间。[22]

“交织(intertwining)”的概念在这一期间的创造实践中起着举重若轻的作用。“交叉”或“交织”“缠绕”都来自梅洛-庞蒂的知觉现象学，暗喻复杂形式开始时文化、自然与人的知觉的交织。梅洛-庞蒂写道：“经过触摸和各种复杂感知的交叉，自身的运动将他们与所质问的世界结合起来。”[21]那么，霍尔怎么在建筑中来体现“交叉”的概念呢？这种“交叉”是否能够突出身体在建筑中的知觉？霍尔采用了什么样的设计策略来达到什么样的效果？

(1) 匡溪科学院加建(Cranbrook Institute of Science，1991—1998)，这个作品位于美国密歇根州的匡溪教育园区。1991 年，霍尔受邀为其中的科学院扩建(图 4－11)。在这个设计中，霍尔依据了混沌学的一条原则——“奇异吸引子”[23](图 4－12)。奇异吸引子这一概念来自气象学家 E. 劳伦兹，是指混沌学中的一种现象。它是指在一定区域中，众多开始时挤在一起的点，在绕着吸引子运动时，各自朝着不同的方向，彼此越来越放松，最终造成一连串不能预测方向的松散运动，却又始终停留在这一小区域内。霍尔意图采用这种概念应用于交通流线的组织，试图在有限的体量中创造出富有潜力的空间和多变的流线，给人以永不重复、无法预测的空间感受(图 4－13)。

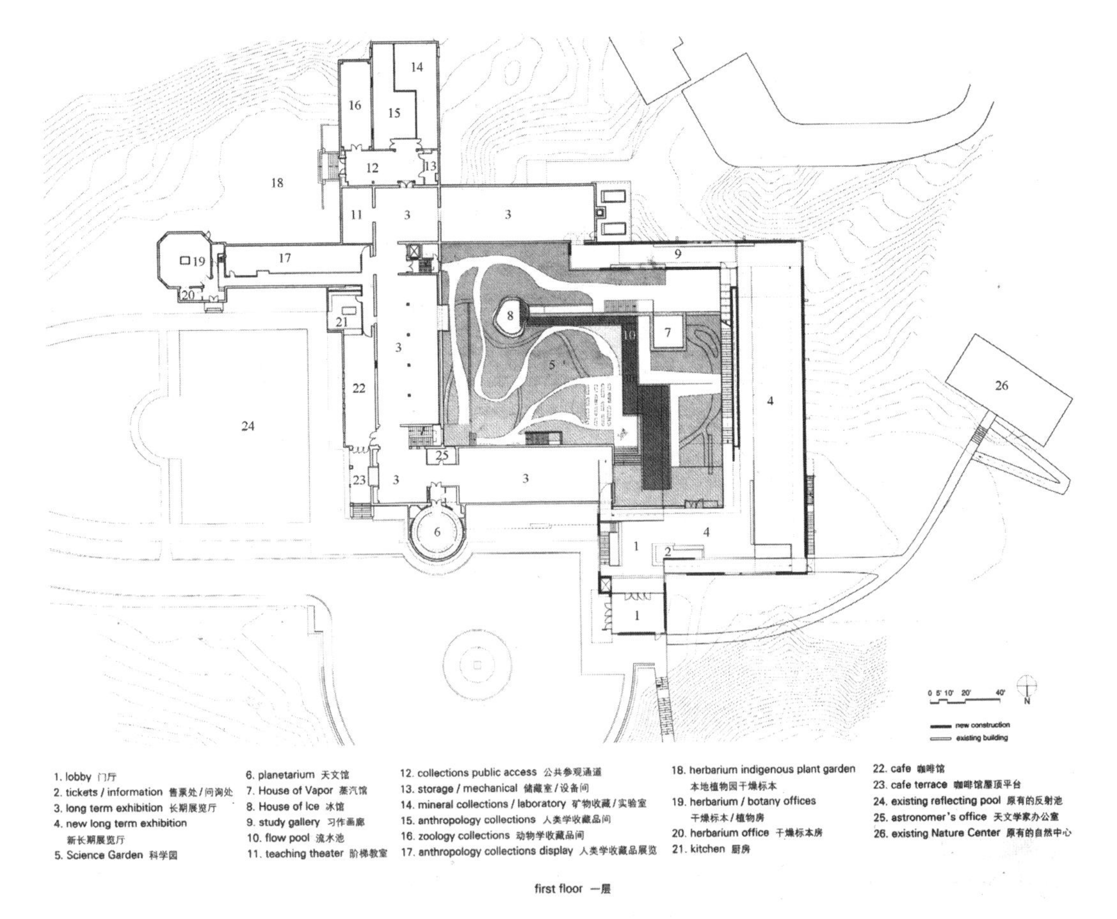

图 4-11　匡溪科学院加建一层平面

扩建部分是一个两层的建筑，霍尔的目标是使扩建部分对原有建筑潜在的流线与参观者的体验产生最少的侵扰，并且使扩建部分的潜能可以发挥到极致。设计用统一的墙线高度和相对狭窄的断面来与沙里宁设计的原建筑的一翼进行衔接。扩建部分在西北角不接触地面，利用校园本身的坡度成为二者的联系部分，同时保持一种空间流出与流入的感受。新建的内部庭院以一缓坡与顺势而下的外部校园相接。这种建筑与校园坡度相互渗透的联系提供了在花园进行展览的可能性和一种开敞的、有魅力的建筑形式。

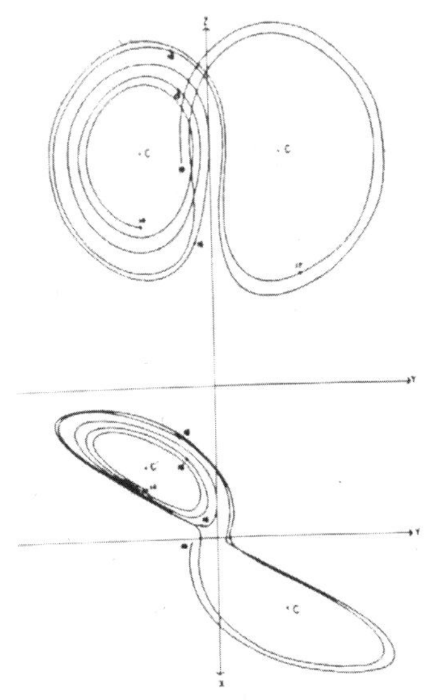

图 4-12　"奇异吸引子"图示

(2) 赫尔辛基当代艺术博物馆(Kiasma，Museum of Contemporary Art，1998)(图 4-14)位于赫尔辛基的市中心，西侧是古典主义的芬兰国会大厦，东侧是沙里宁设计的赫尔辛基车站，北侧是阿尔托设计的芬兰厅，南面是市中心繁华的商业街。图罗湾公园的喇叭口延伸至基地，撕裂了城市肌理，使各种网

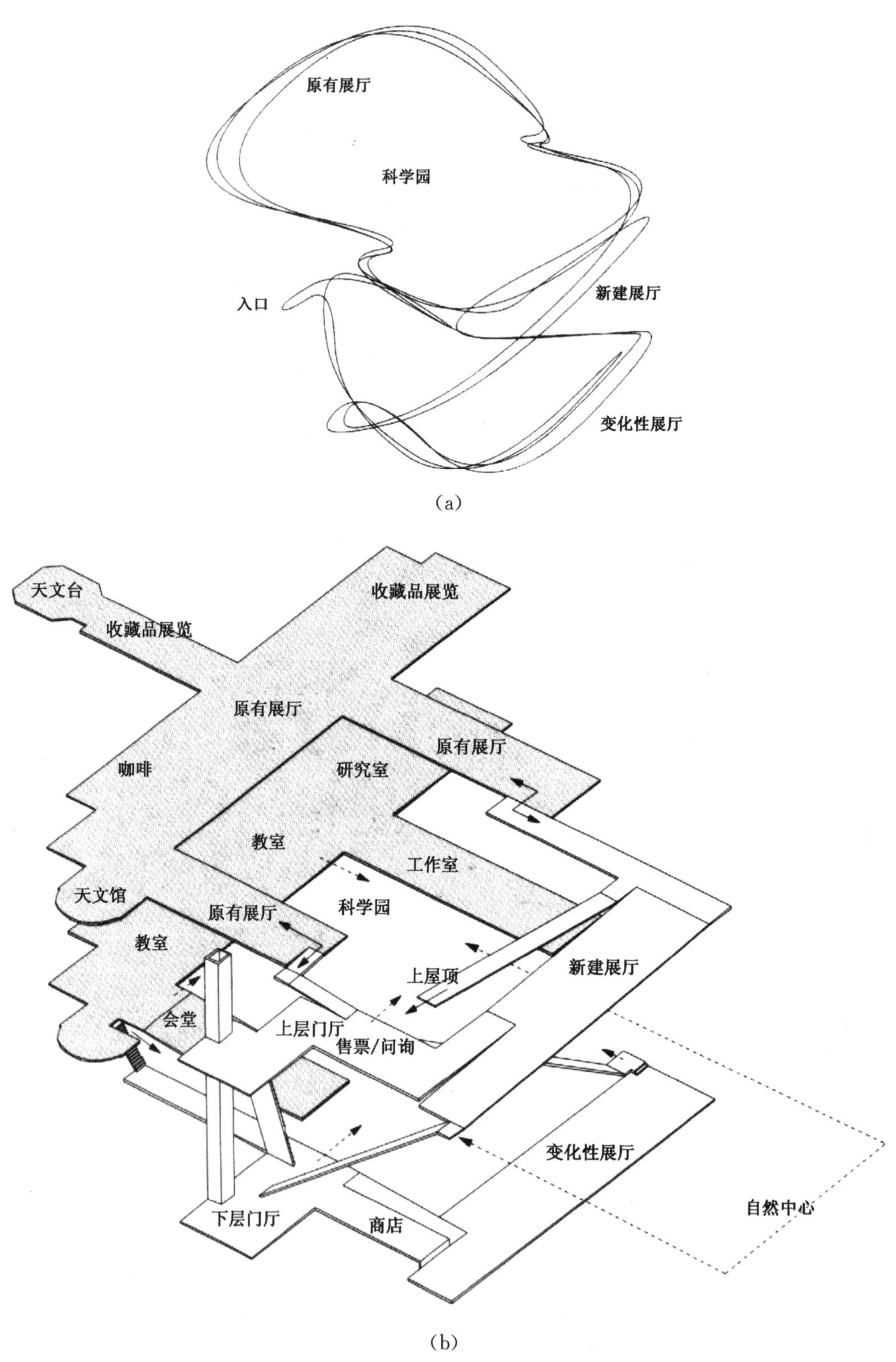

图 4－13　匡溪科学院的多条展览路线及轴测示意

图 4-14　赫尔辛基当代艺术博物馆

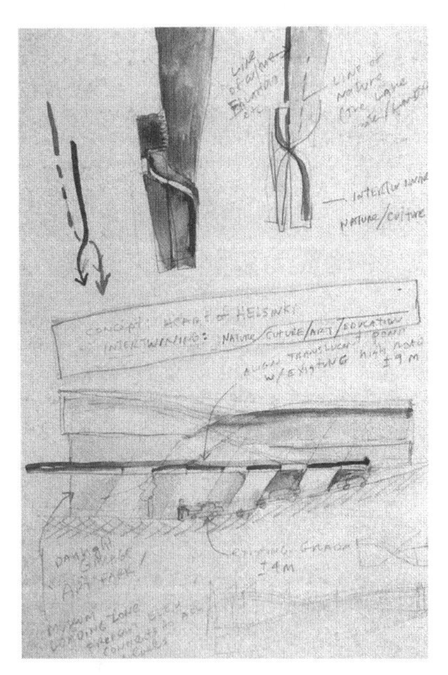

图 4-15　霍尔的染色体灵感手稿

格在此交汇。霍尔在此将“交织”这一概念演绎得淋漓尽致，因而也成为第一位获得阿尔瓦・阿尔托奖(1998)的美国建筑师。

此项目的设计概念也是一种“交叉(Kiasma)”，其含义就是“交错搭接(crossing over)”，染色体状的交叉使建筑的形态可以形容为一条直线体量插入一条弯曲的管状体量中，在剖面上像 DNA 的双螺旋(图 4-15)。这种形态使建筑呼应外部复杂的环境，同时在内部形成丰富变化的各种空间。

博物馆正面为矩形，与赫尔辛基的棋盘式城市布局相吻合，背面弧形金属壳体与图罗湾公园的海岸线及列车场相协调，并在河湾的一侧留出完整的城市绿地。霍尔将这两种几何类型融为一体，交汇于入口大厅，展厅由半长方体与弧形墙组成，霍尔通过这种不规则的空间形态来凸显每个展厅及每位艺术家作品的个性，并使人们感受到空间的多种体验(图 4-16，图 4-17)。

这座建筑弯曲交织的外部形态同样出自于对采光设计的要求，霍尔利用自然光在北纬 60°的独特性质，把建筑的初始曲率建成太阳在上午 11 点到下午 6 点之间运行轨迹的反曲线。建筑平面的弯曲，也保证了博物馆在工作时间内都有自然光射入。这使得 25 个展室都有不同程度的自然光，自然光从不同的角度射进来，形成不同的效果(图 4-18)。

建筑的两个主体量之间是一个贯穿的空间，布置了建筑中最主要的坡道。围绕此空间的是多种形态、不同标高的路线，同时楼梯与电梯提供了另外的路线，以供人们选择。

霍尔是他同时代的美国建筑师中唯一受欧洲大陆现代哲学和音乐主流影响的建筑师，也是唯一受德国哲学家胡塞尔和海德格尔影响的建筑师。从 20 世纪 80 年代以来，不事喧哗的霍尔一直对美国建筑传统进行研究，并将从传统中获得的精神结合欧洲现代哲学注入当代建筑设计中，霍尔一直构筑着他的批判性和多样性，不以加入任何流派的形

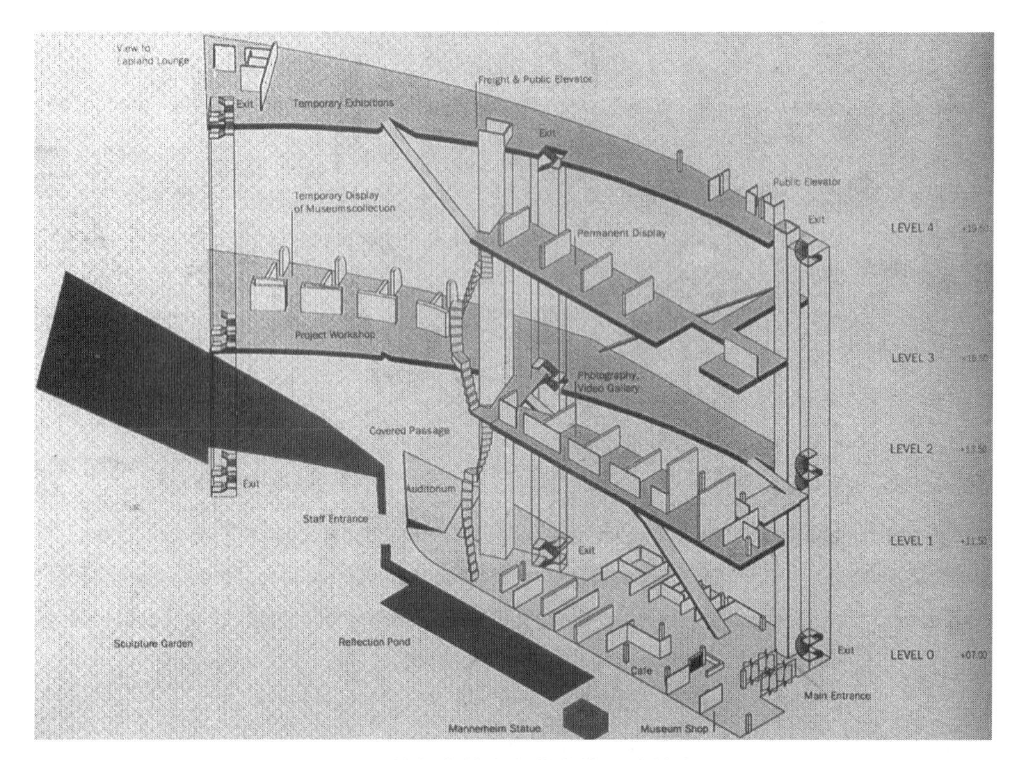

图 4－16　赫尔辛基当代艺术博物馆基本图示

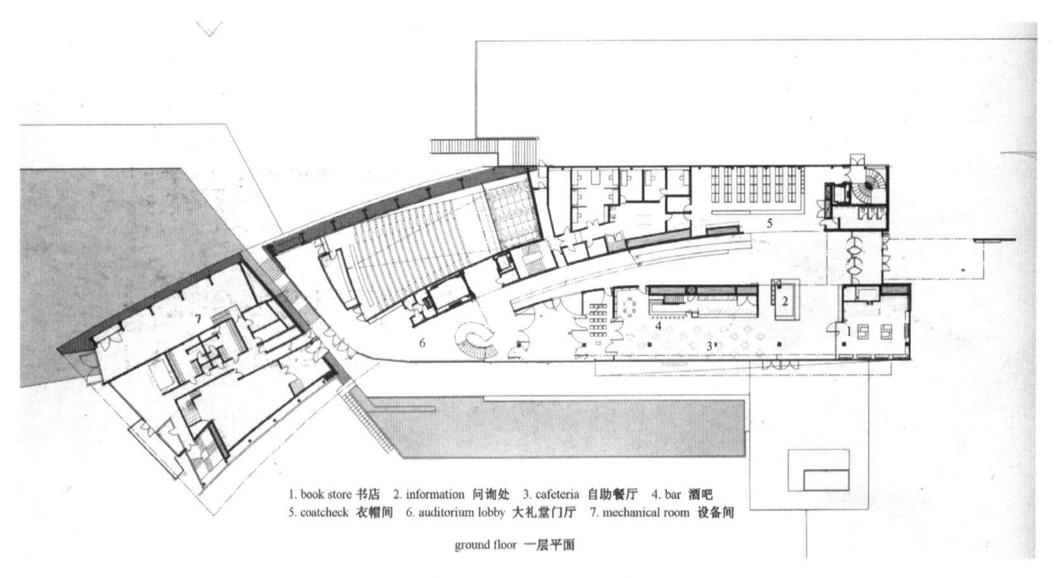

图 4－17　赫尔辛基当代艺术博物馆一层平面

(a)

(b)

(c)

图 4-18　赫尔辛基当代艺术博物馆室内

式，从而为建筑界做出了重要贡献。

耶胡达·萨夫郎（Yehuda E. Safran）认为："在霍尔的建筑世界里，并不期望完美的建筑，或是辉煌的建筑，也不试图建立所谓安康的社会，而是像箭手追求箭术一样追求一种与自我意识的完美关系，或者说，是为了探索和丰富建筑与个人意识的内外联系。"[24]霍尔的建筑表现出一种凝重、深刻、朴素，但却本质的效果，使人体会到他对生存态度和对建筑和场所本质的思考。正因为此，霍尔成为美国建筑师中杰出的代表。

4.4.2　尤哈尼·帕拉斯玛

尤哈尼·帕拉斯玛生于 1936 年，是芬兰当代建筑和设计史上一位重要人物，他多方面继承和发扬了芬兰最优秀的设计文化传统，同芬兰最伟大的建筑师阿尔瓦·阿尔托一样，帕拉斯玛的多才多艺也并不局限在建筑领域中，作为开业建筑师，他的设计作品从城市规划和建筑设计一直涵盖到展示设计、产品设计和美术设计等。作为建筑教育家，他多年担任母校赫尔辛基理工大学的建筑学教授，并从1960年就开始在全世界各地讲学。除此之外，帕拉斯玛的理论作品涵盖了建筑理论、人类学、文化哲学、艺术评论、电影评论等等，是当今世界公认的最重要的建筑评论家之一。

帕拉斯玛早年在农场的生活经历对他产生了深刻的影响，他发现人们可以掌握各种各样的技能。“建造房屋、谷仓和运输工具；制作家具、日用物品和挖掘捕猎陷阱；用亚麻做衣服，用羊毛编织外套；打猎、捕鱼、耕种、照顾牲畜，甚至给孩子们和动物看病。”[25] 帕拉斯玛由此认为，在建筑和设计、艺术和哲学思考，或者生活与工作领域之间并不存在任何分界线。这段经历也促使他对民间工艺和手工制作的热爱和理解。

帕拉斯玛作为建筑师，在艺术和哲学领域中汲取了大量营养，其中最重要的成分来自两位哲学家莫里斯·梅洛-庞蒂和加斯东·巴舍拉尔(Gaston Bachelard)。从他们的著作中，帕拉斯玛认识到建筑是直接通过一种无意识的空间和身体多重感官的语言，通过与我们最深层记忆相关联的一种具体化的符号体系，来与我们对话，并被我们所感知。对帕拉斯玛来说，建筑是一种存在的表达，所构建的建筑物，则是表达和阐述了自我在这世间的存在。通过建筑，我们在世界上和时间的连续统一体中界定出自己的住所；通过建筑，我们克服自己的不安全感，并正视死亡的恐惧；通过建筑，我们将自己与超越我们此时此刻的时间维度联系在一起。依此可以看出，帕拉斯玛深受法国现象学的影响。

1) 帕拉斯玛的理论概念

《皮肤的眼睛——建筑和感官》是帕拉斯玛基于个人的体验、观察和思考基础上所写的著作，也是帕拉斯玛对人类在建筑中的体验的一种现象学维度上的观察。该书所关注的是视觉在我们观察实际以及日常生活中的主导控制的同时，对其他感官的压抑，随之而来的感官和感官的品质在艺术和建筑学之中的消失。帕拉斯玛非常关注感知的重要意义——在哲学上和建筑学上。他认为身体是感知、思考和意识的核心，并在这本著作中证实了在建筑学及其思想中感知的重要性。

帕拉斯玛之所以将该书定位为“皮肤的眼睛”，是希望表达触知性(tactile)在我们体验和理解世界中的重要性。这里的触知性绝不是触摸(touch)，而是一种感知。所有的感官中，包括视觉，都是触知性的扩展，感知是皮肤独一无二的特点，而所有的感官体验都是触知的模式，因此与触知性相关。

人类学家蒙特谷(Ashley Montagu)基于医学的基础确定了触觉领域的重要性：

(皮肤)是我们器官中的最古老和最敏感的器官，是我们交流的第一媒介，是我们最有效的保护者……甚至眼睛的透明的角膜都被一层皮肤覆盖在上面……触摸是我们眼睛、耳朵、鼻子和嘴巴的父母。正是这种感官区分与他者，在对触觉的古老的评价，似乎认识到一种事实，就是“感官的母亲”。[26]

触知性将我们对世界的体验和我们自身整合在一起。甚至视觉的感知也被融合和整合到自我的触觉连续体中。我的身体记得我是谁，我处在世界的什么位置。我的身体就是我的世界的肚脐中心，这个中心并不是一点透视的观察点这个意义，而是作为参考、记忆、想象和整合的场所。

(1) 对视觉中心论的批判

帕拉斯玛认为，建筑艺术中的视觉的偏见从来没有像在过去30年这样明显，成为主流的视觉图像的建筑，代替一种存在论为基础的塑性和空间性的体验。建筑物转变成产生了与存在的深度和真诚相分离的图像。

戴维·哈维将在当代表达中的"暂时性的消失和寻求瞬间的冲击"与体验的深度的丧失相联系起来。[27]弗雷德里克·杰姆逊(Fredric Jameson)采用了"人为的无深度"的观点来描述当代文化的状况及其"对表象、表面的(心)固执和不具有持久能力的瞬间的冲击"[27]。

这种图像风暴的结果导致了我们这个时代的建筑常常是变成了一种视网膜艺术。建筑成为一种照相机式的眼睛来观看产生的印刷图像。在我们的照片文化中，凝视本身被单调成为一张图片，失去了其可塑性。迈克尔·列文采用了"前额的存在论(frontal ontology)"来描述这种普遍盛行的前额的、固定的和聚焦的视觉。[26]

随着建筑物丧失了他们的可塑性，以及他们与身体语言和智慧之间的联系，他们在冷酷的和遥远的视觉领域中变成了孤独的。随着触知性的丧失，人类身体的一些测量和细节的技艺使建筑的结构变得平淡乏味、无物质性和不真实。构造物从物质和手工艺的分离进一步将建筑转化为眼睛的舞台布景，转化成缺乏物质和构造真实性的透视景。本雅明将这种"氛围"的感知、存在的自主性，看作是一件真正的艺术品所必须具备的品质，但是这些都已经丧失了。这也导致了建筑的离奇。

那么，如何来拒绝这种视网膜建筑的出现呢，帕拉斯玛认为，只有在视觉和感官之间找到新的平衡，将眼睛的焦点从中心透视的控制中释放出来，并且能够引发出参与性的和移情的凝视，才有可能帮助"身体"来颠覆这种笛卡尔式的凝视。

(2) 多重感官体验

我用我的身体面对城市，我的腿来测量拱廊的长度和广场的宽度，我的凝视无意识地将我的身体投射到教堂的立面上，其目光漫游在装饰线脚和轮廓上，感觉其凹处与凸处。我的身体的重量与教堂的大门的重量相比较，我的手抓住大门并打开，进入到后面的黑暗的空间。我在城市中体验我自身，城市通过我的具体表达的体验而存在。城市和我的身体相互补充并相互界定。我居住在城市中，城市居住在我之中。[26]

这段话是帕拉斯玛所对待身体的态度，他一直认为——通过我们的身体，我们选择我们的世界，世界选择我们。

帕拉斯玛在《建筑七感》中列出了数种对建筑的感觉以及与这些感知相联系的感知经验和感受。帕拉斯玛格外强调如下几种感知或与感知相关的领域：声响、寂静、气味、触摸的形状、肌肉和骨骼的感知。他批评那种将建筑变成纯视网膜艺术的形象复印艺术观念；他认为仅重视视觉没有使人在世界中经历体验人生的存在，反而使人与世隔绝，站在事物的外部作为旁观者，建筑的形象被动地投射在视网膜上，被孤零零地隔绝在冰冷、遥远的视觉王国中。当建筑与世界、事物和手工艺的现实脱离了联系，那么建筑就变为纯为眼睛服务的舞台背景，丧失了材料和构造的逻辑。帕拉斯玛还认为在建筑设计中过分强调智力和概念思辨，进一步使建筑的物质感知和具体的建筑现象消失。他提醒人们注意为人们淡忘、漠视的其他集中建筑感知，即他强调的"感知的建筑"。[28]

感官的体验通过身体变成整体，或者在身体的构造中或者在存在的人类模式中。我们的身体和运动是不断地与环境相互作用的；世界和自我不断地相互告知和相互重新界定。身体的知觉对象和世界的图像转化成一个单独的连续的有关存在上的体验；身体不能脱离于空间中的住所，空间不能不与感知自我的无意识图像无关联。

对体验者来说，每一种对建筑的触摸体验都是多重感官的，空间、物质和尺度的品质是同时被人的眼睛、耳朵、鼻子、皮肤、舌头、骨架和肌肉来进行感知和测量的。这本质上多重的感官体验代替了仅仅是视觉，或者五种基本的感官。实际上，建筑涉及了感官体验的多种领域，这种感官体验是相互融合和相互作用的。

心理学家吉布森(James J. Gibson)认为这种感官是积极地寻求机制而不仅仅是消极的接受者。吉布森将这种感官按照五种感官体系进行分类：视觉体系、听觉体系、味觉-嗅觉体系、基本的方向体系和触觉体系。[29]

实际上，眼睛一直是在与其他感官合作。而所有感官，包括视觉，都被认为是触觉感官的扩展，这种扩展被帕拉斯玛称作为"皮肤的特殊化"，其界定了皮肤与环境之间的分界面——在身体的不透明的内在性和世界的外在性之间的分界面。甚至是眼睛的接触、凝视都蕴含了一种无意识的触摸，身体上的模拟和认同，就像马丁・杰(Martin Jay)在描述梅洛-庞蒂的知觉哲学的时候作出的评价——"通过视觉，我们触摸到太阳和星星"[26]。

梅洛-庞蒂在《知觉现象学》中将触摸和视觉联系在一起，并认为如果没有触觉记忆，人们就不可能理解物质性、距离和空间深度。黑格尔也认为，能够提供空间深度感觉的感官只有触觉，因为触觉"感知重量，抵抗新的和具体的身体的三维形状，因此能够使我们认识到位于我们各个方向之外的物体"[26]。

同样，一个建筑作品也能够产生看不见的印象的复杂性。一个建筑作品并不是作为一些单独的视觉图片的集合来体验的，而是体验其完整的具体表现的物质上和空间上的存在。一个建筑作品是在客体上和智力上的结构的相互合作和包含。建筑图片中的视觉的正面描绘失去的正是对建筑的真实的体验。而优秀的建筑提供了形状和表面线条，这些正是眼睛愉悦的接触。"轮廓和外形都是建筑师的标准(试金石)"，就像勒・柯布西耶指出的，它在体验者对建筑进行视觉的理解之中揭示了一种触知性的因素。[26]

建筑的制作要求清晰的思考，但是这是一种思想通过感官和身体，通过特别的建筑媒介的专门的具体表现的模式。在帕拉斯玛看来，建筑的任务就是"使世界如何接触我们变得可见"。[26]

2）帕拉斯玛的实践

帕拉斯玛对于建筑领域中的实验式研究并无兴趣。他的兴趣直接在于建筑精神和体验方面的本质的东西。帕拉斯玛也说自己理论方面的兴趣大致属于现象学的哲学派别，但他并没有受过哲学上的学院教育。他所做的是尽可能地真诚和敏感地走进建筑，将遇到的这些问题转化为自由的半文学性的随笔。

(1) 感官性极少主义

帕拉斯玛将他的建筑方法称为"感官性极少主义(sensuous minimalism)"，从而希望能够增强这个世界的静默。帕拉斯玛非常欣赏静默，他认为静默是一种特殊的存在状态使人领悟到个体的独一无二的存在。帕拉斯玛的目的则是创作一种鲜活而具有触知性的体验。

极少主义建筑有两种类型:一种是风格上的极少主义,追求一种激动人心的造型,不考虑技术和经济约束;另一种是本质上的极少主义,直接源自现实生活中的营造的限制条件。帕拉斯玛则更倾向于后者,它从本质上是合乎道德的,而不是审美的。对帕拉斯玛来说,极少主义的理想是一种对事物本质的探求,而不是仅仅局限在审美效果上。[30]

帕拉斯玛的作品是几何性并且抽象的。他认为只有这样,才更接近建筑的静默,形式只不过是一种表达的手段,抽象只是暗含了一种世界的浓缩而含糊的印象。帕拉斯玛对事物的本质更感兴趣,喜欢重复某种单音节和灰色调,在这一方面,帕拉斯玛与美国的极少主义出现共鸣。

(2) 十二个主题

在设计物品和空间时,帕拉斯玛逐渐意识到自己的作品中重复出现的某些主题和兴趣:模数化的构图,对结构的强调,使用弧线形式作为直角体系的补充,连续的直线,表面穿孔以及清晰的联结。帕拉斯玛将这些兴趣归因于童年的经历,而非仅仅是出于美学的动机。

方海先生在《感官性极少主义》一书中总结了帕拉斯玛的设计作品中经常出现的十二个主题:① 连续的线条;② 弧线;③ 孔洞;④ 接和;⑤ 触觉;⑥ 物质;⑦ 光线;⑧ 尺度;⑨ 立柱;⑩ 楼梯;⑪ 结构;⑫ 景观。[30]

可以看出,这十二个主题都是与人的知觉有关,最明显的就是触觉。帕拉斯玛认为触觉是基本的建筑体验,一直以来受到眼睛支配的科技文化的压制。优秀的建筑要能为触觉提供令人愉悦的细部。比如门把手就是人与建筑的握手,通过它可以体验出友好或敌意、邀请或拒绝、温暖或冰冷。视觉引起距离,然而触觉的愉悦可以营造出感官性和亲密性的气氛。

(3) 萨米博物馆

萨米博物馆是帕拉斯玛少有的建筑作品,帕拉斯玛经过自己的分析,采用了简单的建筑材料,使用了与当地民居相匹配的结构。萨米博物馆和旅游中心建筑位于伊那瑞小城中心的北段、尤图河的附近岸边,新建筑从一开始就被建筑师命名为"西达(Siida)",它源自古代拉普兰语言,意为生命的范畴。

帕拉斯玛用了几年时间做出七轮设计方案,其推敲的重点主要是平面布局,尤其是屋顶的造型,考虑了如何将萨米民居的精神及手法恰当地融入设计中,主展厅展览设计的反复比较研究,以及室内空间和许多结点细节的设计等等。

两层的建筑主体位于长满树木的山坡上,主入口位于地面层,从门厅经坡道进入建筑的主体展览层,而在坡道转折处的空间被设计成一个玻璃观光亭,从此处可直接出门进入后面的露天民居博物馆。除此坡道作为主交通流线外,建筑上下层间还设有多处不同形式的交通空间,从而使建筑的使用极为方便(图 4-19,图 4-20)。

建成的萨米博物馆在建筑轮廓上与环境协调一致,曲线屋顶遵循着四周地貌的特征,室内设计也是建筑师着意苛求隐喻着当地的传统民居。建筑的主体承重结构是钢与混凝土,但经过防腐处理的木板则用作外立面材料,其变化的色泽和质感在使建筑外观丰富多彩的同时,也成为设计立意中与传统的直接联系。除展示区域外,室内的主体色彩为白色。

图 4－19　萨米博物馆北立面外观

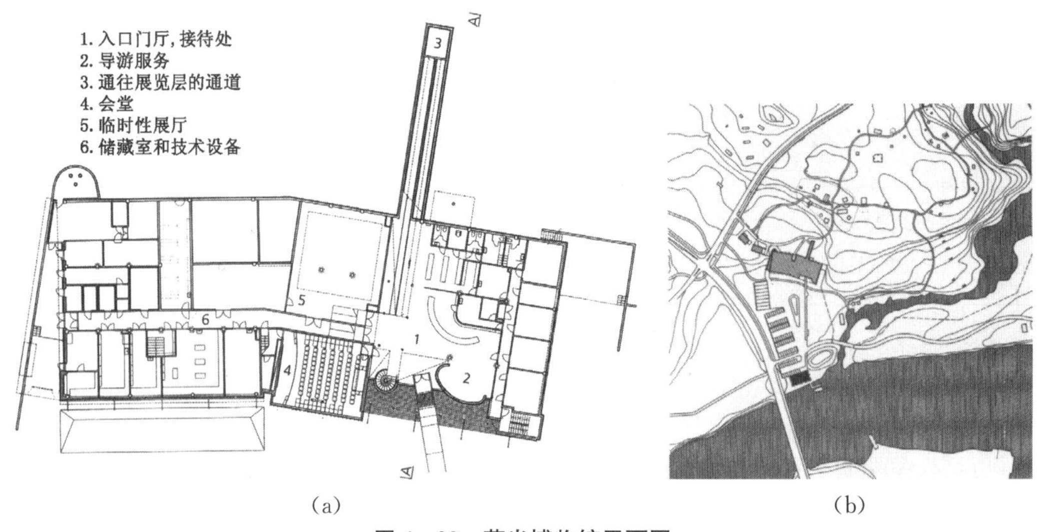

图 4－20　萨米博物馆平面图

帕拉斯玛曾对阿尔托的早期名作玛瑞亚别墅做过极为深入而全面的研究，并出版有专著，玛瑞亚别墅设计中异常丰富的建筑词汇来自阿尔托年轻时代所吸收的各种民间建筑传统。帕拉斯玛力图将阿尔托充满人性化的设计手法展现在“西达”中心的设计中，创造出一个设计语言丰富，同时又富于启发意义的有机体，使之富于生命的活力。

“西达”中心的造型语言非常丰富，尽管帕拉斯玛刻意追求的是本质与静默，但他创造的作品无论在平面布局和刻画上都是丰富多彩的，且其本质和静默却深含其中，因为平面上的断开与转折和立面上的高低错落是回应地形、共创景观的结果。柔和的曲线屋顶不仅仅是造型因素，也同时考虑到北极地区冰雪积压的负荷需要，而其具体的形式则总能令人隐约联想起萨米人的雪橇造型，而非任何层面的单纯模仿。

细部是帕拉斯玛着意表达的部分。所修建的体量外表的材质的编织和节点的处理是建筑布局及室内设计的延续，木质贴面材料在横向及竖向有组织地运用，从而区别不同的功能部位，而选择好的木板贴面材料也依需要涂上不同的防腐色彩。外窗玻璃被精心处理成与外墙木板贴面处于同一平面。屋檐的曲线也精确地与屋顶弧线完全一致。帕拉斯玛精心设计的门把手、坡道扶手及家具都力求完美。

露天民居博物馆中集中了拉普兰地区仅存的十几处古老的萨米住屋、粮仓、樊篱和陷阱设施，它们都是古老文化的遗迹，并且正在被高速发展的西方高科技文化所忘却。然而它们有其独特的价值，尤其在提倡生态设计的今天，世界各地的古老民居背后实际上都隐藏着更深一层的意义。帕拉斯玛曾经遗憾地说，他是到了晚年才明白传统和历史所具有的重要的启发性。“西达”中心的设计对萨米民居的诠释是令人信服的。[25]

4.4.3 卡洛·斯卡帕

意大利建筑师卡洛·斯卡帕(Carlo Scarpa)1906 年生于威尼斯。1926 年从威尼斯美术学院建筑系毕业，并获得建筑绘画教席，后又在威尼斯高等建筑学院任助教，以后从未离开过建筑教育岗位，直至 1972 年他荣任建筑学院院长一职。简单朴实的一生贯穿着他对建筑的执着追求。

卡洛·斯卡帕是一位独特的建筑师，他的建筑创作一直游离于现代建筑的主流之外。他的作品体现出强烈的人文倾向和诗人品质，他关注建筑的细部，对材料运用有独到的理解。斯卡帕的建筑实践范围比较狭窄，主要涉及了历史建筑的修复或改建以及一些小规模的设计项目，并且斯卡帕也不是一个善于论述的理论家，但是他独特的充满人文气息的设计作品仍然受到关注。

布里昂家族墓(图 4－21)位于意大利北部城市维琴察附近，占地面积约 2 200 平方米。在设计中，斯卡帕避免了传统的中轴对称的墓地设计手法，而选择了近似中国园林的漫游式布局。墓地有公共和私密两个入口，整个平面呈“L”形，由带方亭的水池，主墓、次墓和家族小教堂三部分组成。

图 4－21　布里昂家族墓近景

图 4－22　从内廊看“眼睛”圆窗

由私密入口进入墓园，首先看到的是墙上相互交叉的两个圆窗(图 4－22)，顺着墙的指引，右侧是一个缀满睡莲的水池，池中置一方形小亭，水从池中缓缓流出，沿着贯穿草坪的水渠流入安置棺木的圆形下沉地面(图 4－23,图 4－24),位于"L"拐角处的圆形主墓自然地成为空间的过渡,这里是整个墓园设计的重心所在。两个棺木相互倾斜,白色的大理石基座与上部的灰色大理石相映,由混凝土制成的拱荫蔽于下(图 4－25),斯卡帕这样阐述他的设计理念:"如果两个生前相爱的人在死后还相互倾心的话,那将是十分动人的。棺木不应该是直立的,那样使人联想起士兵。他们需要庇护所,于是我就建了一个拱,取方舟之意。为了避免给人以桥的印象,我给拱加上装饰,在底面上涂上颜色,贴上马赛克,这是我对威尼斯传统的理解。"从主墓向左,就来到了家族小教堂。它坐落在一个正方形水池的对角线上,四周环绕着睡莲(图 4－26)。缓缓流动的小溪奏响着墓地的音符。斯卡帕通过典型威尼斯式的手法处理水的结构,表达出一种矛盾的意义——既表达死亡又表达再生。

图 4－23　从水池看主墓

图 4－24　水渠

图 4－25　相互倾斜的棺木

图 4－26　混凝土拱

斯卡帕反复运用 5.5 cm×5.5 cm 为模数的线脚贯穿整个设计,这个母题不断变幻着位置与形态,是斯卡帕对材料与结构逻辑朴素的理解和表达。[31]

弗兰普顿在其著作《现代建筑:一部批判的历史》中,把斯卡帕的作品看做是地域化建筑的实例，并且认为他的作品是采用了舒适的材料所拼成的一幅美好的拼贴画。弗兰普顿认为，这种朝向建筑细节兴趣的转变显示了现象学思考对其进一步的影响，因为一个建筑物的材料的富有表现力潜能被认为是可以丰富形式和空间的体验。就如斯卡帕的一位前任助理弗拉斯凯利(Marco Frascari)谈到了这个主题时候认为："在建筑中感觉一个扶手，漫步台阶或在墙体之间行走，转过一个角，注意到墙壁上射入的一束光线，这些使视觉和触觉感知的同等重要的元素。那些细节的位置产生了将一种意义维系到一种感知的境地。"[32]

4.5 本章小结

建筑现象学讨论建筑时将身体作为起点和终点，现象学的理论家们将身体看作是现象学的主体。对于持建筑现象学观点的建筑师来说，空间是一个抽象的概念，但是"我的空间"却是一个具体的体验。我的空间实际上是一个体验的空间，是由"我的身体"所决定的，是通过体验而获得的，也就是说空间是由身体所呈现的。

这是一种打破主客体二元对立的方法、一种区别于传统建筑学的视野、一种体验的观点。建筑现象学试图去除任何现有的成见，以获得真实的感知和真正的意义。这是一种更为贴近真实、从建筑自身出发的设计思想。

现象学作为一种策略，其"回归到事物本身"成为最根本的思想，就是通过直接面对事物和现象本身去发现本质，从这一点来看，建筑现象学的策略可以概要为几个方面：

(1) 多重空间的交织

自柯布西耶的多米诺体系和密斯的"通用空间(total space)"出现以来，建筑物彻底打破了传统束缚的空间，但同时，身体体验在这种完全自由的空间中消失了。重复的平面与单一的剖面成为现代主义建筑被人指责的诟病。

建筑现象学注重体验的空间，因此，在霍尔的建筑中，是绝不会出现单一的空间的；相反，他的空间是相互"交织"、相互缠绕的。他的这种刻意追求无非是为了唤醒人们惰性的身体，来体验他的建筑。可以说，霍尔的空间是一种融合了体验者身体的建筑空间，它不仅仅是多重空间的交织，也是体验者多重感官的交织。

(2) 材料本性的显现

对材料本性的追求，同样源于体验。这一点在帕拉斯玛的建筑中表现非常明显，因为在帕拉斯玛看来，体验并不仅仅是视觉的体验，而更多的是触觉，这种触觉包括眼睛的触摸和手的触摸，触觉和材料紧密地联系起来。霍尔认为建筑的材料对人们的视觉和触觉起到关键的作用，建筑的材料性是通过结构和材料的视觉和触觉的空间体验来传达的。因此，建筑中的材料体验是视觉、触觉、气氛和嗅觉这些多重感官的相互交织。材料、肌理和质感对人们有关建筑知觉的作用是不容置疑的。这在许多杰出的建筑师的设计中得到充分的体现。现代建筑运动中的柯布西耶、密斯、赖特、阿尔托等都是典型。

(3) 光与影的表现

光一直都是建筑所表现的主题，因为视觉呈现的前提就是必须有光。有光就必然产生影，光影的对比与反差效果及其使用方式是产生和体现建筑那种神气与神秘感的强有力的武器。古埃及的金字塔与神庙、古希腊的雅典卫城，这些都是运用光与影的杰作。但是相对这些历史建筑而言，现代建筑却丧失了这些品质。帕拉斯玛说："古老的城镇和其更迭变化交错的黑暗、阴影和明亮光线的各种诱惑，与今日之明亮和平均的街道灯光相比显得更加神秘和诱人。想象和白日幻想是被幽暗和阴影刺激而产生的。人们为了能够清晰地思考，需要压抑锐利的视觉，因为思考通常是与空白的心智和非集中的视线结合在一起的。没有变化的明亮光线，如同均质和没有变化的空间，它减弱了存在的体验，抹去了场所的感觉，使得想象变得迟钝。"[26]

迷人的光影作为一种气氛、一种效果、一种情绪，不仅在视像，而且在心理和精神上可以承担更多的内涵。光与影在霍尔的现象学设计中占有重要的地位，恰当地运用光影可以创造出动人的空间，光线的变化可以描述和刻画空间的形式，霍尔就创造了"光痕(light score)"的概念，用以描述光线在空间和建筑上所表现的品质。

(4) 叙事的方式

查尔斯·詹克斯(Charles Jencks)曾指出，叙事是时间的人类形象(narrative is the human shape of time)，具有人的尺度和意义[33]。叙事性的建筑通过非欧几里得式的方式，推翻了现代主义笛卡尔的空间。正是这种叙事性使霍尔将建筑空间与人类的个体体验意识结合起来。霍尔通过形态的连续过渡、变形、折叠等方式，戏剧性地完成对建筑的叙事，他甚至直接以拟人形态模拟小说家作品中的人物与性格来完成对虚拟事物的感知。

同样的表达方式也出现在斯卡帕的建筑中，在布里昂家族墓的设计中，他选择了近似中国园林式的漫游式布局，利用光影、材料和水的布局营造出寂静的气氛。

其实，现象学之于建筑学的意义远非仅仅表现在斯蒂文·霍尔等这些建筑师的作品上，也并不是单纯地作为批判的"策略"而已。它更多的是对建筑学本身的思考，在这个层面上，海德格尔就显得尤为重要，因为他的乡愁是对二战后城市状况与居民无家可归的思考，那么，二战后的城市是需要柯布西耶的"居住机器"，还是需要海德格尔"栖居"，这种争论也促进了对建筑学现代性的思考。

对诺伯格-舒尔茨来说，海德格尔的乡愁为他的"场所"理论提供了基础。但是，诺伯格-舒尔茨回避了真正的现实，他更多地愿意将视野投向罗马和布拉格，以一种怀旧的眼光来看待现代城市中出现的种种问题。诺伯格-舒尔茨倾向于将一些能够唤起记忆的物质置于他的"场所"中，来体现出他对现代城市的回避与抵抗。这显然不是解决问题的方法，因为在卡其阿里看来，现代城市中并不存在"栖居"了，正是"非栖居"才是现代城市中的特征之一。

"非栖居"在维德勒看来，就是"离奇"感的产生。离奇恰恰可以成为一种工具，来激发人已经消失的体验。身体的体验已经不再单纯地局限在人的视觉、触觉、听觉等感官，它更是心理上的体验，弗洛伊德式的体验。因此，许多先锋的建筑师，如屈米等，刻意塑造疏远和怪诞的感觉，来表达他们对当代建筑学的理解和阐释。

本章注释

1 伯格森被认为是现代西方哲学的开启者、20世纪初叶近代哲学最有力的批判者。伯格森宣称理性的本质是无法理解生成，只有直觉才能把我们引向生命深处。生命冲动使生命绵延不绝，人的本质始终处在不断生成和意想不到的过程中，永无停息……伯格森认为只能靠直觉来把握世界的本质，无需意识的理性活动。

2 梅洛-庞蒂认为世界的意义就在身体知觉的感知中不断地拓展、延伸，身体和世界联系的范围也不断扩大，最后成为一种休戚相关的关系。“肉”不是物质，它是看得见的东西对观看它的身体、所接触的东西对触碰它的身体的一种缠绕。参见赫伯特·斯皮尔伯格.现象学运动[M].王炳文，张金言，译.北京：商务印书馆，1995：viii。

3 诺伯格-舒尔茨认为，建筑形式始终以存在于天地之间的观点来了解，也就是，它们的站立、升起和开放。“站立”这个字意味着与大地的关系，“升起”则是与天的关系，“开放”则暗示与环境之间的互动，亦即外部与内部之间的关系。“站立”透过基础与墙的处理而体现。一个厚重和凹下的基础将建筑物固定于大地，而重点则在垂直的方向试图使它“自由”。垂直上升的直线和锯齿状的造型，表达了与天空之间的动态关系和接受光线的欲望。因此，墙是天和地的交会，而“存在”于大地的人类也由这个交会的方式来具现。但天地的交会不只来自于垂直的张力。“大地”和“天空”也意指材料的质感、颜色和光线等特征的具现。如海德格尔所说：“边界不是事物停驻的地方，而是如希腊人所体验到的，是事物呈现的起点。”因此研究楼板、墙和天花板等具体结构，就是研究空间的边界，而形式的特性则由它的边界所决定的。参见 Norberg-Schulz C. The concept of dwelling[M]. New York: Rizzoli, 1985: 26 - 27。

4 存在空间的一个基本特征是水平和垂直之间的区别，因此这两个在建筑的语言里扮演了构成的角色。水平关系着大地，垂直关系着天空，因此它们决定了住所的种类，也使得建筑作品的特性更为清楚明白。为了清楚明白的要求，水平和垂直必须被构筑。因此，它们是一个标准，统合了组织化的空间和构筑的形式，并给予建筑作品图喻(figurative)的自明性，作为在世存有的一种方式。参见 Norberg-Schulz C. The concept of dwelling[M]. New York: Rizzoli, 1985: 29，117 - 119，120 - 122。

5 霍尔认为杂交建筑是现代化的产物，与电梯、钢结构和混凝土施工技术的发展密不可分。他认为“杂交”与“混合”使用完全不同，杂交类型的建筑有其独特的形式特征。霍尔与范顿区分了三种杂交方式：组织结构的杂交、嫁接杂交和整体杂交。(1) 组织结构杂交的特征是其形式和外观的肯定性。这种杂交方式通常不考虑建筑在城市中的特定场所。其实例大多是沿地界建造，外观呈立方体，重视立面和天际线处理。尽管这种杂交在一定程度上缺少特色，其外观也不很引人注目，但它却可以容纳大多数更新了的功能和计划要求。(2) 嫁接杂交通常是将不同的建筑类型简单地嫁接在一起。其外观清晰地表现了其内在功能。嫁接方式是随 20 世纪美国城市的急剧扩展而产生的，因此建筑师必须将传统的建筑类型融合在一起，以满足新的需要。经过这种实践产生了下一种新的类型。(3)整体杂交是 20 世纪工业城市的必然产物，它具有纪念性的和城市的尺度，在其塔状的外形内包裹着全部的城市生活。在现代城市中整体杂交有效地满足了极其复杂的功能要求，展示了极大的伸缩性。其典型是现代超高层摩天楼，如 SOM 设计的约翰·汉考克中心等。

本章参考文献

[1] Hale J A. Build ideas: an introduction to architectural theory[M]. New York: John Wiley & Sons, Ltd, 2000: 95, 105, 107.

[2] 贺承军.建筑现代性、反现代性与形而上学[M].台北：田园城市文化事业有限公司，1997：154.

[3] Hays K M, et al. Architecture theory since 1968[M]. Cambridge: The MIT Press, 1998: 462 - 463.

[4] Pérez-Gómez A. Architecture and the crisis of modern science[M]. Cambridge: The MIT Press, 1993: 4.

[5] 莫里斯·梅洛-庞蒂.知觉现象学[M].姜志辉，译.北京：商务印书馆，2005：2，126，129 - 130，132，135 - 138，257，270 - 271.

[6] 郑金川. 梅洛-庞蒂的美学[M]. 台北:远流出版社,1993:9,32,62.
[7] 鹫田清一. 梅洛-庞蒂:认识论的割断[M]. 刘绩生,译. 石家庄:河北教育出版社,2001:63.
[8] 卡斯腾·哈里斯. 建筑的伦理功能[M]. 申嘉,陈昭晖,译. 北京:华夏出版社,2003:150.
[9] Heidegger M. Poetry, language, thought[M]. New York: Harper and Row, 1971: 146, 148, 154, 221, 229.
[10] Norberg-Schulz C. Genius loci: toward a phenomenology of architecture[M]. New York: Rizzoli, 1980: 189 - 202.
[11] Cacciari M. Eupalinos or architecture[J]. Oppositions, 1980(21): 107 - 115.
[12] Heynen H. Architecture and modernity[M]. Cambridge: The MIT Press, 1999: 22, 89.
[13] 胡恒. 匡溪历史[J]. 建筑师,2002(10):92.
[14] 胡恒. 观念的意义——里伯斯金在匡溪的几个教学案例[J]. 建筑师,2005(6):65 - 76.
[15] 陈洁萍. 斯蒂文·霍尔建筑思想与作品研究[D]. 南京:东南大学,2003:19,24.
[16] 禹食. 美国建筑师斯蒂文·霍尔[J]. 世界建筑,1993(3):54 - 60.
[17] Holl S. Anchoring[M]. New York: Princeton Architectural Press, 1989: 9.
[18] Holl S, Pallasmaa J, Pérez-Gómez A. Questions of perception: phenomenology of architecture [M]. San Francisco: William Stout Publishers, 1994.
[19] Holl S. Intertwining[M]. New York: Princeton Architectural Press, 1996: 11.
[20] 叶叔华. 中国大百科全书·天文学卷[M]. 北京:中国大百科全书出版社,1980:326 - 327.
[21] Holl S. Parallax[M]. New York: Princeton Architectural Press, 2000: 19 - 20, 38.
[22] 沈克宁. 建筑现象学[M]. 北京:中国建筑工业出版社,2008:62.
[23] 肯尼斯·弗兰普顿. 沙里宁之后的匡溪——根植于日臻完美的现代主义根源的偶像学院[J]. 世界建筑,2002(4):75.
[24] 陈洁萍. 一种叙事的建筑——斯蒂文·霍尔[J]. 建筑师,2004(111):90.
[25] 方海. 北极圈内的建筑杰作——建筑大师帕拉斯玛对传统民居的现代诠释[J]. 华中建筑,2004(6): 21 - 28.
[26] Pallasmaa J. The eyes of the skin: architecture and the senses[M]. Chichester: John Wiley & Sons, Ltd., 2005: 11, 30, 40 - 42, 44, 46.
[27] Harvey D. The condition of postmodernity[M]. Cambridge: Blackwell, 1992: 58.
[28] 沈克宁. 建筑现象学初议——从胡塞尔和梅罗-庞蒂谈起[J]. 建筑学报,1998(12):44 - 47.
[29] Bloomer K C, Moore C W. Body, memory and architecture[M]. New Haven and London: Yale University Press, 1997: 33.
[30] 方海. 感官性极少主义[M]. 北京:中国建筑工业出版社,2002: 11,46.
[31] 曲静. 上帝也在细部之中——意大利建筑师卡洛·斯卡帕建筑思想解析[J]. 建筑师,2007(2): 32 - 37.
[32] Nesbitt K, et al. Theorising a new agenda for architecture: an anthology of architectural theory 1965—1995[M]. New York: Princeton Architectural Press, 1996: 506.
[33] Davidson C C. Anytime[M]. Cambridge: The MIT Press, 1999: 191.

5 后现代身体在建筑中的隐喻

5.1 身体的后现代更新之源

“后现代”并不是一个简单的风格，而是在多元化时期对其内涵的包容。文学批评家特里·伊格尔顿试图这样描述后现代主义：

后现代标志着“元叙事”的死亡，元叙事隐秘的恐怖主义的功能是要为一种“普遍的”人类历史的幻觉奠定基础并提供合法性。我们现在正处于从现代性的噩梦以及它的操控理性和对总体性的崇拜中苏醒过来、进入后现代松散的多元论的过程之中，一系列异质的生活方式和语言游戏已经抛弃了把自身总体化与合法化的怀旧冲动……科学和哲学必须抛弃自己宏大的形而上学的主张，更加谦恭地把自身堪称只不过是另一套叙事。[1]

相较于一般被看成是实证主义的、技术中心论的、理性主义的、普遍性的现代主义而言，后现代主义更多地将特权赋予了“异质性和差异，它们是重新界定文化话语的解放力量”。分裂、不确定性，对一切普遍的或“总体化的”话语的强烈不信任，成了后现代主义思想的标志。“身体”正是在这样的环境下重新被带入到哲学话语中。

5.1.1 尼采、福柯与德勒兹的身体解读

身体经过柏拉图的诋毁、中世纪的压抑和启蒙运动的彻底漠视之后，真正被带到明显的位置上，则是从“疯子”尼采(Friedrich W. Nietzsche)开始。

尼采之所以宣称上帝已死，其意指的是基督教关于上帝的天国的理想已经破灭。他宣称只有过一个基督徒，而这个人早已死在十字架上[2]。因此，他要我们远离那个使身体孱弱的天国理想世界。尼采狂妄地对照圣经文体而捏造了查拉斯图特拉的神话，用他的口来颠覆了长久以来基督教神学体系下的价值系统，透过查拉斯图特拉的口要我们成为超人，在此的超人并非指某个历史上的伟大超凡人物，而意指未来的新物种。他真正的目的并非仅是针对着宗教的反叛，而更是对于理性主义、人性论、社会契约论与资本主义社会价值体系的强力反扑。透过尼采一波一波的强力格言，掀起了有史以来对抗笛卡尔哲学的最高浪潮。这是身体回到西方知识系统的序曲，对照着一贯以灵魂为中心的意识哲学，尼采甚至强烈地回应：一切从身体出发，并以身体为准绳。随着身心二元论正式地崩溃了，人们的认识应渐渐回到身心一体的思考面上。

尼采是第一个将身体提升到哲学显著地位的哲学家，其后更直接地影响了福柯与德勒兹两位重要的哲学家。福柯延续了尼采的系谱学概念，进一步通过系谱来对抗历史。系谱学的目的就是要瓦解哲学家不断企图保持的同一性[3]。福柯认为身体是来源的住所，历史事件纷纷展示在身体上，它们的冲突和对抗都铭写在身体上，可以在身体上面发现过去事件的烙印，即身体是出发点，也是归宿之处。这表明，身体是研究“来源”的系谱

学的一个重要对象。如同福柯对于惩罚史的研究，他发现惩罚总是涉及身体，不论是血腥的惩罚或是“仁慈的”惩罚。惩罚的对象总是身体，而身体则相应地刻写了惩罚的痕迹[4]。经由身体的可利用性与可驯服性，成就了某种政治、经济、权力更进一步来对身体进行征服、塑造与训练。福柯关注的正是这种“身体政治（body politics）”。也就是说，将惩罚技术置于身体政治的历史中，其获得的结论是：惩罚和监狱属于涉及身体的政治技术学。尼采从身体的角度衡量世界，而福柯则是想通过身体来展示世界。二者都将身体置于一个显著的位置，都将身体作为世界的出发点。不同的是，对尼采而言，身体是主动而积极地对世界的评估和测量；而福柯的身体则是被动而驯服地对世界的铭写。

不同于福柯将身体视为社会与权力建构下的产物，吉尔・德勒兹的身体没有受到权力的牵挂，它是主动的并且受欲望之流驱使。在德勒兹这里，身体永远在生产、逃逸、冲破与连接，他借用这种身体来进行“去疆域化（deterritorialization）”的实践。他认为，身体和力是一体的，它不是力的表现形式、场所、媒介或战场，而就是力本身，是力和力的冲突本身，是竞技的力的关系本身。界定身体的正是这种支配力和被支配力之间的关系，每一种力的关系都构成一个身体——无论是化学的、生物的、社会的还是政治的身体。任何两种不平衡的力，只要形成关系，就构成一个身体。[5]因此，身体总是偶然的结果，它为力所驱使着，并且就是力的差异关系。德勒兹式的身体没有羁绊与组织，因而可以反复地重组，“没有器官的身体（body without organs）”不是一个身体形象，而是一个分解和重组的身体过程，就像是一种成形和变形的身体过程[5]，如同“地下茎（rhizome）”般地四处渗透和延伸。德勒兹和尼采一样，将身体视作是力的能量。尼采式的身体具有自我充实的权力意志，而德勒兹则将其改造成为欲望机器。也就是说，德勒兹的欲望概念来自于尼采的身体和权力意志概念。德勒兹认为资本主义是对欲望的再编码，也就是对欲望的“疆域化（territorialization）”。而就如同尼采为了回应资本主义而主张的上帝已死，德勒兹透过没有器官的身体企图对其进行去疆域化。德勒兹的欲望同尼采的力一样，没有主体，没有作用对象。德勒兹的身体摆脱了组织，同时也解放了社会性的关联，进而成为一种无羁绊又自由、放任且破碎的身体。在尼采的身体中，力与力发生关系，力永远是关系中的力。同样，德勒兹身体中，欲望只和欲望连接，向别的欲望流动，欲望的唯一的客观性就是流动。力创造了世界，欲望也产生了社会现实。力和欲望正是通过身体达成了连接关系和等式关系。同尼采相似，德勒兹的身体基本上也是一股活跃的升腾的积极性的生产力量，是一部永不停歇的生产机器。德勒兹的身体一元论，就是欲望，这个一元论，从来没有将意识纳入自己的视野。

显然，身体跳出了意识长期以来对它的操纵和摆布圈套，跳出了那个漫长的二元叙事传统，它不是取代或颠倒了意识，而是根本就漠视意识，甩掉了意识，进而成为主动的而且是唯一的解释性力量：身体完全可以自我做主了。

5.1.2 身体“是”一种文本

尼采的哲学，由于巴塔耶和德勒兹的先后解读，在法国拥有大批的信徒。这两种解读的共同之处就是对主体哲学的批判，因为尼采的身体发现，主体（意识）哲学在20世纪50年代之后的法国成为结构主义和后结构主义不倦的摧毁对象。如果说，结构主义和后结构主义有一个共同主旨的话，那么，毫无疑问，这就是对主体思想的拒绝。

罗兰·巴特(Roland Barthes)从阅读的角度将身体提到了一个至关重要的地位。他富有想象力地将身体引进了阅读中，在他这里，文本字里行间埋藏的不是“意义”，而是“快感”，阅读不再是人和人之间的“精神”交流，而是身体和身体之间的色情游戏。长期以来，阅读被看作是认知和“意识”大显身手的地方，是知识的最具体的实践形式，是粗蛮的身体力所不逮之处。但是，罗兰·巴特甩掉了这个知识神话，将认知毅然决然地抛弃在脑后，阅读变成了身体行为，快感的生产行为。身体快速地冲毁了意识的地盘，牢牢地占据着书本的消费位置。罗兰·巴特前所未有地将个人放在阅读的核心位置，个人读者能够凭着自己的趣味对文本进行独树一帜的逆向生产，这显然突出了个人身体的特有禀赋，这里从不要求集体性的交流和共鸣，而只是表达解读者的无目的的欢乐和趣味。趣味总是身体性的，这里，尼采的回声时时在振荡：哲学就是医学或者生理学。[6]

借用德勒兹的话语，这里的“是”并非等同的符号。“是”成为联系的动词，是变向，是从理性现代主义到后现代主义欲望的变向论述。在现代主义的讨论中，身体与心灵被视为各自分离的两个主体，并着重于对于心灵的探求。而进入后现代之后，由于符号、影像与拟像的增殖伴随着大众媒体的崛起，已经迫使理论重新进行对于身体的概念化，以及身体与文化之间关系的再概念化[7]。换而言之，随着影像与符号的生产过剩所带来的意义耗尽，身体重新回到文化论述的舞台之中。相较于现代主义中，将身体视为物质的、功能的身体，当代则倾向于强调身体论述的与文化的方面。身体逐渐变成文化理论面对机械、人文主义与其他以系统为基础的理论的核心问题。因此，身体开始被理解为再现于文化中，被描述的、建构的或者被赋予且具有意义的身体[7]。而身体在当代文化论述中开始被视为一种文本，因为身体可能以文本形式(电影、杂志、广告、电视节目)被理解并进行解读。在这样的后现代的文化论述中，身体成为对抗“宏大叙事(the great narrative)”系统理论的工具，而同时，身体成为自身的文本。

辛迪·舍曼(Cindy Sherman)的摄影成为这个文本的最好诠释。舍曼被认为是后现代运动中的一位重要人物。她的摄影艺术把自己当作多重伪装的主题。这些照片描绘了表面上不同的、来自各界的妇女们。这些穿着不同装束的同一个女人的照片，形态各异，或狂喜，或惊恐(图5-1，图5-2)。只有目录告诉你：这位女人就是艺术家本人。[1]

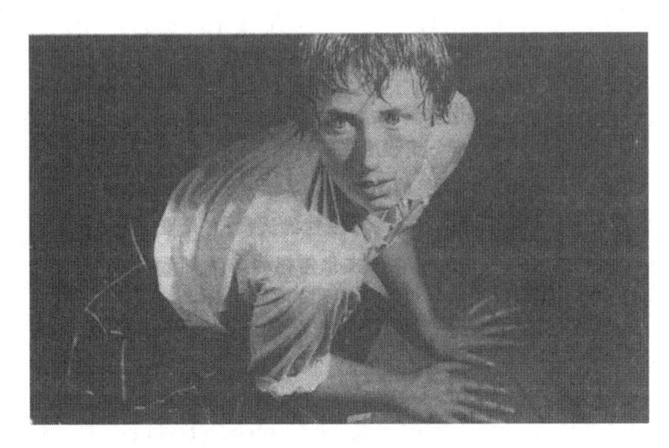

图5-1 《无题》第92号

图5-2 《无题》第119号

5.1.3 人文主义体现的结束

身体通过尼采、福柯与德勒兹的解读，古典主义的身体传统已经死亡，在这种死亡以来，维德勒观察出身体在建筑中逐渐退却，这导致了“作为建筑权威基础——身体——的丧失”的结果。

其他拒绝人类中心说的一些理论家，正在寻求建立对身体与物质的客观世界之间关系的后结构主义理解。反对内在化(interiority)(主体的精神状态)的投射的概念，是后结构主义对人在内部假设的宇宙中的中心性地位的挑战。人文主义者关于人类通过投射自身身体的图像来创造世界的秩序的这种观点被福柯的外在性(exteriority)观点所倒转。这种外在性是指决定人类的制度或风俗习惯的外在世界，内在性的投射就这样轰然倒塌。

除了现象学之外，还存在几种不同的对待现代主义对身体处理方式的后现代反应。

首先，格雷夫斯(Michael Graves)的历史主义的作品批评了由人类中心说的人文主义思想的结束导致的意义的丧失。他说，人类在现代主义连续不断的空间中感觉不到是位于中心，甚至在起模范作用的作品中，像巴塞罗那展览馆，这座建筑中，像地板、天花板、墙和窗户这些元素并没有明显地区分。格雷夫斯认为：

现代运动很大程度上是基于技术的表达——内在语言——和控制其建造形式的机械的隐喻。在它对人类或以前建筑的神人同形同性论的排斥中，现代运动逐渐破坏了这种诗意的形式，以有利于非形象化的、抽象的几何学。[8]

建筑的诗意语言的作用是在环境中提供方向。在这种诗意的语言缺席的状态下，“非形象化的建筑这种逐渐累积的效果就是肢解了我们以前的建筑的文化语言”。格雷夫斯的建筑目标是通过使用有意义的古典图案再提出这种神人同形同性，这种古典主义图案和标志象征了人类与自然和风俗习惯的关系。

其次，维德勒对身体问题的贡献是对离奇的研究。他指出这种离奇的体验，是个人心理状态体现“取消现实和非现实的界线来唤起扰人的含糊”的投射。[8]作为一个批判的工具，维德勒认为这种离奇集中体现在神人同形同性、性别和他者(the Other)上。神人同形同性在建筑中的具体体现导致了一种缺席的呈现，这种缺席导致了离奇的感觉。[8]

罗伯特·麦可安蒂(Robert MacAnulty)在文章《身体麻烦》(*Body Troubles*)中列举了他们最近关于控制(order)我们身体的因素，像家庭生活习惯的空间结构和社会风俗的理论调查。他写道：“在这儿，我们再一次面临着一种空间模式，在这种空间中，身体的重要性并不是作为一种可模仿的投影的人物形象的来源，而是作为权力(power)铭刻的场地。”[8]麦可安蒂在这种批判工作的基础上，建议身体在“空间的、铭刻的、性别的术语”中的再形成来替代“形象的、体现的和万物有灵论的”现象学术语。

5.2 规训的身体与权力空间

米歇尔·福柯在《规训与惩罚》一书中，探索了他所关注的权力是如何教化于身体、个体与道德规范的发展的主题，权力-知识-空间三者是如何辩证地连接。福柯所指的权力不仅仅是指国家、专政机构等的权力，而更多的是指策略、机制、技术、经济以及知识与理性所造成的权力，也即是塑造人的"规训权力"。空间就是权力、知识等论述转化为实际权力的关系的地方。最主要的知识是指美学的、建筑专业和规划科学的知识。但是福柯认为，建筑学及其理论，从来都不是一个单独可以分析的领域，它总是与经济、政治和制度交织在一起，而建筑在此，就仅仅成为权力运作以及利益的一部分。所以，建筑学就成为福柯为我们揭示权力空间如何运作的最佳例证。"建筑自18世纪末以来，逐渐涉入人口问题、健康与城市问题中。……（它）变成了为达成经济-政治目标所使用空间配置的问题。"[9]

5.2.1 权力机制与驯顺的肉体

福柯认为人体在任何一个社会里都受到极其严厉的权力的控制，这些权力强加于人体上各种压力、限制或义务。古典时代的人就发现人体是权力的对象和目标。拉美特利(La Mettrie)的《人是机器》的中心观念就是"驯顺性"。该书将可解剖的肉体与可操纵的肉体结合起来，认为肉体是驯顺的，是可以驾驭、使用、改造和改善的，这种将人比喻为机器不仅仅是一种对有机体的比喻，同时也认为人体是一种政治玩偶，是权力所摆布的缩微模型。[10]在18世纪之中，这种权力控制存在了一些新的因素。首先是控制的范围，权力已经不再把人体当作一个整体来对待，而是分别从机制上——运动、姿势、态度、速度——来掌握它。这是一种支配人体的微分权力。其次是控制的对象，这种对象不是人体，而是机制、运动效能、运动的内在组织，是对各种力量的控制。最后是控制的模式，这种模式是一种不间断的、持续的强制。这些方法控制了人体的运作，不断地征服人体的各种力量，并强加给这些力量一种驯顺-功利关系。这些方法福柯将其称作为是"纪律"。[10]这些方法早已在世，如在修道院、军队、工场等。但是在17和18世纪，纪律则变成了一般的支配方式。这种支配方式是要建立一种关系，要通过这种机制本身来使人体在变得更有用时也变得更顺从，或者因更顺从而变得更有用，这逐渐形成了强制人体的政策，一种对人体的各种因素、姿势和行为的精心操纵。这样就诞生了"政治解剖学"，也是"权力力学"，它是一种探究人体、打碎人体并重新编排的权力机制。同时这种纪律也制造出"驯顺的"肉体。

福柯在《规训与惩罚》中阐释了现代社会存在的新型的权力-知识的制度观念：权力产生于知识，通过知识改变服从于它的人，而塑造适合权力使用的"驯服的肉体"成为新型权利统治的目的。这样的权力关系渗透于社会的一切制度化网络中，监狱、医院、精神病院、学校等均是这种制度发挥作用的场所。

福柯所研究的这种的"制度化"对身体的规训是无时无刻，并且潜移默化的。而人们在适应某种制度之后的惯性也超乎想象。在电影《肖申克的救赎》中，囚徒布鲁克斯在肖申克监狱关押50年后，被假释出狱，然而监狱50年的制度生活深深地烙印在老布鲁克斯的身体上，他对外面的世界感到惶恐、无所适从，一个自由的人却时时刻刻想重新回到监狱中，并最终放弃了自己的生命。

5.2.2 纪律的技术与对肉体的操练

纪律通过对人的空间的分配来实现对人的控制。因此，纪律需要一些技术：首先，它需要一个自我封闭的场所，可以贯彻纪律的实施；其次，纪律能够在这个相对封闭的空间中组织一个解析的空间，它能够将空间中的不同的个体组织化，使它们在一个关系网络中分布和流动，这样系列空间的组织，使纪律创造了既是建筑学上的，又具有实用功能的等级空间体系。“这种空间既提供了固定的位置，又允许循环流动。它们划分出各个部分，建立起运作联系。……它们既确保了每个人的顺从，又保证了一种时间和姿态的更佳使用。”因此，纪律的运作“把无益或有害的乌合之众变成有秩序的多元体”[10]。纪律不再仅仅是一种分散肉体，从肉体中榨取时间和积累时间的艺术，而是把单个力量组织起来，以获得高效率的机制。

这种对肉体的规训通过对肉体的“操练”来进行，操练是人们把任务强加给肉体的技术，它以连续性和强制性的形式不断地发展。一些军事的、严格的规训都算是某种操练。随着经济的发展和资本的运作，这种操练逐渐变成了有关肉体和时间的政治技术中的一个因素，它追求了对肉体永无止境的征服，这种征服的结果旨在产生一种新的肉体：“这是一种操练的肉体，而不是理论物理学的肉体，是一种被权威操纵的肉体，而不是洋溢着动物精神的肉体，是一种受到有益训练的肉体，而不是理性机器的肉体。”“这种肉体可以接纳特定的，具有特殊的秩序、步骤、内在条件和结构因素的操作。”[10]这是一种力求接近标准化的身体，正是这种被赋予了知识形式的肉体，才使其一系列自然要求和功能限制开始显现出来。

5.2.3 权力空间与全景敞视建筑的形式

在纪律的技术中，空间的内部组织依赖于正常单元基本区相隔的原理：彼此隔离，但是又彼此处于一个有等级的网络中，存在于每一个单元空间中的个体，可以被安置、认知、转化与监视，单位空间彼此地联系，便于组织管理。在这一系列的对空间的组织和个体的操练中，就产生了一种权力空间，空间充当了重要的媒介，甚至成为权力作用的物质形式，这种可以与建筑学密切相关的物质空间形式受到广泛的引用和探讨。有纪律的空间的成功，有赖于对一个明确的“结构性”组织的符号化，这种对空间组织的描述，令人想到法国结构主义式的空间概念。[9]

全景敞视建筑（panopticon）是边沁（Jeremy Bentham）[1] 辐射状规划结构的建筑建议，现在已经成为由建筑来实行权力集中化的名例。福柯在研究 18 世纪的医院与监狱建筑改革的同时，参观了边沁 1787 年的设计，并将其作为在有纪律的社会中，空间、权力和知识交织的典范性例证。圆形监狱成为权力运作的典型的呈现，是权力机制化的反映。

全景敞视建筑也可单纯地看作是对完美社会的个人微小的构思或虚幻的建议，它影响了许多不同性质的建筑物，如 19 世纪初美国监狱设计就是由边沁的模型借来的，最著名的是伊利诺伊州立监狱（Illinois State Penitentiary），其内部为圆形牢房。全景敞视建筑的特点是抽象图示化与极端具体应用的混合，是一种具有弹性的设计模型。

全景敞视建筑（图 5－3），四周是一个环形建筑，中心是一座瞭望塔（图 5－4）。瞭望塔有一圈大窗户，对着环形建筑。环形建筑被分成许多小囚室，每个囚室都贯穿建筑物的横切面。各囚室都有两个窗户：一个对着里面，与塔的窗户相对；另一个对着外面，能使光亮从囚室的一端照着另一段。然后，在中心瞭望塔安排一名监督者，在每个囚室里关进一个罪犯或病人。通过逆光效果，人们就可以从瞭望塔的与光源相反的角度，来观察四周囚

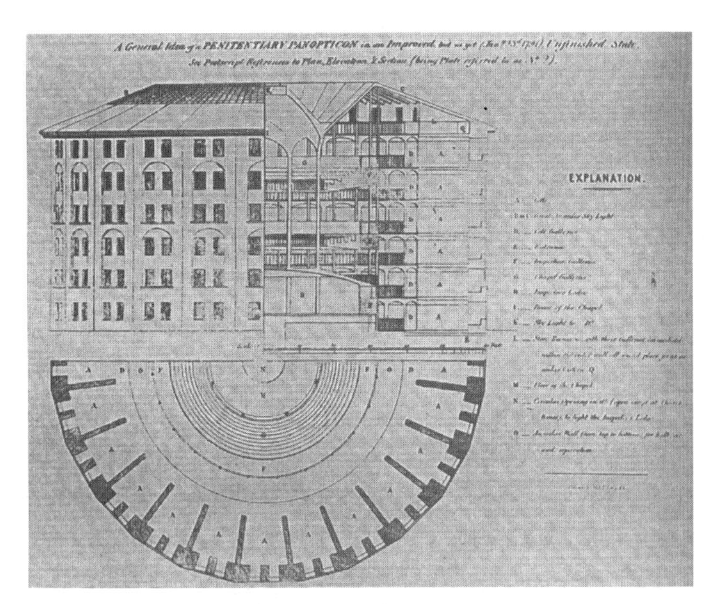

图 5-3　全景敞视监狱平面图

图 5-4　20 世纪美国斯泰茨维尔教养院内景

室里被囚禁者的小人影。这种敞视建筑机制在安排空间单位时，就可以被随时观看和一眼辨认。[10]被监禁者被从任何方式的接触中隔离出来，而且被单独地受到监视。这种无形的权力机制是持续的、有纪律的，并且隐性的存在。只要某人站在中心瞭望塔中，这种权力机制就发挥了其效用。这种全景敞视建筑可监管囚犯、精神病人、工人、学生或者家庭主妇。这种机制使权力自动化和非个体化，权力不再体现在某个人的身上，而是体现在对于肉体、表面、光线、目光的某种统一分配上，体现在一种安排上。这种安排的内在机制能够产生制约每个人的关系。这种建筑模型的完美在于无论监视者是否存在，这个权力机器仍然有效地运作，因为被监视者因为光线和角度的原因，是不能注意到是否有监视者的存在，这样他就无法确定自己是否被监视，这种监视已经超越了视觉的监视，而是一种机制对人的身体的各种控制，使得这种权力机制有效运行。

对福柯而言，全景敞视建筑不是权力的象征，它仅仅是使权力机制完美运行的一种技术。当这种建筑模型影响到其他制度时，如监狱、学校、医院和精神病院，就表现出西方社会的这种处理纪律、惩罚和监视的特征。福柯对全景敞视建筑的研究一方面揭示了权力空间的客观存在，同时，也将建筑学、空间与制度、权力联系起来，为建筑空间提供了另一种的解读方式。从福柯的角度出发，这种近乎极端的方式所揭示的这种权力运行的方式可以存在于任何的场所，特别是在某些城市空间中。

5.2.4 身体的反“规范”

权力空间以不同的形式出现在各种场所中，但均体现了福柯所描述的“个体规范化”的权力策略。17 世纪笛卡尔认为身体是一部机器[2]，影响了大多数的哲学以及建筑学上的思考。“身体是一部机器”认为肉体是一些比较有效率运作循环的零组件相互拼凑结合在一起的集合体。这种身体被作为可以操作的客体。而福柯所思考的是这种带着自我精神的身体如何在权力机制的运作下，变成了日趋“规范”的身体，这种规范（norm）的力量一直贯穿在纪律之中。身体成为各种力的载体，成为能实施具体操作的灵敏身体，身体之间有着各自的秩序阶段，彼此在社会的空间中相互联系，构成一个有等级、有层次的网络，同时也不断变化而成为日臻完美的统一的整体。福柯认为标准化的训练并不与身体原来的自然状态相冲突，而是顺应着身体进行更加细微的诱发、引导和加强，并非是一种强迫手段而呈现的结果。福柯采用“标准化”是指对身体的观察、排列和干涉的方式，来对身体进行“均质化”。这种身体在自身受到权力控制的同时，也被权力挖掘了自身的潜力，不再仅仅是笛卡尔的客体，而成为承载权力运作的载体。那么，这种权力机制相对于身体而言是良性，还是规制了身体的本性这一问题一直受到探讨。

福柯所探讨的成为某种制度运作的空间起作用，不再是容纳与象征，而完全与规训权力联系起来，这种可以控制身体、约束行为的空间，在对建筑空间的理解与组织都有着独特的视角。20 世纪六七十年代，福柯与德里达、巴特等人从不同角度来质疑结构主义的观念和方法，成为后结构主义及解构主义的代表人物。

5.3 失根的身体与游牧的城市

5.3.1 “异托邦”

“城市”形象和“乌托邦”形象长久以来一直纠缠在一起。在它们早期的化身中，乌托邦通常被赋予一种独特的城市形态，大多数被称为城市规划的东西很大程度上受到了乌托邦思维模式的影响。犹太教和基督教所共有的传统，就是把天堂定义为一个与众不同的地方，古典主义将基督的身体投射在人类的城市中，也是希望建立一个天堂之城、上帝之城、永恒之城这样的乌托邦，但是粗鄙的日常生活实践和话语影响着城市生活，把它们从对良好生活和城市形态充满感情和信仰的宏大比喻意义中清理出来是很困难的，因为，古典的身体已经在资本运作的城市中被终结了。

城市是一个矛盾的场所。一方面，居民试图把城市定义为一种远离战争的避难所和栖居的地方，在这种表达中，“城市（city）”和“公民身份（citizenship）”巧妙地结合在一起。另一方面，城市又是焦虑和混乱的场所。它是移民、下层阶级的地方，是一个居住着“他者（移民、同性恋、精神病、种族上有明显标志的人）”的地方，这是一个被污染（物质污染和精神污染）并发生可怕堕落的地带，是需要封闭和控制的地方，它将“城市”和“公民”变成了对立面。

这种正反形象的两极化有着它自己的地理因素，因为城市的产生就会伴随着城市边缘的出现。定义城市边缘是很困难的，比如以前的乡村现在逐渐变成了市郊，这样，在城市和乡村之间的某些真空的部分更加明显。城市扩张的现象在许多区域中都有发生，特别是发展中国家，比如中国。但是这些区域之间的联系是薄弱的，并且伴随着其他的因素。比如：城市中废弃与变动的部分，使得伴随着城市扩张产生一种新的弃绝状况，在许多废弃和无人居住的建筑物中，混杂着许多城市边缘人，他们居住在弃置的房屋中，简单而混乱地生活着。从既有城市所废弃的物质与空间生长出来的城市，颠覆了废弃物的本性，使得这些区域不再空虚，并且成为城市动态发展中的新的景象。这种场景模糊了城市与非城市的边界，一个新的临界点出现在城市中，使得城市本身成为一个全新的领域。在那里，实际上的距离并不重要，因为要以不同的尺度去区分它们是困难并且是没有意义的。

相较于这种新出现的郊区结构，传统的设计工具与设计方法在能力和认知力上都力所未及，这需要对设计语言进行根本的革新。与其忽略这样的城市状态，不如好好地探索它。奥格（Auge）所提出的比较入世的“非场所（Non-Place）”与福柯所提出的比较避世的“反场所（Counterplace）”或者是“异托邦（Heterotopia）”等对于现况疆域残缺的定义，唤起了我们对西方变革中的社会与工业，所导致复杂与动态都市现象的关注，比如工业区与历史中心的混杂与重组。

福柯在 1966 年出版的《物的秩序》一书中首次提到了“异托邦”这个术语来描述那种不和谐、那种“高深莫测的多样性”以及语言本身能够产生的基本的混乱。福柯运用它来逃避那个限制人们想象力的规范和结构的社会，而且通过对空间历史的研究以及对其异质性的理解来确认差异、变化和“他者”可能活跃于或真正被构造于其中的空间。哈瑟林顿（Hetherington）把这个概念概述为：“（它是）多个交替秩序的空间。异托邦以一种不同于周边的方式组织着一个社会世界。交替秩序把那个世界界定为他者并允许它们被当作是一种可参考的选择性做事方式……因此，异托邦揭示社会秩序的过程只是一个过程而不是一个物。”[11]

异托邦的表达加强了共时性这种概念，突出了选择、多样性和差异。福柯的异托邦空间中还包含了租入墓地、殖民地、妓院和监狱这些空间，它使我们能够把城市空间中发生的多种异常和越轨行为及政治活动看作是对某种权力的有效且具有潜在意义的重新主张，它要求以不同的形象来塑造城市，它让我们承认拥有可以体验不同生活的空间。

这些城市必须面对这些突然而来的变化，多样性、差异、不安定充斥着城市，曾经理想的和作为量度的维特鲁威的身体，被完全肢解为碎片，化为德勒兹的“力”。

5.3.2 身体的失根与流动

“失根”，确切地说，指的是身体不再作为是一种微观世界，也不再作为是万事万物的量度，身体成为德勒兹的“欲望”，成为一种相互纠结的“力”。在德勒兹那里，身体摆脱了组织，同时也解放了社会性的关联，进而成为无羁绊又自由、放任且流动的身体。

20 世纪 60 年代，欧洲兴起了“激进建筑(Radical Architecture)”的运动，旨在透过理念与艺术创作，超越建筑原有的尺度与规范，这些建筑激进派包括“建筑电讯派(Archigram)”“超级工作室(Superstudio)”“豪斯-鲁克(Haus-Rucker-Co)”“建筑伸缩派(Archizoom)”，他们所进行的项目，小到私人住宅，大到城市设计，建筑在此已不再是以建筑物体出现，而是以一种持续对环境的重组，来呼应时代动态的行为。

从 50 年代到 60 年代，欧洲建筑界开始探索“移动”的各种可能，随着居伊·德波[3](Guy Debord)的“巴黎精神地形学地图”和“建筑电讯派”的“即时城市(Instant City)”的出现，越来越多的建筑创作以“移动(mobility)”的观点来揭开序幕，呈现一个无常、游牧的乌托邦城市，随着不断发生的事件向前推进。

建筑史上曾经出现过一个小团体——建筑电讯派。1961 年彼得·库克(Peter Cook)把建筑电讯派解释成为一种格式比期刊更简捷的杂志，有如邮电与电报一样。之后为避免一再解释而将其分为两个单词 Architecture Telegram，这就是“建筑电讯派”。

但事实上，对照库克原有的解释，建筑图讯似乎是较为恰当的中译。图讯也呼应了他们主要的操作方式——图画。建筑电讯派因为一开始即对通俗文化保持着肯定的立场，这与早期现代运动的精英价值产生矛盾。因此，它被批为沉迷于科幻世界、背离现代运动务实的理想。但是正因为如此，建筑电讯派才能摆脱现代主义的道德教条，将建筑与城市的想象发挥到极致；也为强调一致性与普适性的现代运动，打开另一条更具包容性的多元道路。他们强调情境的重要性，“它关系到环境的变化与生活城市脉络里的活动，赋予已定义领域特质，‘情境’是市区空间中的事件。瞬间抛弃式的物体和汽车与人的瞬间存在，都与空间的构筑界限一样重要，甚至更为重要。情境可能由单一个体、团体和群众，以及其特殊的目的、运动与方向所引起。情境可能是交通——交通的速度、方向及类别。情境可能因为气候与日夜时间的变化而产生。这类时间、运动、情境之类的事情在决定我们对于城市的具象化与现实化的整体未来看法时十分重要”[12]。

建筑电讯派所带给我们最大的震撼即是他们只生产讯息，只透过图像的讯息，而非真实构筑过程的建筑物来打动人，正如雷纳·班汉姆(Reyner Banham)[4] 所说：“具有启示意义的建筑，不见得真的是建筑物。”

如果要把建筑也当作一种沟通的媒介的话，建筑电讯派非常巧妙地运用手工绘制的图像手段，把建筑议题的焦点由建筑体本身转注到城市环境与人类生活方式上，他们也让我们更懂得能借由非实体的事件，而不只是单依赖实体的物件，来探讨建筑并与社会维持一种同步变化调整性。

事实上，他们对建筑的观念就是“拒绝永久性”，他们认为出于对新知识的好奇与渴望，僵化的人类的生活环境应该转变为可移动的，似乎可以又回到最早的游牧社会。所以彼得·库克的“插入式城市(Plug-in-City)”代表可组装的概念，也就是，建筑元素可以被拆解与任意组合。还有伦·赫隆(Ron Herron)1964年设想的巨型结构"行走的城市(Walking City)",建筑体可以凭借可伸缩的脚移动与缓冲器滑动前进(图5-5)。"建筑电讯派"的建筑概念超越出了简单的建筑物的概念,将冰冷的混凝土盒子变成为敏感的、弹性的与可变动的结构体。这些建筑理念有时会借助类似动物形态的造型,借助于对生物体的模仿与再现,来探索生物与环境之间的沟通以及对环境动态多变性的适应。

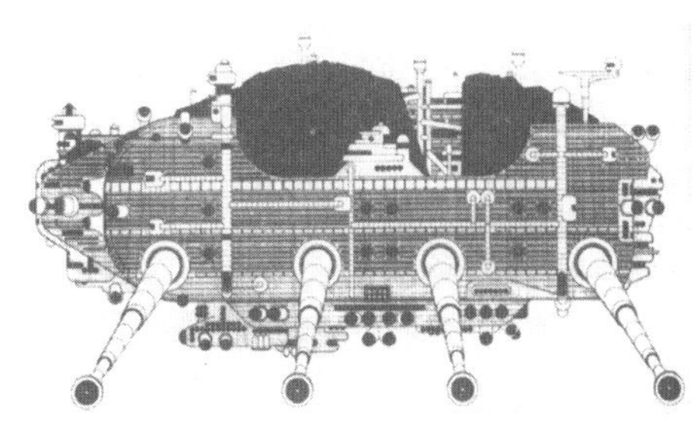

图5-5 行走的城市

5.3.3 游牧的乌托邦城市

面对这样充满瞬时性、不安定,矛盾与异质并列的都市,建筑设计也开始显现出不可测量的特性,开始展现出非中心的想法(非秩序、非层级、无法辨识),和不清晰与模糊朦胧的方式。这些计划都表现在建筑师的乌托邦设想中。

建筑电讯派的技术性与大型结构所显示的张力,寻求适应这种都市环境的建筑。他们的设计案例犹如破坏性强大的战争机器,以他们不停止的机械式游牧特性,使得建筑迈向一个革命性的概念,促使地景与建筑共处地如不安定、可变形的新形态得以发现。

同时科技的复杂与可变的弹性颠覆了传统将土地当成平地的概念,发现了多层、可折叠与土地密度的特性,丰富的形态为建筑的造型注入了新的血液与生命。

这样的演变,最明显地出现在彼得·库克的绘画与写作之中(图5-6,图5-7)。他

图5-6 逃亡西柏林之路1

图5-7 逃亡西柏林之路2

后期的设计揭示了层级分明的巨型都市结构体的瓦解，在这里，建筑在地景上不再游走与移动，而是融入于地景，库克称之为“溶解中的建筑(Melting Architecture)”。

自然的元素——石块与草木、植被之类的材料部分成为残垣断壁，也更为不安定的混杂状态注入活力，自然与人工相互混合、结合、交叉和纠缠形成一个几何上未定义的“朦胧地景(Jagged Landscape)”，这个地景无法被控制，而且被不可思议的神秘外力渗透其中。

都市艺术研究领域的实验室“潜行者(Stalker)”，在比较罗马的城市结构与银河系星云的碎形(Fractal)结构后，提出一个对新城市的设计构想。“潜行者”所发展的系统需要数天的模拟绘制出碎形城市(Fractal City)的城市漫游图，当我们在这个系统穿透的空隙中游走，我们可以穿越它所定义出来的“当前地域(Current Territory)”：在这里城市将被定义成一种变换的程序，透过维度、控制与规范，“边界”则转变成另类的意义，这在他们的作品“协调的大地(Territori Attuali)”中有所表达(图5-8)。

图5-8 协调的大地

维也纳的建筑团体豪斯-鲁克小组(Haus Rucker-Co)与蓝天组(Coop Himmelblau)经常使用科技设备来探索他们的空间设计，这两个建筑团体擅长以神秘的身体内部构造及身体器官的组织与形式，为他们建筑设计的灵感源泉如豪斯-鲁克小组1967年“心灵扩张机一号”(图5-9)和蓝天组1969年设计的“心室”(图5-10)。

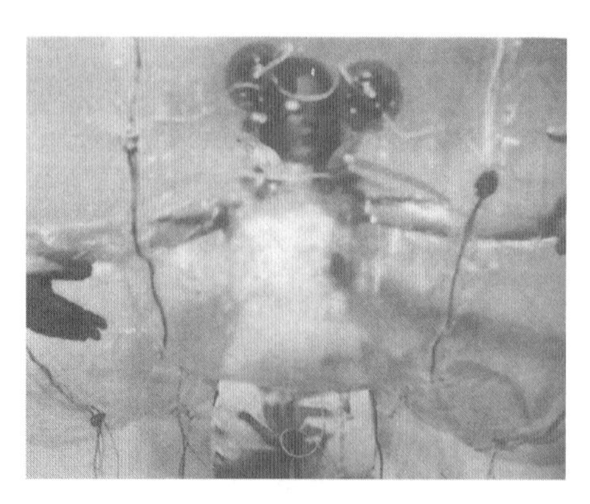

图5-9 《心灵扩张机一号》

图5-10 《心室》

在建筑电讯派的侵略性工具与库克的地景形态之间，利伯乌斯·伍兹[5](Lebbeus Woods)发现了另一种独特的建筑设计，如他在1991年所做的扎格拉布自由区(Zagreb Free Zone)的设想(图5-11)。伍兹的设计根据有争议性：建筑是战争的机器，被用来对抗权力、地心引力、时间与所有的事情。它是一种计划上无政府主义的建筑，一种为了解放阶级、解放所有的定论、解放所有具有决定性的形式与事实的这样的政治上的行为。这种行为使得建筑成为文化、社会与政治革命的工具。

图5-11 《扎格拉布自由区》

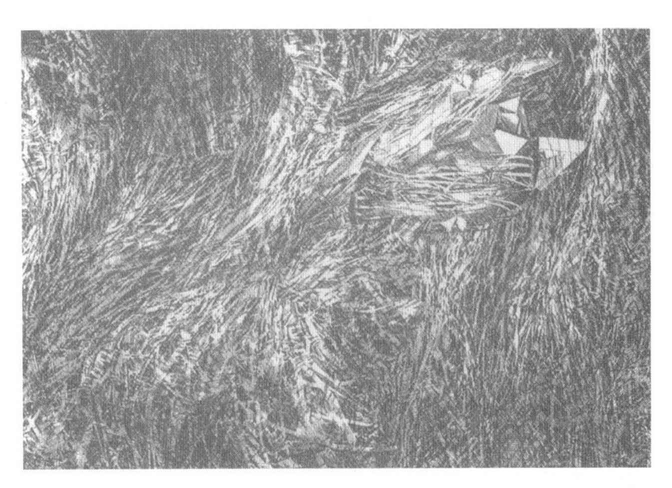

图5-12 《骚动的结构》

伍兹式的骚动填满了城市中空白的区域(图5-12)，如地下柏林、空中巴黎、独屋和柏林自由区。这些逃避现实的乌托邦世界凭借机械与科技来实现。

伍兹是在1993年提出"地下柏林"的方案的，在当时，柏林墙阻隔了穿越东西柏林的欲望，因此幻想在都市中废弃的地下建立社群。一个地下且未分割的柏林，可以逃离权力和控制，游走于不同层级的地下，躲避瞭望塔，摆脱了监管，而得到了自由。

"地下柏林"为柏林人提供了一种新的生活方式。他认为人们的生活目的、手段和方式与世界的物质和物理条件相联系，即地下一系列的物理力量，如地震力、引力，以及在地球内部互相作用的电磁力。他设想的生活方式试图对地下的物理条件做出回答。该方案的地下城市建筑是由薄膜金属制成的并采用很精妙的机械和材料加以分割。这些地下结构很像精密的机械仪器，这些仪器与地磁力的频率相协调。伍兹认为人们或许听不到甚至感受不到这些，但在思想层面和电磁现实中，人与地(宇宙)的和谐通过机械获得了。伍兹设计了一个由巨型球体空间组成的地下世界，这个球体空间为人们的"实验性"提供了场所。地下球体空间为人类实验性的生活提供了一系列错综复杂的金属平台，这些平台构成地下空间之间的市政联系，于是，"地下柏林"的建筑就成为居住者与世界建立起联系的机械(图5-13)[13]。

图 5-13 《地下柏林》

图 5-14 《空中巴黎》全景

1994 年,伍兹受邀为 21 世纪的巴黎提出设想方案,题目拟为“巴黎 建筑+乌托邦”。伍兹在谈起“空中巴黎”(图 5-14,图 5-15)时说“设计时自然想起上次在‘地下柏林’,我对这个方案的最后记忆是那些冲出地表飞向空中的建筑要素,它们飞向何方呢?就让它们飞向巴黎吧。我设计的这些飞行器将在巴黎上空聚集。对我来说柏林是个内部的室内空间,是地下的,内向和封闭和地表的世界。巴黎则是一个充满阳光、空气的城市,一个飘渺的轻质世界”[13]。

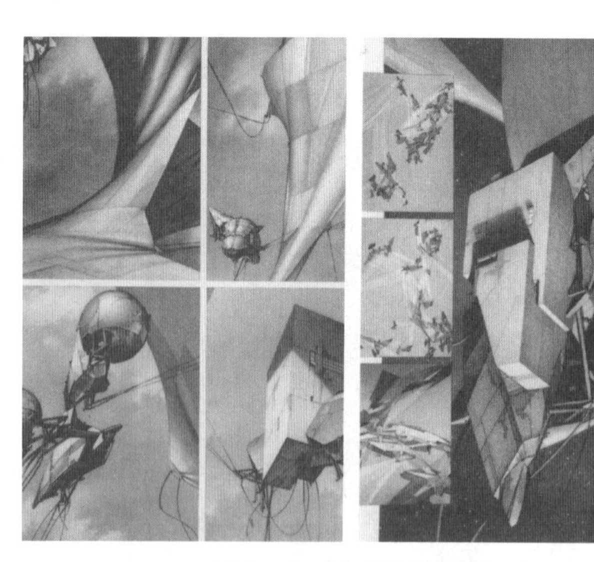

图 5-15 “空中巴黎”局部

他设想在巴黎上空组装那些由薄壳材料制成的机械片段和构件,并设想将它们结合在一起的构造手段，以及如何将这些部件悬浮在空中。首先，这些结构和部件与飞机不同，他们没有引擎，只是一种漂浮物。他使用“磁悬浮”的概念，设想这些空中悬浮结构是一个双磁体，它借用地球磁场来漂浮停留在空中。这样，“空中巴黎”由结合成为网状系统互相支撑的缆索结构系在埃菲尔铁塔上，就好像随风摇曳的空中结构，俯望着这个古老城市的深处。

无论是“地下柏林”还是“空中巴黎”，伍兹都设计了一个完全不同于现实社会的乌托邦世界。地下空间、天上世界，居住者如同游牧民族生活在类似帐篷的社团中，这群人能够适应不断变化的物理因素，如地下的引力或者空气的气流，伍兹认为这种社会与传统社会截然不同，它是没有传统秩序、结构、中心和等级的社会，这种社会中的人们具有充分的“实验性生活”的精神，具有不墨守成规的自由行动，对抗着法规与地心引力。这是在新技术条件下冒险的乌托邦世界。

伍兹的这些奇特的建筑构想，来源于他对现存建筑状态的批判。他认为建筑的现实令人感到悲哀和可怜。他认为目前西方建筑师实际上是现存社会政治结构的建造者，建筑师永远遵循的是习以为常的社会规则与秩序形式，而从不考虑居住者的感受。建筑是一种政治活动，他所做的就是要打破这些被统治阶级压制的形式，颠覆被社会习俗制约的形式，创造出“新”的可以反映新时代精神的建筑。他认为在这种制度化的世界中建筑应该像工具一样，是工具性、手段性的，而非是表现化的，建筑是延展个人活动、思维、理解能力和极限的工具。

不同于建筑电讯派入侵式的方案，伍兹的建筑，好像是来自于外太空所居住的不明飞行物或是太空船，强调着一个城市中没有器官的躯壳，对于有机主义进行挑战。伍兹的建筑乌托邦并不能单纯地理解为解构，他是地表上对土地的重新刻痕与折叠，就像破碎的山的轮廓线，或是流云。这种没有文法的表达、自由的变形、中心与边界的缺失，造就出“混杂的建筑(Jagged Architecture)”。

5.4 空间与事件——伯纳德·屈米的建筑思想

伯纳德·屈米(Bernard Tschumi)[6]，一直被认为是当代先锋建筑理论的代表人物之一，他激进的建筑理论及鲜明的建筑实践给建筑界带来了强大的冲击。他的建筑理论受到同时代的很多哲学家思想的影响，如乔治·巴塔耶(Georges Bataille)、罗兰·巴特、雅克·德里达(Jacques Derrida)以及米歇尔·福柯等。

屈米也谈到了身体在当代建筑中的缺席。在《建筑和极限Ⅲ》中，他批评“身体通常排除在外，并且这种排除来自所有(当代)形式逻辑的经验”作为建筑的抽象的(形式主义)阐述的特征。身体的忽视，甚至是压制，就是屈米在现代建筑中所观察的清教徒主义的一个方面。为代替这种简化，屈米提出了“酒神”狄俄尼索斯的“过度”和传统限制的僭越，展现了空间极度的色情。他的文章“建筑的欢愉”方方面面有现象学的寓意：他描述在平面和洞穴、街道和起居室这些空间的不同状态下的身体的倾向，并且承认“走向极致空间的欢愉倾向于无意识的诗学”。[8]

在他作为建筑师、理论家和教育家的职业生涯中，伯纳德·屈米的作品重新定义了建筑在实现个人和政治自由中的角色。自 20 世纪 70 年代起,屈米就声称建筑形式与发生在建筑中的事件没有固定的联系。他的作品强调建立层次模糊、不明确的空间。在屈米的理念中,建筑的角色不是表达现存的社会结构,而是作为一个质疑和校订的工具存在。

1968 年 5 月经历的"情境国际(Situationist International)"运动促使屈米在 20 世纪 70 年代初任教 AA 建筑学院时成立了工作室和研究会,在那一背景下他将电影艺术、文学理论与建筑相结合,发展了结构主义与后结构主义者诸如巴特和福柯等学者的研究工作,为的是重新审视建筑承担的责任和加强建筑对文化的表达。这个理论在他的建筑实践中以两条线索来展开:一是揭露建筑次序与生成建筑次序的空间、规划、运动之间的传统联系;二是创造空间与空间中发生的事件的新联系,方法是通过变形、叠印和交叉程序。

屈米在 20 世纪 70 年代后期的作品是他在 AA 建筑学院所教授课程的总结,这些设计包括《电影剧本》(1977 年)、《曼哈顿手稿》(1981 年)等。他对蒙太奇技术的运用向当代其他仅在形式上追求蒙太奇效果的建筑师发起了挑战。

屈米在一系列的案例设计中,一直在反抗千百年来建筑师传统的设计方法,那就是从几何学形态上来设计立面或者平面。他试图通过组织事件的方法,暗示了一种较之惯常的生活更有效的生活方式。建筑的责任从提供功能空间转向了组织社会活动。

5.4.1 空间

屈米对建筑关注的更多的是空间。一直以来,存在着两种对建筑空间的认识。一种是将建筑空间看成是相对于主体的一种物质,这种物质是可以通过各种方法来成型扩展,或者满足功能,或者满足形式,这种客体的物质是相对于主体而言,自然也受到主体严格的限制和控制。另一种对空间的认识则是将空间看作是一种社会政治与经济影响下的产物,空间成为社会政治与经济的附庸。亨利·列斐伏尔(Henri Lefebvre)认为空间是一种社会产物,是一种社会关系:社会关系产生了空间,空间同时也生产了社会关系;但是在这两者之间的互动关系中,列斐伏尔显示出了社会优先于空间的存有地位。对米歇尔·福柯而言,空间则是权力运作的中介与体现,权力占据在空间中,通过空间的构架与控制而运作。戴维·哈维则是从资本积聚的逻辑来审视社会的发展,所以,空间对他来说,就如货币(资本)、时间、劳动等概念一样,都是这种资本积聚的一个侧面,是构成整个社会动态和资本积累的要素之一。[14]

在屈米看来,这两种对空间的定义都是存在界限的,而这种空间的界限必然带来建筑的界限,从而限制了建筑的拓展。这两种的空间定义:一种是将空间理解成为一种理想空间,是一种纯粹地受到主体脑力控制的产物;另一种则是一种社会产品。这两种也存在着一种必然的裂缝。这种裂缝导致了一种建筑悖论的产生,也即是空间的概念与空间的体验的相互矛盾,对空间本质的质疑以及同时地创造或体验一种真正的空间之间的矛盾。

屈米将那些认为建筑是一种思想的东西,是一种非物质形态和概念化的学科,以及认为建筑是语言上的或者是形态学上的变体的这种倾向于形而上学的认识,称为是"金字塔(the Pyramid)";而将其对立面,关注于感官、关注于空间体验以及在空间和实践的这种对建筑的倾向于经验主义的研究,称为"迷宫(the Labyrinth)"。[7] 屈米认为这两者是相互矛盾的。而他的建筑实践就是极力通过一些方法来避免这二者之间的矛盾和悖论。

屈米将这种建筑的悖论看作是历来对建筑所界定的定义而产生的必然结果。这是因为：在历来的建筑定义中，必然存在一种建筑的极限；定义本身就是在肯定其本身而对"其他"作出否定。最为突出的就是维特鲁威的三原则，他在界定建筑自身，也限制了建筑的发展。不能满足这三个原则，建筑就不存在了吗？或者它们是一种脑力上永久的坏习惯，一种贯穿历史中的惰性？随着数世纪的文化的、社会的和哲学的需求，建筑已经逐渐发展了一种自身的知识形式。这种限制在建筑中愈发明显，那么，屈米是从哪些方面来审视上述两种对空间的界定呢？

首先，屈米极力反对将建筑仅仅看作是一种形式语言。他认为目前的建筑讨论将关注点仅仅局限在建筑的显现方面，将其逐渐缩减成一种最基本的装饰性语言[7]。这种将建筑缩减为对形式的关注可以说从国际式风格开始，到后现代开始愈演愈烈。国际式风格的鼓吹者将现代主义的思潮激进地缩减为一种均质化的图像学。而到了后现代建筑也采用了相同的方式，他们通过片段化的图像及符号对国际式风格进行了抨击。但是后现代建筑所提出的"双重译码"和"激进的折中"却没有为建筑提供新的拓展和新的意义，而依然是一种形式上的激进的策略。屈米认为，这种"建筑作为一种知识的形式退化到建筑仅仅作为是一种形式的知识，仅仅是将丰富的研究策略按比例缩减为操作人的策略"。[7] 当这些主流的建筑话语将建筑简单地定义为"构成主义""风格派"或者其他一些风格类型时，就掩盖了这些作品中对当时社会及文化的一些思考，同时将这种理解停留在建筑显现的表面，消解了使这些作品成为高度复杂的人类行为的"互文性(intertextually)"。屈米认为："在整个风格体裁的术语中探讨'建筑学'的危机是一种错误的争论，这是一种旨在掩盖不关注使用的聪明伪装。"[7]

其次，屈米也反对建筑仅仅是作为一种社会政治经济的附庸。就如前述福柯而言，当空间被社会打上政治烙印之后，空间就只能沦为权力运行的媒介，而建筑也只能成为这种运载权力空间的载体；但屈米并不这样认为，在他来看，一个优秀的建筑同样能够激发一种社会事件，同样能够创造新的社会空间。同样，屈米对先锋建筑所提出的针对摆脱这种社会政治经济束缚所提出的"概念建筑"也表示质疑。一些先锋建筑将"非物质性(dematerial)"引入到建筑中，旨在从建造过程中来摆脱政治经济的对其建筑的物质方面的束缚，企图通过反对制度上的框架来获得自主性，但是就如同概念建筑所提出来的一样，如果万事万物都可以是建筑，那么，建筑又是什么呢？建筑师又怎么能够将建筑从其他的人类行为中区分出来呢？

当然，建筑的极限并不是一成不变的，它的主题和边界在每一段时期都有所不同。这是因为对建筑的理解和定义在每一段时期也有所不同。但是主流的建筑话语太多地关注了建筑的理想形式和社会产物，屈米认为建筑皆不是这二者，而是联系二者之间的纽带，是弥补二者之间裂缝的桥梁。那么，屈米的建筑是如何来实现二者之间的沟通呢？他是采取了哪些策略呢？屈米又是如何理解身体的概念的？

5.4.2 身体

身体在屈米的建筑中就是运动(movement)，是承担发生在空间中的载体，是突破极限的载体，是作为一种发生器和催化剂。身体也是建筑暴力的创造者。屈米认为建筑中的暴力是有两种可能性的:一种是身体对既定空间的暴力,另一种则是空间对身体的暴力。

身体对空间的暴力冲突是必然的,因为所有的个体都通过自身的存在来侵入既定的控制好的空间规则,破坏了原有的几何学的平衡,而历史上的对建筑空间的关注一直是忽视身体的存在的,这显然是由笛卡尔哲学中的对身体的漠视而引起的。身体自尼采之后复苏,因为尼采高喊道:"一切皆从身体开始。"而法国哲学家梅洛-庞蒂更是建立了系统的"身体现象学",构筑了"身体-主体"的概念。屈米某种程度上受到了现象学的影响,但是屈米并没有将身体提到如尼采这般高度,而是将身体作为是引发事件和行为的一种激发者,因为事件和行为才是屈米空间中的主体。

空间对身体的冲突也是必然的,一种不舒适的空间或者是变异的空间总是将身体带入到一种暴力中,而这种暴力打破了建筑中的禁忌,使身体产生愉悦,这就屈米所追求的暴力的愉悦。

身体与空间(或者空间与身体)二者之间的直接性架起了感官的愉悦和理性之间的桥梁。它在内部与外部之间、私人与公共空间之间引入了新的连接方式。这种直接性并没有赋予主体经验上习俗的一种优先性,并且打破了主体与客体、形式与功能的这样的二元对立和一些经验主义者的禁忌。在屈米看来,建筑也需要愉悦,在暴力中得到愉悦,所以屈米在海报中无不夸张地说:"如果要真正欣赏一个建筑,你甚至要杀一个人"[7](图 5-16)。

图 5-16 屈米设计的海报之一

那么屈米为什么要提出关于"身体"的概念——屈米提出身体的概念又想在建筑中表达什么,想突破什么呢?

5.4.3 事件与暴力

对屈米来说,建筑与城市空间就如同一个复杂且相互作用的事件网络,他称其为可参考的切点。也许,"事件建筑"在意义上具有历史文化性,在功能上具有交换性和不确定性,在审美上具有震惊性。[15]

屈米希望凭借动态建筑的观念,即是不停地移动、冲突和置换,来对抗现代主义的线形思维。"在这样一种功能混杂或非功能特性的框架内,当我们对事件和空间进行不可能的强制性混合时,建筑就会充满一种强烈的颠覆力,而这也正是不确定性赋予建筑的特有的魅力与再生力。他称赞当今东京的一些高层建筑把百货店、博物馆、健身俱乐部、铁路站和屋顶花园一股脑放在一起的做法。因为它既挑战功能,又挑战空间:这种冲突的对照同超现实主义把自行车和雨伞一并放在解剖桌上如出一辙。"[15]

从整个动与静的观念来讨论,可以发现所谓建筑真正指的是正在发生的建筑事件——一个不断由人与其场域中构造物互动而产生的情境。以情境为主体，建筑可以是有形或无形的建筑体。由此，我们也可以归纳出屈米所强调的动态建筑观念，其实着眼在对抗形式与功能的对应关系以及松动线形设计过程与互为文本性。因为这样的思想可以导引出空间与人不断地相互交流的动态场所。这三种企图都在呈现一种不停移动在两者之间的不稳定状态，以此游移状态来表现动态的观念。其最终企图也是在表现一种概念与想法。

"分裂的层级将任何可能的平衡和综合体打成碎片。它们独特的状态、物体、动态、时间是完全地间断的。只有当它们混合才能建立起连续性的片刻。这样的跳跃暗示着一种动态概念的形成，且用来对抗建筑的静态定义，一种把建筑带回他自身界限的极度动态。"[16]

屈米反对自文艺复兴时期以来到现代主义的静态建筑观，甚至是直接点出要分裂出一个动力的建筑概念来对抗建筑的静态定义。反对建筑师仅仅是作为"现存社会政治与经济的译者或是形式赋予者"[17]。

"建筑是关于发生在空间里的事件，也就是空间本身。长久以来，建筑论述偏爱形式与功能这种静态概念，现在需要关注发生在建筑物里面和周围的行为——身体的动态、活动及期望，简而言之，建筑的社会与政治的维度重新得到重视。"[18]

建筑和建筑图永远都以含糊不清方式表达，仿佛是可以给予多样的诠释一般。屈米容许一种想象的、解读与文本之间的关系，如在《曼哈顿记事》中强调的：

三个真实的被分开的层级同时再现于记事中：物质的世界，由从地图、平面图与照片中抽离出的建筑所构成；动态的世界，是可从舞蹈、运动或其他的动态线图中抽离出来以及从新闻照片中抽离出来的事件世界。最初，各层级的个别重要性要看观者如何诠释，因为每个层级都因不同观者而解读不同。由此可知，观者注解的同时也表示正在建构组织它们。[16]

事件的加入，其目的是要对建筑的本质重新定义，对整个建筑美学的审美体系进行重新调整，一种重新定义一切的冲动。其所挑战的建筑思想乃是在传统的建筑设计中"建筑师都会在一幢建筑或一座城市中安排一个中心、一个聚集空间，比如在单体建筑中有起居室或中庭，在城市建筑中有广场和商业中心等。解构主义建筑师认为这种空间等级化甚不合理，它毫无理由地将空间一锤定音而不顾及日后的可变因素，因此他们要打破这种固定空间思维习惯，代之以更具有前瞻性和更富有弹性的空间组织"[15]。

他所认为当今建筑的意义与要关注的事项于此处说明得十分清楚，且事件的意义就是在于制造松动与冲突、放弃和谐与统一的追求。

对屈米而言，建筑有四项必要的元素——行为、时间、计划和暴力。从拉维莱特公园中可以看出，屈米一个主要的策略就是"叠印"，但是这种叠印并不是两种不同形式之间的叠印，而是两种截然不同的行为的叠印、两个不同事件的叠印，和两种不同计划的叠印。因为，屈米的口号就是："没有行为就没有建筑，没有事件就没有建筑，没有计划就没有建筑。"继而，屈米说："扩展地说，没有暴力就没有建筑。"[8] 屈米提出的第一个陈述是旨在通过拒绝赞同空间而否认行为，来反对主流的建筑思想；第二个陈述是为了表明，尽管客体和人在它们与世界的关系上是相互独立的，但是它们却不可避免地在一种强烈的对抗中互相面对。屈米认为，在建筑物及其使用者之间的任何一种关系都是一种暴力，因为任何对建筑物的使用都意味着使用者的身体进入到一种既定的空间中，是一种秩序进入到另一种空间中。屈米认为，这种二者之间的冲突和暴力是建筑的概念与生俱来的。建筑是与事件紧密相连的。这种对建筑的定义在肯定空间的同时，也赞同了发生在空间中的行为，因为只有行为才能构成事件，空间和行为也是不能分的。建筑师设计了序列和计划，而身体承载了序列与计划。

5.4.4 序列与计划

那么如何将这些概念性的暴力与矛盾并置在图纸上面呢？如何以一个较具系统化的方式来做陈述的表现方式呢？屈米在这样的方面作了一个不同于以往建筑平、立、剖面等的再现方式——注解（notation），作注解的最初目的是要"制定经验的秩序、时间的秩序——片刻瞬间、间隔、序列——对于阅读城市的过程中都会不可避免地介入。他也从需求中对建筑师的常用的再现模式（平面、剖面、轴测及透视）提出质疑"[16]。其真正创作的意义即是作为和那些单一透视点的透视图相区别的展现。

要如何将这些由事件、行为透过暴力所绘制的注解，组成有系统的架构来呈现呢？屈米曾经提出三项创作原则：① 拒绝"综合"观念，改向"分解"观念；② 排斥传统的使用与形式间的对立，转向两者的叠合与并置；③ 强调片段、叠合和组合，使分解的力量突破原有的限制，提出新的定义。屈米习惯于在建筑各个元素、部件、体之间安排一种富有张力的冲突与对抗，在这种冲突与对抗中，通过取消建筑的确定性形式，赋予建筑以无限生机和活力。所以他认为冲突胜过合成，片段胜过统一，疯狂的游戏胜过谨慎的安排。[15]而支撑及体现这些计划流程与设计原则的基础骨架就是序列。关于序列，屈米是这样定义的："曼哈顿记事不是没有目的的事件积聚，它们展示了一个特别的系统。它们最主要的特征就是序列，一个由拥有各自组合过的结构和固有的规则配置的空间、动态和事件相互冲突的多重分镜所组成的混合系统。这些混合序列所意味着的叙事体可能是线性的、解构的或是分裂的。"[16]

屈米认为，任何建筑序列都包括或者暗含了至少三种关系：第一种是转换的序列（transformational sequence），这同样是可以被称为是一种策略；第二种是空间序列（spatial sequence），这种序列是一直贯穿在历史上的，且其形态学上的变体也是无穷无尽的；第三种是计划性序列（programmatic sequence），这种序列的特点就是具有社会的和象征上的内涵。[17]转换的序列倾向于对策略（devices）的使用，或者是对转换规则的使用，如压缩、旋转、转让和插入等，这些策略可以应用到空间序列和计划序列中。空间的序列则是一种与连续的运动相关联的空间的点，是建筑中最基本的序列。当然，空间序列在形式上可以自由地混合叠加。计划性序列则是建筑中的偶尔因素：事件、使用、行为或者偶然发生的冲突，这些因素常常被添加在建筑中的固定的空间序列之上，就成为计划性序列。

在屈米做设计之前，总是先考虑计划与建筑序列的关系。计划是"一种被事先发布的、描述性的通知，或者任何一系列形式的行动，作为一种节日庆祝、一种学习的课程等等……"[17]。屈米将计划分成三类：与空间序列无关的、增强空间序列的，以及间接地作用或者反对空间序列的。

第一种：与空间序列无关的。事件的序列和空间的序列很大程度上是相互独立的，如

1851 年的水晶宫的矩形列柱式与内部的多个摊位，这种对建筑形式的考虑从不依赖于对实用性的考虑。

第二种：增强空间序列的，即相互相惠的关系。空间的序列和事件的序列变成完全相互依赖，完全是以对方的存在为条件。在空间内部的每一个行为运动都是被设计过，被计划过的。这样的空间与行为的关系受到功能主义建筑的支持。

第三种：间接地作用或者反对空间序列的，即相互冲突的关系。事件和空间的序列偶尔相互碰撞和相互抵触矛盾，其中每一种序列都不断地违反另一种序列的内在逻辑。屈米更倾向于这种空间与行为的关系，就如同前面他所提到的建筑的暴力，这种相互冲突产生的暴力必然会打破习俗所界定的空间与行为之间的冰冻关系，为建筑拓展出新的意义。

屈米自然非常倾向于第三种相互冲突的关系，因为这样的关系更能刺激建筑产生出与众不同的意义和出现意想不到的功用。屈米设计了三种程序计划来探讨了建筑与计划之间的关系，分别是："交叉程序设计(Crossprogramming)""横断交叉设计(Transprogramming)"和"分离程序设计(Disprogramming)"。[17]

交叉程序设计，就是把一种既定的空间构成用作为另一种用途，但是采用的是相似类型上的置换，比如在教堂建筑打保龄球，一座市政厅内部采用了一座监狱的空间构成等。这是一种在相同类型下的各种异质功能的并置和交叉。

横断程序设计，将两种不同的程序计划结合起来，不考虑二者之间的不协调性，直接并置结合它们各自独立的空间构成。

分离程序设计，是结合了两种程序计划，不同于第二种的两者之间的并置，这两种程序计划是相互融合的，是一者的空间存在于另一者之中。[17]

计划是他所运用的一个手段及策略，在《曼哈顿记事》中四个单元分别依照自己的剧情来作为计划本体，在此屈米将其称为是计划性的描述(Programmatic account)，对他而言，建筑的计划应该是要涵盖这样的内涵与物质的(图 5-17，图 5-18)。

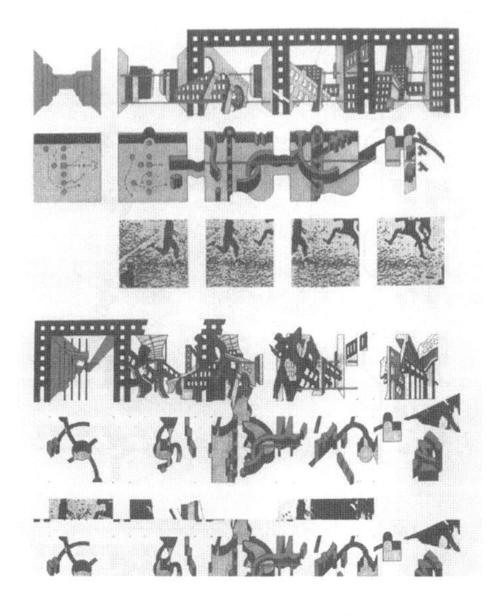

图 5-17 "曼哈顿记事"1

图 5-18 "曼哈顿记事"2

计划不仅囊括了概念的同时也包含了操作上的实质应用。计划的真正目的在于"提出不同的建筑阅读，在其中，空间、活动与事件是独立的，站在彼此新的关系上，以便于打破陈旧的建筑组成关系并沿着不同的轴线重建。其他的设想或而用来强调一个事实——所有的建筑都是关于爱与死亡，而不是存在功能的标准中。凭借超出功能的陈旧定义，记事使用它们实验性的版本去探索而并非真实的对比"[16]。

计划可以类比于情节、剧本和文本，凭借跨越功能的传统定义。《曼哈顿记事》采用了调查研究中的复合性的不同层级来强调计划的观点："探讨计划的观点绝不是暗含一种对功能 VS 形式这种观点的回归，对计划与类型之间的因果关系的回归，或者是某些类似于乌托邦式的实证主义。恰好相反，它开启了一个空间最终会与发生在空间其中的事件相对峙的研究领域。"[16]

在历史中，屈米看到了建筑师的三种角色，首先是保守者，这是一种历史上既有的角色，是作为对已经存在的社会的政治性的和经济性的优先权的转化者和形式给予者；其次是批评家，通过作品或者其他实践的形式来揭示社会矛盾的一种知识分子；再次是革命者，建筑师可以通过自身对城市和建筑机制的理解，来尝试达到一种新的社会和都市结构。屈米提倡批评家和革命者的角色结合。

屈米认为在当代的社会状况下，建筑师不应该是保守者，也不该是批评家，而应该是作为一名革命者。他认为革命者建筑师的策略，是"典型的行为(exemplary actions)和反设计(counterdesign)"。第一种策略并不是建筑专有的，而是非常依赖于对都市结构的理解，它建造了一种冲突斗争的两极分化来摧毁我们社会中最保守的价值。第二种策略则更为建筑化，建筑师采用专业的表达方法——平面、透视、拼贴等，来谴责由保守的城市管理者和政府强加执行的规划实践而产生的有害结果。反设计的目的是，通过人们对日常生活的形成观察创造一种新的理解，从而对这样习以为常的过程积极地拒绝。

当建筑师在面对一种城市化的计划时，他可以采取四种方法：第一种是设计一种精巧熟练的构筑、一种富有灵感的建筑的形态，这就是一种组合，对历史上的建筑先例的组合；第二种是对已经存在的进行裂缝填补，在空白的地方完成文本，这可以称作为是一种补充物，对城市的一种补充和填补；第三种，是通过批判地分析先前已经存在的历史分层来解构其存在，甚至附加上其他来自于别的地方——来自其他的城市、其他的公园——的分层，这相当于一种重写；第四种是寻找一种媒介，寻找一种抽象的系统来调节场地(以及所有的约束限制)和其他一些概念，这种方法超出了城市或计划，是一种调节干预行为。显然，屈米倾向于最后一种，将建筑作为一种媒介，来对城市进行调节，拉维莱特公园就是这种方法的典型案例(图 5-19，图 5-20)。

5.4.5 屈米的解构主义

屈米最为人所知的就是，他是一位解构主义者，不同于盖里，屈米从不否认这一点。当他首次遇到德里达的时候，德里达问他："但是一位建筑师，如何对解构感兴趣？毕竟，解构是反形式的、反秩序的、反结构的，这些都是建筑所代表的所有的对立物。"而屈米回答说："恰恰是这个原因。"[17]

随着解构主义不断发展，更多的建筑师赋予了解构更多重的解释，这本身也是对解构

图 5－19　拉维莱特公园轴测

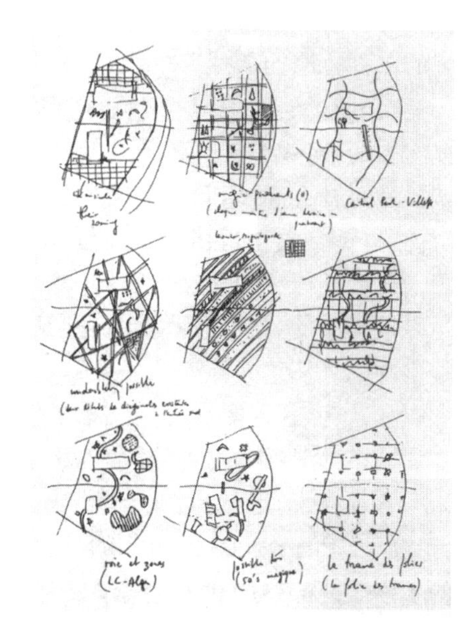

图 5－20　拉维莱特公园设计草图

理论更多地阅读和再解构。而他们所极力避免的就是“解构主义(Deconstructivism)”概念的诞生，因为这种定义很快被称为一种风格，这正是这些建筑师所反对的，他们对后结构主义思想和解构的兴趣，是源自于他们对挑战单一的统一的图像的概念的兴趣，对确定性观念挑战的兴趣。

屈米认为历史上主流的建筑话语对建筑的关注过多地集中在图像(image)和表面(surface)，而没有涉及建筑的结构和使用，他们仅仅是涉及了建筑文化中的一种非常狭窄的部分。而图像媒体和技术的发展，带来了“表皮的胜利”，这直接导致了建筑的结构与表面的分离。在 19 世纪，建筑尽管经历了各种风格的装饰应用到表皮上，但这些拥有表皮的承重墙仍然是一种主要的支撑结构。但是在采用了新的“结构性构架(structural frames)”后，这些在表皮、结构和构造之间的联系就消失了，一些新的建造技巧也逐渐成为一种装饰性。这种表皮和结构的分离导致了建筑师和结构师的分离：建筑师关注表皮，结构师设计结构。人们从来不对结构表示怀疑，因为建筑只要不坍塌就已足够，人们对建筑师的指责和关注仅仅停留在建筑的表面。

首先，解构主义解除的是形式与结构之间的分离，企图通过对建筑内在结构的质疑来表达对当下的无意义的图像(或建筑表皮)的质疑。那么如何打破这二者的分离，如何消除大量复制的无意义的图像为建筑所带来的恐慌？当哲学家对图像与内在的框架之间的关系表示质疑的时候，在建筑中就出现了解构主义。

解构主义一直对建筑中的秩序、等级和稳定性提出质疑。屈米认为，如果单纯地将其称作为是一种“风格”或“对美学试验的追求”，就无意识地忽视了存在于作品中的对计划和使用的潜在的讨论，扩展地说，是忽视了关于建筑中暗含的更广泛的社会上的、政治上的，甚至是经济上的含意。

屈米的目的也是取代传统建筑学所建立的在计划与建筑之间的对立，并且通过叠印、置换和替代的操作来扩展对建筑习俗惯例的质疑，从而获得“一种古典的对立的颠覆和对系统的一种普遍的取代”。[17]

其次，屈米所要解构的并不是建筑物，而是对赋予其传统建筑上的社会经济和政治结构提出质疑，对赋予在其传统建筑上的文化机制提出反叛。他通过这种对建筑的解构来尝试一种对社会经济、政治和文化意义上的重新诠释，所以建筑的解构既不是对建筑形式的解体，也不是对建筑结构的颠覆。它从来就不是一种新的形式策略，而是打破了对建筑作为是社会结构和政治文化机制的转译和表达这种理解，是针对二者的关系的解构，从而满足多重意义的并置和理解。一种颠覆性的文化实践并不就是意味着其最终的产品也会是颠覆性的。从这个意义出发，所以埃森曼才说：“屈米算是半个解构主义者。”

屈米认为，评论家和历史学家的任何关于构成建筑的政治上的讨论，普遍都集中在建筑物和城市的形式等这些物质层面，很少对发生在其建筑和城市之中的事件提出疑问。屈米一直在探索，他认为：在空间的概念和空间的体验之间，或在建筑物以及其使用之间，或者空间及其在空间中的身体的运动之间，并不存在直接的因果关系；反而，这些相互排斥的术语之间的碰撞相遇会令人产生愉悦，或者非常猛烈地扰乱社会中最保守的元素。屈米反对建筑中的任何一方，如形式-空间、功能-使用，经济-政治这些一对一的单纯的因果关系，屈米认为二者之间并不存在这样的因果关系。因为屈米所关注的建筑中的空间，并不是一种既定的、静止的空间，而是一种动态的空间，是蕴含了事件、行为的空间，而建筑则是由空间、事件和行为组合而成的。屈米的所有的建筑概念和策略都是为了创造这种蕴含了事件、偶发因素、行为的充满矛盾、运动的空间，借着这种动态的空间对传统的建筑思想提出质疑和挑战。

5.5　本章小结

身体在后现代时期所呈现出的姿态，已经完全不是古典时期完美的人体了。后现代的特性，如异质性、瞬时性、分裂、不确定性等等都在身体上表现了出来。尼采、福柯与德勒兹对身体的解读成为后现代身体的主要诠释。后现代身体拓展了建筑与多学科之间的交叉，也探讨了建筑在后现代时期的特性。后现代的身体在建筑的体现多表现在以下几个主题上：

1）身体、权力与建筑

福柯对权力空间的探索影响了许多建筑师，建筑不再仅仅作为是遮风避雨的场所，或者也不再仅仅作为是慰藉人的心灵的“栖居”之地，建筑作为人与城市、社会之间的联系，表达其更多的社会因素。权力成为建筑师更多探讨的主题。

2）身体、游牧与建筑

德勒兹的“游牧”有着更广泛的内涵，但在建筑中，游牧成为一种策略，表达了建筑师对后工业城市的失望。身体失去了古典时期的根基，成为碎片。一方面，建筑成为这种失根的身体，游牧在城市边缘；另一方面，游牧的建筑加强了后现代身体的“游牧”与“失根”特性。

3）身体、事件与建筑

在屈米看来，身体就是一种载体，承载了社会、资本、权力等因素。利用这种身体，屈米在建筑中激发了一系列的事件。空间对他而言，不应该是一种功能或者形式导致而成的因果关系，而应该是蕴含了意外、偶然性的发生事件的场所，所以，建筑应该激发人的欲望，激发人与城市、社会之间的互动，甚至能够影响到城市。

身体再一次作为“诱因”扩展了建筑学的领域，使建筑学不再是一个封闭的学科，与社会、政治、资本、性别等涉及其他学科的主题发生关系。身体在此过程中成为结合多学科交叉的媒介，无论在建筑空间上还是建筑学本身的发展上，都激发了建筑师的灵感。

本章注释

1 边沁，英国功利主义思想家，监狱改革的提倡者。

2 笛卡尔在《论人》和《论胎儿的形成》这两本书里，把人体完全看成是机器，认为人的五脏六腑就同钟表里的齿轮和发条一样，拨上弦，就能动，而血液循环就是发动力，外界所引起的感觉由神经传到大脑，在松果体里告知“动物精气”（也称“动物灵魂”），由动物精气发布命令。笛卡尔在这一点上无疑是曾写过《人是机器》一书的法国 18 世纪唯物主义者拉美特利的先驱。

3 居伊·德波，当代法国思想家、电影导演和社会运动者，生于 1930 年 11 月 28 日，卒于 1994 年 11 月 30 日（自杀身亡），是国际情境主义（Situationist International，简称 SI）的创始人和理论贡献者。1953 年德波也参与了 Lettrist International，这标志了巴黎的精神地形学地图的形成，其借由自由联想式的行走步调漫游于巴黎城中，这些活动之后被收录在 *Naked Lips* 一书之中。居伊·德波工作的领域比较多，在电影上的实践主要针对“表演社会”这个主题，拍摄一些带有实验色彩的电影。代表作是 1958 年的《表演社会》，分析社会内在的表演性。他的电影一般都是主角漫步在巴黎街头，而事件也大都发生在巴黎的街头。1967 年出版的居伊·德波的成名之作《景观社会》影响了法国绝大部分知识分子，1968 年法国学运中在巴黎街道上的墙上不时有引自该书的话语。该书的理论是试图去解释日常生活中公私领域的许多问题，而这些问题都是源于欧洲的资本主义现代化所导致的精神衰弱。他假设“景观”就是罪魁祸首，他对于景观的批判基本上是承袭于马克思、马库赛尔、卢卡奇对商品的批判。

4 雷纳·班汉姆（1922—1988）对建筑电讯派影响深远的建筑史学者，也是最支持他们的建筑评论者。主要著作是《第一机器时代的理论和设计》（*Theory and Design in the First Machine Age*）。

5 伍兹的作品集中表现出对城市的幻想和乌托邦。他的乌托邦作品以作品集、丛刊专集和著作的形式发表，其代表性的著作是《154》（*One Five Four*），1992 年出版的《新城》（*New City*），1993 年出版的《战争》（*War*），《莱巴斯·伍兹》（*Architectural Monographs No. 12 Lebbeus Woods*）。

6 屈米 1944 年出生于瑞士洛桑，1969 年毕业于苏黎世高等工业大学，1970—1980 年任教于伦敦 AA 建筑学院，1976 年在普林斯顿大学建筑城市研究所工作，1980—1983 年于库帕联盟任教，1988—2003 年他一直担任纽约哥伦比亚大学建筑规划保护研究院的院长职务。他在纽约和巴黎都设有事务所，经常参加各国设计竞赛并多次获奖。1983 年参加巴黎拉·维莱特公园国际设计竞赛，并拔得头筹，这也是屈米最早实现的作品。

7 Tschumi B. Architecture and disjunction[M]. Cambridge: The MIT Press, 1994: 33,100,103,105, 116. 海报内容：“要真正欣赏建筑，你甚至要犯谋杀的罪名。建筑是靠行为来界定，如同建筑靠墙面的围合界定一样。发生在街道上的谋杀与教堂里的显然不同，就像在街道上做爱与色情的街道不同一样——激进一点地说。”

8 Tschumi B. Architecture and disjunction[M]. Cambridge: The MIT Press, 1994: 121. violence 的意思是暴力，冲突。屈米想表达的是二者之间的冲突，这里译成“暴力”是为了更加强这层意思。

本章参考文献

[1] 戴维·哈维. 后现代的状况——对文化变迁之缘起的探究[M]. 阎嘉，译. 北京：商务印书馆，2004：12，15.

[2] 尼采. 上帝之死：反基督[M]. 刘崎，译. 台北：志文出版社，2004：118.

[3] 汪民安. 身体、空间与后现代性[M]. 南京：江苏人民出版社，2005：269.

[4] 费德希克·格雷. 福柯考[M]. 何乏笔，杨凯麟，龚卓军，译. 台北：麦田出版社，2006：110.

[5] 吉尔·德勒兹. 尼采与哲学[M]. 周颖，刘玉宇，译. 北京：社会科学文献出版社，2001：59.

[6] 汪民安，陈永国. 身体转向[J]. 外国文学，2004(1)：36-44.

[7] 杰夫·刘易斯. 文化研究基础理论[M]. 郭镇之，任丛，秦洁，等，译. 北京：清华大学出版社，2013：398.

[8] Nesbitt K. Theorizing a new agenda for architecture: an anthology of architectural theory(1965—1995)[M]. New York: Princeton Architectural Press, 1996: 63-65, 530.

[9] 夏铸九，王志弘. 空间的文化形式与社会理论读本[M]. 台北：明文书局，1999：376，380.

[10] 米歇尔·福柯. 规训与惩罚[M]. 刘北成，杨远婴，译. 北京：生活·读书·新知三联书店，2007：154-155，167，175，224.

[11] 戴维·哈维. 希望的空间[M]. 胡大平，译. 南京：南京大学出版社，2006：178-179.

[12] 彼得·库克. 建筑电讯[M]. 叶朝宪，译. 台北：田园城市，2003：21.

[13] 沈克宁. 城市建筑乌托邦[J]. 建筑师，2005(4)：5-17.

[14] 王志弘. 流动、空间与社会——1991—1997 论文选[G]. 台北：田园城市文化事业有限公司，1998：11-12.

[15] 万书元. 当代建筑西方美学[M]. 南京：东南大学出版社，2001：132，135-137.

[16] Tschumi B. The Manhattan transcripts[M]. New York: Wiley, 1994: 7, 9-10, 71-72.

[17] Tschumi B. Architecture and disjunction[M]. Cambridge: The MIT Press, 1994: 3, 154, 157, 198, 205, 250.

[18] Tschumi B. Event: cities I[M]. Cambridge: The MIT Press, 2000: 13.

6 身体变异与建筑的结合

在电子时代中，随着对机器和交通使用，以及媒体交流技术的不断增长和媒体化操作的普及，可以说，我们常常达到了非实体的生活方式。近几年中，各种各样的科学虚拟小说和电影已经揭开了一种当代空间的眩晕。最为著名的小说是威廉·吉布森(William Gibson)在1984年创作完成的《神经漫游者》[1]，其最大的成就就是预示了20世纪90年代的电脑网络世界。吉布森不但在书中创造了"赛博空间(Cyberspace，虚拟空间)"[2]，同时也引发了"赛博朋克(Cyberpunk)"文化[3]。1999年的好莱坞科幻大片《黑客帝国》(*The Matrix*)可以说是吉布森描绘的网络空间的视觉呈现。

在这样眩晕的空间中，主观性通过各种各样的网络反连接和重新连接，当分裂消解的时候，身体的限制确切地被分成电脑空间中的许多层和分界面。当有机的和机械的状态汇合的时候，身体经历了一种变异，变成了一种有生命的，因而可以死去的机器，就好像在日本电影人塚本晋也(Shinya Tsukamoto)的电影《铁男》[4] 中的主角，或者将他们转换成为在本质上就是陌生的，甚至是"相异"的有机体。

同时，越来越多的科学技术被应用到医学，帮助身体上多少存在缺陷的病人恢复正常人的感知。助听器、生物科技眼与数字心脏起搏器和神经机械义肢等，这一系列的工具设计，使得脑神经与身体可以控制电脑，主要的因素来自于对身体"电子天性(Electric Nature)"的了解与控制。这些设计的目标在于发展出友善的使用者界面，依赖电脑的电子线路与身体的电子脉动，达到沟通连接的目的。

这种生化电子所"变异"的身体扩展了传统肉体的定义，它可以帮助残障者重新找回知觉，也可以帮助正常人扩展感知的领域，它指向了一个更新且更敏感的人类环境。事实上，这种身体的拓展，强调的不仅仅是造型的简单问题，而是一种新的空间力场的较量。

身体发出的电子讯息，或多或少都可以被电脑接受和诠释，在这个电子时代，如何探索我们身体潜在的能量，如何将科技与身体结合起来，这样的结合会为人类构建一个什么样的空间，这些探索又如何与建筑学结合起来?

6.1 身体表面与"表面"的建筑

6.1.1 身体表面

关注身体，可以从关注身体表面开始。对马克·泰勒(Mark C. Taylor)而言，所有的事物都与骨头和表皮有关，皮肤并非只有简单直接地包裹着我们的身体内部，而是以更加复杂的方式包裹着。就如同我们从单一细胞的内部观察其生长状态，细胞的表皮经过不断成长、折叠、套叠，同时产生出内部与外部组织。皮肤是一种器官，内部由不同分区与相互渗透的组织层所共同构筑。皮肤除了是表面，同时也延伸进入到身体内部，就如同莫比乌斯环(Mobius strip)和克林瓶(Kelin bottle)[5] 一样,从内到外皆由光滑连续的表面所组成。黎拉·洛卡图(Lilla LoCurto)与比尔·奥特卡特(Bill Outcault)通过地图制作软件以及全身激光扫描仪,将自身的影像通过扫描与制作,裱在铝板上,形成独特的人体表面印刷品(图 6-1)。

图 6-1 自身影像图

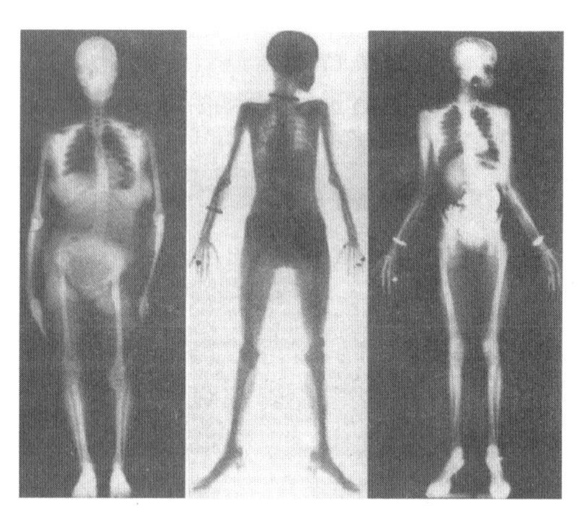

图 6-2 早期人体全身的 X 光图

人类对身体的关注逐渐由身体的表面深入到身体内部。身体可以被想象成是从内发展到外的连续表面。科技的发展也使得一些显影设备能够扫描捕捉到身体体内的影像,如 X 光、核磁共振成像(MRI)和电脑轴向断层扫描(CAT)等。这些设备是利用扫描,绕着固定人体做三度空间旋转,而产生三维立体的数位人体影像模型(图 6-2)。

通过扫描或者摄影的手法来获得与人体极为相似的影像之后,新的人体影像摄影术,可以将探测到的人体资料转换为通用的二进位数字资料。如骨骼的密度、组织、脑神经脉冲、血液的流动等这些资料都将被一连串的"0"和"1"精确地记录。而这些数字资料又可以透过绘图机清楚地绘制下来。从任何一个点、沿着任何一个路径或方向,或者是身体任何一处的断面资料,都可以顺利地绘制出来。

这些人体的影像探测与想象,使得身体"内部"与"外部"达到前所未有的连续性,"表"与"里"的概念不再是二分的,这种对"身体表面"的新概念与日新月异的数字影像科技,近年来对建筑讨论上产生了重大的影响。曾经用来想象不透明人体的数字影像技术,已经被建筑师们运用来想象新的身体、新的空间、新的建筑,这些都是当代数字建筑设计的新领域。

尼尔·丹纳瑞(Neil Denari)提出了一种建筑,这种建筑是利用一些不断折叠的表面,创造出闭合性的空间。他为日本现代美术馆所设计的"干扰的投影(Interrupted Projections)"是将平面化的图形表面发展为折叠的空间。他是以平滑的绿色板面作为第二层表皮,希望创造出空间中自然与人工相互交织的混合状态。他的平坦表面是依据哈默勒森投影法(Homolsine Map)所建立的,通过投影法可以感觉到某种程度的圆滑平面投影。他受到克林瓶的启发,设计折叠状的表面,创造出内外界定模糊交错的空间(图 6-3)。这个方案同时以电脑动画与实体装置艺术的影像作为呈现方式。丹纳瑞深受数字科技的影响，已经将实体空间的概念压缩成“平面编码的数字化科技与图形记号系统”。所以在这个设计中的平坦表面可以看作成一个可供印刷的平面，一个充斥着文字与商标的外形轮廓，在表面上的投影将不断地激增、交织、叠合与流动，同时也相互融合与消逝。丹纳瑞宣称：“建筑将会不断扩张，成为空间组织中最有趣的媒介之一。”[1]

图 6－3 “干扰的投影”空间的数字模型

建筑将因为内外空间的无法区分而产生了错乱，导致对于外部空间（身体外部的空间）的构筑与内部空间（身体内部的空间）的混淆使用，并进而演变成为对有形与无形物质的探讨。

建筑师弗兰克・盖里（Frank Gehry）与菲利普・约翰逊（Philip Johnson）设计的位于美国克利夫兰市的莱维斯住宅（Lewis House）（图 6－4）为我们展现了一幢奇异的建筑。这个建筑物好像是个螺旋状的壳，又好像是某种不知名的动物覆盖在绞刑的建筑物之上。

图 6－4 莱维斯住宅

这栋建筑舍弃了直角的形式，就好像是被一群折叠的物件所包裹的洞穴，自由设计的室外造型类似一张表皮融入到环境之中。类似地，盖里在其他建筑中也组合运用类似的有机与无机的表皮，而组合成简单的造型与扭曲的体量。

盖里的这种方案设计理念试图摆脱二维空间的想象与平面图与剖面图的僵化，这是他对三维空间与不同材质的一种探索。在 20 世纪 90 年代，盖里将设计融入地景之中，操作体量与表面而产生奇异的造型。盖里的这种设计强调的是地景学而不是几何学的形状，因为它的目的不是呼应空间的尺度，而是故意造成骚动、巨变、搜索与伸展。这样的方式让这个方案就如同人类的身体般开始具有生命力与变动的特质。

盖里的许多灵感都是来自大自然中的生灵，对他来说，这些生物的复杂表面是曲线与几何表面的最佳实例，比较他 1996 年设计的韩国三星现代艺术博物馆（图 6－5）和 1999 年柏林会议室（图 6－6），就可以看出他对穿山甲（图 6－7）和鹰的复杂表面的借鉴（图 6－8）。

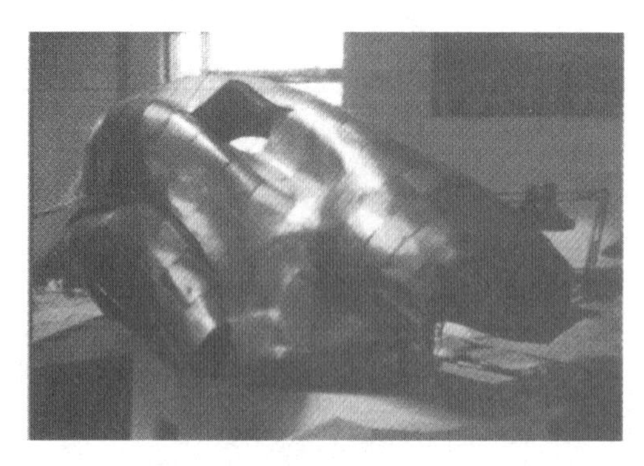

图 6-5　韩国三星现代艺术博物馆

图 6-6　柏林会议室

图 6-7　穿山甲的复杂表面

图 6-8　鹰的羽毛

6.1.2　折叠表面

用折叠的概念来解读身体表面，颠覆了传统的对身体表面的理解。艾莉西亚·茵琵莉瑞欧（Alicia Imperiale）在《建筑新表面》[1]中，将人体构造看作是折叠（the fold）的产物，是一层层不断叠加而形成的非透明的躯体。而法国哲学家吉尔·德勒兹对折叠的理解也超越了它的提出者莱布尼兹，德勒兹认为："处处有折叠，岩石、江河、森林、头颅和大脑、精神或思想、所谓的造型艺术作品……无所不在。"[2]

德勒兹哲学的一项主要原则就是多样永远位于同一之前。他认为事物的状态从未曾处于同一状态或整体状态，而总是处于"多样"状态，同一间或存在于多样之间。在这样的"多样"状态中，包含的正是上述各种各样的差异或者差异之间的东西，而这些差异之间的构成方式即折叠、分叉或者相互覆盖，迷宫就是典型的褶子。博达斯（C. V. Boundas）和奥科斯基（D. Olkowski）编著的《吉尔·德勒兹与哲学戏剧》中指出折叠的特质在于三重套叠：① 它是一个反外延的多元概念，一种迷宫式的复杂性的多元表达；② 它是一种事件或一个反辩证的概念，是让思想与个性互相"分层"的操作者；③ 它是一个反笛卡尔（或反拉康）的主体概念，是绝对内在性的一种"传播"（交流）形象，既与世界等同，又是审视世界的一种视点。

可以看出，折叠并不是一种普遍的模式或者模型；或者说，不存在两种以相同方式折叠事物的情形。这也正是产生多样的先决条件。所以，德勒兹的"折叠"概念并不是一种结论，它并未通向同一，而是通向了问题，通向“多样”状态的反复交织。但是折叠也并不是一种胡乱交织，它会依靠自身在空间中的作用和意义逐渐展开，也就是折叠具备了“场”或者“势”的特征。

德勒兹的“折叠”反对了一种因果关系，也反对了笛卡尔式的二元对立的思考，这种哲学思想介入建筑领域的思考，对于建筑与环境之间的关系思考产生了重大的影响。德勒兹思想所强调的是更加平顺地过渡，与表面上产生互动性的交换，通过意外性与暂时性连接建筑与基地。在彼得·埃森曼看来，德勒兹的折叠概念打破了传统观念中的水平/垂直、内/外结构之间的关系，并改变了传统的空间观点。传统的视觉空间强调作为先决条件的已有框架，但折叠空间的思想拒绝框架并赞成某种时间的调节。

在建筑上，折叠被解读为某种图像，如褶皱、楼层平面的折叠等，或是一种变形的过程。事实上，折叠的意涵是非常模糊的，既是图像又非图像，看似组织又无组织。一些以时间为基准的电脑模型软件如工业设计和A级曲面建模软件(Alias)与玛雅(Maya)的使用，使在空间中探讨“折叠”的概念成为可能。

丹尼尔·里伯斯金在伦敦维多利亚与艾伯特美术馆的增建方案中探讨了建筑领域中的“折叠”理论(图6-9)。整个建筑物呈现螺旋状表面的状态，同时朝自身方向倾倒。迂回曲折的动线以及相互连接的螺旋状空间串联着室内外空间(图6-10)。此螺旋状建筑

图6-9 “折叠”模型

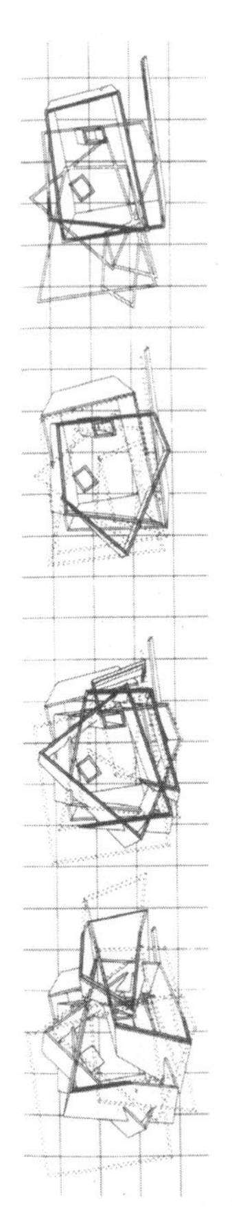

图6-10 螺旋体的多层系列切割图

是由具有结构作用的混凝土所构成的；表面覆盖着新系统的面砖，而面砖的系统是由席西尔·包尔曼德(Cecil Balmond)所设计。包尔曼德利用砖作为表面材质的设计策略，使砖能以“发光闪烁”的效果旋转而上，衬托出整体造型。面砖是由形状类似但大小不同的“碎片(fractiles)”所构成的(图6-11)，以展现出尺度不同和不重复的立面图案(图6-12)。

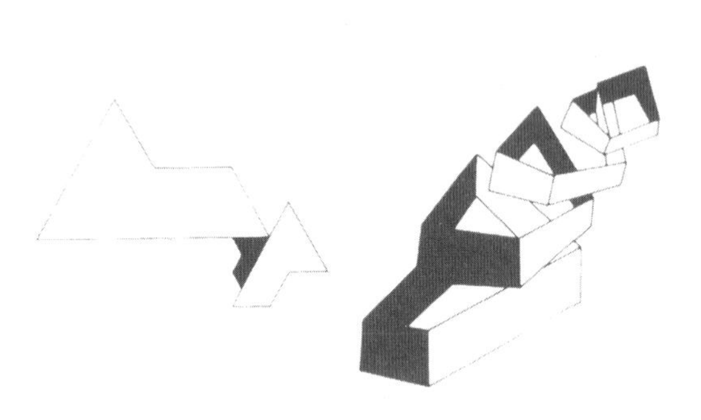

图6-11 “碎形”三角砖系统以及螺旋概念图

图6-12 建筑物立面各种色彩的“碎形”组合

6.1.3 媒体表面

电子科技所提供的多重可能性，使得建筑成为人类身体的想法成为可能。建筑将会变得栩栩如生，并被发展成敏感、弹性与互动的，具备身体本质的特性。这样，建筑物的墙面将成为非常“敏感的表面(sensitive surface)”，有能力成为控制外界光线品质的光圈或遮阳板，幕墙成为发光或是有可变换标志的立面，就像身体的皮肤一样，皮肤可以通过出汗、变红、发白来反映出身体与外界之间的动态关系，科技所带来的应用在建筑物墙面上的媒体表面一样代表着动态的建筑物与环境之间的敏感互动，更甚者，将墙面转换为“超表面”，将实质的边界转换成为与外界互相联系与沟通的一扇门，使得完整的建筑物外形消失于无形之中。这将是对于建筑实质造型带来最革命性改变的关键。

从1970年代早期，建筑师就开始关注将建筑的表皮作为讯息传达的工具。在居伊·德波的《景观社会》极大的影响下，人们开始将建筑表面看作是媒体，从而展现出活力生动、闪耀，以及持续变动性的特质。建筑师伯纳德·屈米、让·努维尔等都将建筑看作是城市重大的信息传递者。建筑的立面被看作是一部具有高敏感度的影片。“建筑物外壳的表层与表皮变成一种可程式化的表面，具有照片敏感度般的薄膜，可以用来记录、设计与表现空间组织，以及说明内部的功能。能够提供信息的墙面，是非常具有吸引力的。”[1]这种新的借助于媒体信息的建筑动态表层的思考，为建筑设计开拓了新的发展视野。

伯纳德·屈米进行过许多关于这方面的研究。马克·泰勒为屈米写过一篇文章，认为屈米对于短暂影像的使用是其建筑设计风格的“本质”，打破了表面与深度、室内与室外、公共空间与私密空间之间的辨证。在屈米设计的位于荷兰格罗宁根(Groningen)的玻璃录像美术馆(Glass Video Gallery)中，所有玻璃表面都是由透明玻璃支撑夹所支撑，使整个建筑物呈现出近乎透明消失的状态(图6-13)。透过透明玻璃表面又反射出影像，使建筑立面呈现出短暂性与变动性相互交织的暧昧景象(图6-14)。

图 6-13　挑起的玻璃体量外观

图 6-14　玻璃录影美术馆

屈米在勒弗诺瓦(Le Fresnoy)的国家当代艺术工作坊设计案中,使用影像投影作为设计手法。他将传统建筑稳定的特性,转换成为另一种“电子建筑(electrotecture)”,来彰显出“虚幻”与“短暂”的重要性。他以一个巨大的新建屋顶覆盖在现存的建筑物之上,在旧建筑与新建屋顶之间保留一处边缘性的空间,同时在新屋顶的下方投射电子即时影像,使新的屋顶增建设计产生意外的空间交错。

在纽约哥伦比亚大学学生活动中心设计方案中,屈米摆脱了过去使用电子投射影像的设计手法,而把游走于“缠绕的表面”的人体转换成影像的题材,希望在空间中同时融合虚拟与现实。他利用多层斜坡性空间串联起复杂的整体空间(图 6-15),同时连接其他静态与动态的空间(图 6-16)。马克·泰勒在分析这个设计案例时认为:“荧幕不仅仅是

图 6-15　夜景数字模拟图

图 6-16　哥伦比亚大学学生活动中心的“中介空间”

外在立面的一部分，而是将建筑转换成一个多重表面叠置下的复杂综合体。当身体在穿越表层向内部进入之际，材质将转变成为非材质化，非材质化将转变成为材质。在永无止境的界面边缘游走，没有任何事物可以隐藏。”[1]

6.2 身体结合与拓扑学空间

6.2.1 义肢化的身体

医学的发展使得修补术越来越多地应用在身体之中，这种修补术一方面能够弥补身体的缺憾，使得身体与机械结合起来，变成一种义肢化的身体，另一方面也探索了身体结合义肢在空间上的扩展与体验。

除了真实义肢对残障人士的帮助外，在现实世界中同样将经常使用的科技副产品看作是一种身体义肢的扩展，比如手机、隐形眼镜与义齿等。比如助听器，是将一个晶片植入内耳，透过放在耳后的小型麦克风来传达声音，并且将声音转换成脉动，刺激听觉神经，将声音传达到电脑。附针孔摄影机的生物科技眼，取代眼睛的视觉系统，微晶片被植入大脑皮层，成为人工视网膜，将光的信息通过电子信号传达到大脑。而对下肢瘫痪的病患而言，系统被设计用来模拟神经系统与神经机械义肢之间的运动功能，因此通过大脑的刺激将可以控制义肢的行动。

图 6－17 实验中的斯蒂拉克

澳大利亚行为表演艺术家斯蒂拉克(Stelarc)从 20 世纪 70 年代就开始探索科技与人体的结合(图 6－17)。他相信身体的“非真实性(non-actuality)”，他综合运用医疗设备、器官修补术(prosthetics)、机器人技术、虚拟现实系统和因特网等来探索自己身体的功能、极限与可能性。他的很多表演都是对身体的扩张与探索。他认为他的表演是如何发掘作为一个不断进化的体系的人体。在我们的时代，身体可以用不同的方式被拉伸。[6]

图 6－18 第三只手

在“第三只手(The Third Hand)”中，斯蒂拉克在自己的右臂上附上额外的机械手，通过身体与放在其他地方的感应器相连接而发出信号，以电子的方式控制人工义肢的行动(图 6－18)。新的延伸义肢操作器能转动手腕、转动拇指、弯曲单个指节关节，并且使每个指头张合。

“胃之雕刻(Sculpture for Stomach)”，是将一个简单的机械装置插入到胃腔内大约 40 厘米，这个机械装置连通一个服务于电动机的驱动电缆，还有一个电路在身体外，因为并不是所有的部分都小到可以插入身体。在这个实验中，身体成为了这件艺术作品的寄主。科技没有被附加在身体上（如“第三只手”），而是被插入到身体里，科技侵入了身体。

这样的科技与身体的结合已不能再将身体看作是封闭的、唯一的且定义清楚的有机体；它变成了具有混血与综合的特征，挑战了有机和无机的严格区分。当人体可以与人工心脏瓣膜、义肢、人工器官相整合，机械就将生物的特性整合到它们的机制当中。这种与科技相结合的身体形成了一种身体新概念，打开了身体的新逻辑，它能够容许各种不同的观点在同一个系统之中存在并且互相改变、渗透与影响。[3]

6.2.2 身体结合

对义肢等的使用是通过“结合（incorporation）”的过程来完成的。祖鲁·雷德（Drew Leder）认为，其词根源自拉丁词 corpus，其意思是“to bring within a body”。[4]在词源学中看，结合就是身体与生俱来的一种本性和能力，这种能力使身体便于接受外在事物。

这种身体结合的能力接近于梅洛-庞蒂的“身体域”的概念，身体对工具的使用是在一种结合合并的空间中发生的。对海德格尔来说，工具就是“置于手边（ready-to-hand）”，放置在我们周围准备使用，可用来随时操作的东西，但是在日常生活中，这些工具倾向于从我们的关注中消失，比如年长者所使用的手杖和助听器等，已经成为他们身体中的一部分。祖鲁·雷德在《不在场的身体》中补充了这种观点：“盲人的手杖不再是一个物体，不再被感觉到，手杖的顶端已经成为一个感官的领域，其扩展到触觉的范围和活动半径，提供与视力相同的功用。”这种焦点的消失源自于身体入迷（ecstatic）的本质。

实际上，希腊词汇 organon，即表示的是肉体器官，也指的是一个工具的组成部分。这种器官与工具之间的关系，同样得到词源学的证明。由此可见，我们与环境之间的这种关系是“在由技术上辅助的身体——而不是仅仅是由我们自然的肉体——创造的空间中展开”[4]。因此，建筑所创造和界定的环境，不仅仅是为了“自然的”身体而创造的，同样也是为了技术上扩展的感官身体。

而且，身体有着一种本能的对肢体的虚拟想象，被截肢之后的身体会感到痛苦；但是当人工的义肢被装上之后，这种痛苦马上就消失了。身体整体的移动在义肢装上之后就恢复了，这完全是由身体的有机性与机械整合的结果。

另外，身体本身也总是认为自己是环境的一部分，例如游牧者就将他与他身体的外部空间的迁徙整合成步调一致的行为，空间成为他身体的延伸。将身体视为空间延伸的逻辑，推翻了欧几里得式的逻辑，颠覆了以身体为中心的概念。

“诺克斯建筑小组（Nox Architects）”的设计师之一拉斯·斯普布洛伊克（Lars Spuybreok）针对当前建筑学中对曲线型不规则建筑的研究的两种倾向[7]，提出了一种不同于二者的模式，即“建筑软化”的模式。[5]斯普布洛伊克认为建筑是易变的，同时又会对其中的使用者做出反应：

> 工具主义者（技术决定论）认为技术在调和身体与其环境之间的矛盾，并必将影响或改变身体及其周围世界。实际上，有两种途径来反对这种技术决定论说法：第一种是建筑目标和技术目标的完全融合；第二种是身体与技术的完全融合。在第一种途径中，建筑

特征消失了(这并不是坏事)。在第二种途径中,身体的灵魂已经毫不费力地逐渐向生物工程技术转变(这也不是坏事)。在这两种途径中,技术希望实现身体的镇定,调节身体并保持身体平静,以便为身体提供一种经过协调的气氛,比如在提高了几层楼高度的时候仍保持身体的静止,以尽可能温和的方式促进身体入睡。但是,也许很可能会出现相反的情形:比如技术向推进身体加速的方向发展,而不是保持身体镇定,或者建筑完全被技术吞没,以至于建筑完全可以减缓或者增强身体的节律。[5]

可以看出,斯普布洛伊克希望把身体、技术和建筑结合起来,创造一种三者合一的新型的积极互动关系。这也是他提出的"软建筑"的概念。按照彼得·塞纳(Peter Zellner)的说法,"软建筑"是把建筑的弹性与身体的弹性结合在一起。似乎可以这么说,建筑不仅成为身体所体验的内在空间,也成为身体的义肢,与身体一起来感受外在的空间。

"诺克斯建筑小组"所设计的"新鲜活水馆(Fresh H_2O EXPO)"的中心理念是设想了身体置于水底下的空间的体验。身体对于水流动性的感觉,尤其是身体被流动的物质所围绕的感觉,是行动者的动作和行为与新鲜活水馆自身结合在一起来进行体验的。这样的想法来自于对身体可以与其他工具整合的自然本性的了解。比如汽车驾驶者与汽车的关系,在非常狭小的驾驶座上,驾驶者可以完成非常灵活的移动,这是因为驾驶者能够感觉到汽车移动的方式,也就是说,汽车成为驾驶者的义肢。

新鲜水活馆是一个水上展览馆或者说是一个交互装置,来说明建筑设计、交互式媒体编辑和高科技之间的相互交织作用。设计者借助综合的空间体验把几何形、建筑和传感触发式多媒体装置连接在一起。展览馆是一种"智能"建筑,有着自己的运行逻辑和感觉能力,并且会对参观者的行为活动做出反应。

展览馆室内,准确定位的感应器与一排 65 米长的蓝灯相连,这排蓝灯还与一套声控系统相连。展览馆通过几组微处理器的协调处理,使地面隆起地带的灯光和声音随着来访者的运动不断发生有节奏的变化。设计师斯普布洛伊克和凯斯·欧斯特霍斯(Kas Osterhuis)在形成这个复杂的结构时,先利用高端工作站运行先进的动画和模拟软件建模并不断调整形成相互交织的 16 支样条(spline),最后形成椭圆和半圆截面的拉长钢制蠕虫。在软件程序中,样条被定义为活性和反应性的形态,当样条在虚拟状态下被拉伸时,将会按照由斯普布洛伊克编制的脚本程序和例行程序所决定的参数统一变形。这样就在建筑中创造了新的环境。地板融入到墙中,墙融入到顶棚中,没有任何水平的东西存在。参观者在任何时候必须依靠他或者她的运动神经以及触觉本能来保持平衡。[6]

这种创造的建筑环境使得参观者仿佛置身于淹没的空间之中,分不出天花板或是墙壁、垂直或是水平,建筑物透过感应器与促动器加速了身体的运动。新鲜活水馆成为真实与虚拟波浪的系统。体验者身体的感觉与体验,与建筑中液态的物质、影像、灯光、声音与颜色一起互动,并且受到馆外的天气与水的高低起伏的影响。身体的建筑之旅已经被转换成为在具有感觉的建筑之内的旅程——在一个潮湿的电子化的水底空间中,身体与科技寻找到了一个新的联系与相遇点(图 6 - 19)。

在身体感知和感觉运动的能力中,生理学上区分了以下三种类型:"外感官(exteroception)",是指感受外在刺激的感官,如视觉和听觉,其中包括我们的五种感官,它们都是位于身体的表面,暴露在外在世界中;"本体感受(proprioception)",是与我们的平衡感和在空间中所处的正确的位置相关，以及与肌肉的张力相关；最后，“内感受(interoception)”，其涉及所有的位于身体内部的内脏器官的感受。因为健康的原因，重要的器官和内脏都是被隐藏和受到保护的，而感觉运动的器官必须位于身体的表面上，包括可以看得到物体的器官。身体的内脏是很少可以暴露看得到的。[4]

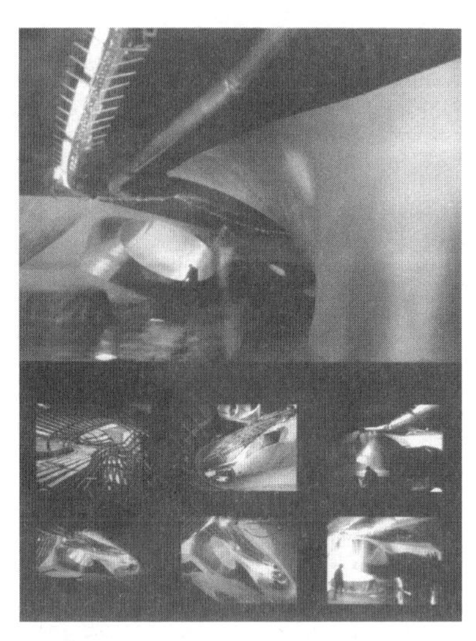

图 6-19　新鲜活水馆

为了深入探讨身体与空间之间的关系，斯普布洛伊克引入了“本体感受”的概念，本体感受是身体的一种完全自发的知觉。他从这种概念中认识到空间是知觉的潜在场所，身体的运动、知觉以及周遭的空间是纠结在一起的，并没有前后顺序之分和明确的界限。而笛卡尔式的建筑明确地将空间与身体分开，身体成为被动的接受者或者是客观的衡量者。因为竖直的墙就决定了身体必须是站立的。在斯普布洛伊克看来，必须抛弃掉这种水平与竖直的区分，才能激发身体的知觉潜能。因此在他所设计的实践作品中，参观者时时刻刻都必须保持自己的平衡来体验建筑内部的混沌的空间。

从“新鲜活水馆”的设计中可以看出，设计者斯普布洛伊克和欧斯特霍斯的设计实现了身体和空间、物体和速度、表皮与环境之间的无缝结合，并把平面和体积、地板与隔板、表面和界面相互融合，参观者将行走在非欧几里得几何的复杂曲面空间之中。建筑师意图让参观者失去身体的中心感以及原有视觉控制的能力。室内空间会根据真实的海水潮汐与波浪的运动，使空间中的水呈现干涸与填满的状态。这种空间将我们从既定的笛卡尔式的水平垂直的空间中解放出来。设计者反对传统的机械论式的惰性的身体体验，赞成更加柔性和更加注重感受的环境设计。在这样的柔性环境中，人的行为、空间感受和空间的视觉效果得到了全面的综合。

6.2.3　拓扑学空间

当人们探索到皮肤的内部，了解身体皮肤的有机发展，并且将其能够用数字的方式记录并重组拼贴的时候，它就已经打破了西方建筑领域一直以来所保存的二元对立思维，如表面与结构、室内与室外、形式和功能等，渐渐产生了改变。当这种“内”与“外”的空间没有区分的时候，传统的三维静止空间就受到质疑，“表面”的动态带来了多维的动态的空间。数字技术的发展与新的结构技术的结合，使得这种着重与拓扑学上而非实体上的变形的动态空间成为可能。

那么，如何打开与克服有限的空间维度，突破我们传统的二维思维，并且在某种程度上能够找寻到一种操作策略，将有限的空间边界转换成模糊的边缘地带？

麦克·韦伯(Michael Webb)通过绘制表面的再现挑战了平面极限，来对这种二维思维提出质疑，他提出：如何在电脑上创造无限空间？而人们如何来体验这种无限空间，是否曾经有人穿越这个没有边界的空间？

韦伯认为:“在极度神智清楚的时刻,我能够接受在这种无限的空间中旅行,是一种非真实性且图像化的状态,想要探索这浩瀚的空间,必须受限于图像的限制。”他研究二维空间中所蕴含的广大空间。他建立了一套格状的地景、一个笛卡尔的空间,根据格状的坐标系统,他发明了一项工具可以在这空间中探索。这项工具,就是单点透视法。他解释道:“这项发明,为三度真实空间提供了一种二维向度上的虚拟影像。”此虚拟影像只有在视觉中心点的部分是最精准的,画面的其他部分则会产生扭曲与变形,变形量则依据视觉中心的距离而异。在周围部分则会产生无限的变形。这个缺点也反映出运动中的幻觉,即会让人产生一种似乎要快速掉入绘画空间中的感觉。韦伯的绘画质疑了稳定性的存在。他通过加速度与时间的运用,进行空间的压缩,并挑战了现实世界的法则。

同样,埃森曼也找到了一个将建筑由笛卡尔坐标与欧几里得空间脱离的方法,克服了对于空间与形式的单一诠释。也就是表达“变动中的空间与造型(Space and Form of Transition)”的可能性,将本来密实压缩的造型,转变溶解为空间的流动(图 6-20)。

图 6-20 模型

图 6-21 马可教堂 2000 地面层平面

埃森曼 1996 年在“马可教堂 2000”的概念设计中,将沙滩上海浪所遗留的痕迹转换成建筑的造型,这本身是具有波动与有机隐喻的行动,这种利用数字技术产生的与宇宙、大自然海浪同脉动的感觉,在根本上产生了新的设计思考策略与方案(图 6-21)。

最重要的是埃森曼发现了对笛卡尔坐标僵硬形式的错置,这种变形的图解(Deformation Diagram)挑战了二维空间的想象,一种变动的状态转换为动态的空间体验。

“联合工作室(UN Studio)”的本·范·伯克尔(Ben van Berkel)与卡洛琳·博斯(Caroline Bos)探讨通过科学上的发现所带来的对建筑与空间的影响。科技的发展使得空间被以拓扑学的方式来了解。空间再也不是以一种稳定的模型所建构,而是具有可延伸、可改变的特性,空间的组织、分界,以及占据的领域都成为有弹性的。“联合工作室”探讨空间在不同时空下所产生的改变,他们将时间因子加入到形变的度量之中,使得空间的柔软度与多样性增加。

拓扑学是在讨论形变的表面结构下的行为。“表面”记载着在连续改变的时空下一系列的形变记录。表面所产生的连续性形变，同时能使室内与室外平面在此连续性形变中产生交错，就如同“莫比乌斯环”一般。“联合工作室”将拓扑造型学运用在住宅的设计上，进而在旧有稳定的结构中植入不同领域的时空变量。空间的几何造型通过拓扑学上的变形(Topological Deformation)，也就是经过一些基本几何特性的操作，比如拉扯、折叠与扭曲等动作，使得空间达到某种临界点，在这个临界点，建筑物被溶解成为不具象的造型，产生一种新的多维空间。

本・范・伯克尔所设计的“莫比乌斯环”住宅(图 6－22)被认为是一种连续的建筑结构，其包含了从室内到室外、从工作到休闲活动、从支撑性结构到无支撑性结构等(图 6－23)。他们认为像莫比乌斯模型，或者是克林瓶，或者其他无方向的几何结构，它们有趣之处在于自身的交错性，以及不封闭的内部。本・范・伯克尔认为：“克林瓶的表面可以被转换成为一个传输系统，整合所有的组成要素，并进而形成内部联系以及整体融合上的新形态。”[4]

图 6－22 “莫比乌斯环”住宅建筑室内实景

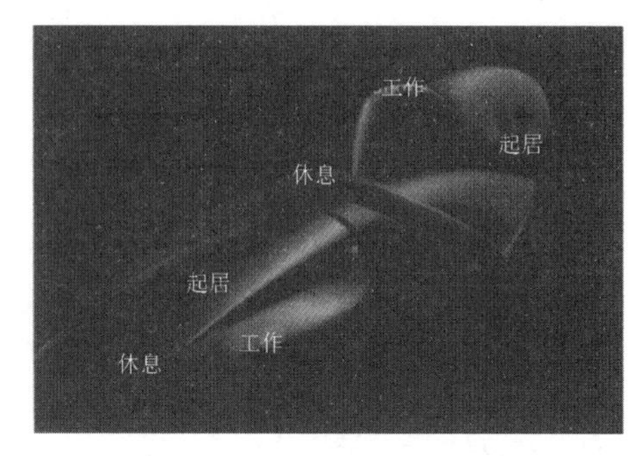

图 6－23 “莫比乌斯环”住宅空间示意图

6.3 身体变异与机械化的建筑

6.3.1 半机械人

20 世纪末科技的发展使我们迫切地切开身体，进入人的大脑探索混沌复杂的世界，进一步研究人类身体的神秘本质，这种动力产生了身体与科技的混合：将科技移植进入有机的身体，并且将不同的身体串联扩散到整个通讯网络上。这就是半机械人（Cyborg），也称为电子人。Cyborg，是“cybernetic organism（控制论有机体）”的缩写，是以一个混血存在为特征的，“一种畸形的想法的体现，半人、半异的机器人——一系列的杀手，其成年漫游在科学虚构世界的杀手，并且现在将要被实验室的地板激发活动”[4]。这种术语学是由在纽约奥兰治堡的罗克兰州立医院生物控制论的研究实验室中的两位医师所提出来的。身体在保持自身的有机体特征的同时，透过感应器与遥控设备，与媒体世界通过信息相联系。

身体曾经被暴露、打开与解剖，现在更是被科技进一步地扩张、变形与重组。

斯蒂拉克探索了电子科技与人体结合的研究，使得身体成为真正的电子人，而向外扩张。

“砰之身体（Ping Body）”（图 6－24）是人机连接的典范，充分展示了科技与人体的结合的可能性。在这件作品中，斯蒂拉克采用了先进的计算机技术——网络——来实践自己的艺术见解。“Ping”[8] 被转换成 0～60 伏的电流后通过计算机界面直接传送到斯蒂拉克身体的每块肌肉上，而他的神经系统则与网上的信息脉搏相连接。频繁而密集的电流造成斯蒂拉克的肌肉痉挛并驱使他的肢体产生移动，这些移动都被计算机丝毫不差地记录下来并显示在网络界面上，不在场的人可通过网页在同一时间内参与并看到这些图像

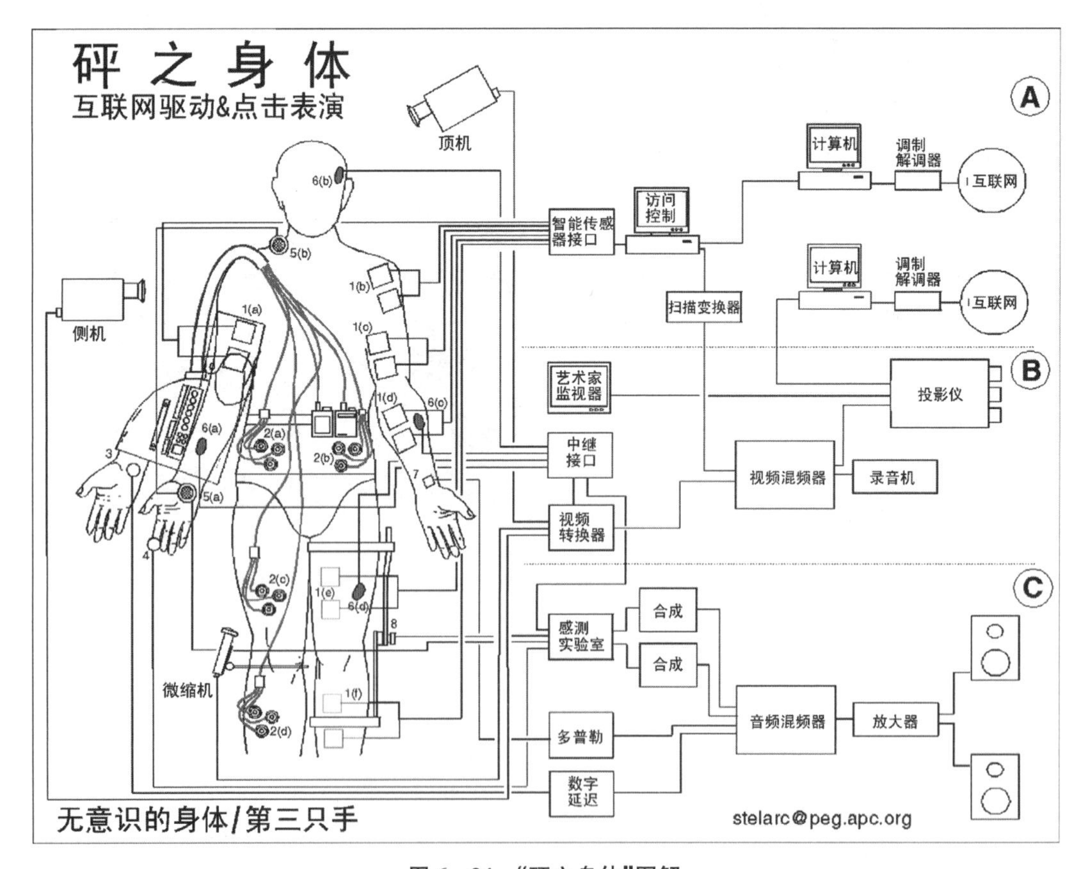

图 6－24 “砰之身体”图解

及信息的变动。在演出过程中，斯蒂拉克可以“ping”（探索到）40 个全球站点。“砰之身体”主要针对人与机器、主体与客体、自身与他人之间的关系进行讨论。在演示作品的过程中，斯蒂拉克不再是主体而是于网络世界之中的一个信息点，通过网络将自身扩展延伸到外在的世界。

斯蒂拉克甚至设计了一个可以与人对话的“人造头”，这个 5 米高的三维头像，是按照艺术家本人的形象设计的。观众可以通过在键盘前输入英文来进行提问，斯蒂拉克提前给电脑输入了至少 4 万个问题的答案，以备不时之需。[9]“人造头”的沟通能力和理解力非常令人信服，不仅可以随着他的语言发声变换唇形，而且还可以根据词语所蕴含的情绪调换面部表情。

斯蒂拉克在他长期的艺术生涯中，探索的就是各种各样将身体与电子义肢连接的方式。他想象从利用肌肉去控制所有外在的机械装置到他本人的身体不得已去服从外来物体的指令，做了各种各样的实验，有时到了极端的地步。比如“臂上耳”，其实是他的一个作品，是以外科手术构造了一只耳朵，并在其中植入电子收音装置。“我们都是半机械人。”美国研究人与机械的关系的领头学者唐纳・哈维（Donna Haraway）的这句格言被反复并且也是错误地引用，最后连她自己都对“我们”是谁的命题很后悔。但当我们生活在一个电子机械都发达的时代，在科技时尚方面，还有哪个概念能超过“半机械人”出现的频率呢。

过去 50 年里，我们生存的空间不再是由石头、植物和动物组成的世界，而变成由硬件、软件和湿件（指“人”）构成的不再神圣的三位一体。当公共场所开始全面戒烟时，大家就用那只空出来不知道该干什么的手打手机，似乎这比前种生活方式更令人欣慰。手机、摄像头、iPad 作为人体的延伸“义肢”，技术不仅包围人的身体，而且还可能控制并剥夺他的功能，机械成了陷阱，而人则成了牺牲品。

可以将斯蒂拉克的举动看作是一种有意识的不同模式的再表演，是与我们自己生活息息相关的“半机械人”的话题的延伸。强化人与机器的共生关系可能导致这两者永久的分离，另一方面按照“半机械人”内在的逻辑，有机体与无机体相互渗透的时间越长，两者之间的共生关系也可能越持久。在乌托邦的境界里，许多科学幻想家都曾经想象过，如果生命退化，心智是否还会在新的技术寄生体内生存下来。像斯蒂拉克，就通过他们的艺术表明，对于这样的问题的明确性答案是不存在的。

6.3.2 电子化的空间

身体与科技的混合——半机械人，使得超越身体物质的限制成为可能。身体在这样的发展中，就不再仅仅局限在生理学或直接接触到的有限的周围环境。但是最具影响力的改变并不是电子将使人类的身体变成虚拟，而是将使身体触及到世界的各个角落，遥控系统使得人类影响可以投射到很远的距离之外，可以无所不在地完成他们实际的行动，来获取非凡的体验。因此，斯蒂拉克说：“对于我们这个时代的进化而言，最重要的事件就是移动与旅行方式的改变，接下来应该发展的是我们得改造我们的皮肤。”通过构建合成的皮肤，“将可以吸收氧气，直接由它的毛孔执行光合作用，将光线转换成有营养的化学物质”，将使得“对于身体的重新设计，减少不必要的系统以及失调的器官”[3]成为可能。

身体的转变，使我们不再将身体看作是简单的有机体，身体可以比拟为建筑，同样，身体的这种扩张与重组，也可以将建筑比拟为是科技的身体。而电脑科技的运用，也促使了新的建筑空间的产生。

电脑科技的运用，取代了传统上所依赖的几何造型的逻辑，进而以形态学的逻辑思考，就好像由一个初生的胚胎体，逐渐成长为完整的身体一样。最重要的关键是发展出具有"自我衍生(Self-Generation)"与"自我组织(Self-Organization)"能力的空间，这种空间就像身体一样，可以与周围环境进行多向的沟通。因此这种介于秩序与混乱之间的动态空间则更具有自主性。

传统科学的僵化与单一逻辑，将这世界不同深度的现象简化到单一的平面上讨论，使不同观点的讨论简化成单一的观点，并且将不同尺度的物件放到单一的标准上来比较。电脑这种有别于数学与量化的方式，能够在开放与动态中发现秩序，并且对于周遭的环境是敏感的，以及能够以不可见的方式影响着周围的环境，这种方式脱离了传统笛卡尔与欧几里得狭隘的思考方式与表现方式。

身体是一个自我组织的机制或是有能力对于周围环境的改变做出回应，以未来建筑的观点来看，对于环境与人类的刺激，建筑将产生"正向力(Active Force)"或是"抵抗力(Resistant Force)"的回应。同斯普布洛伊克一样，许多探索者开始思考身体与空间这种动态的关系，其中以尼古拉斯·尼葛洛庞帝(Nicholas Negroponte)所主持的麻省理工学院"媒体实验室(Media Lab)"为代表，媒体实验室对这个改变的意义做了长期的基础研究。尼葛洛庞帝在1967年成立"建筑机器小组(Architecture Machine Group)"时最初的宗旨是在于改良建筑设计的程序，试图建立"两种不同物种的亲切关系(人与机器)"，但是经过数年的努力后，原来的信念被推翻了，取而代之的想法是"建筑机器将不会帮助人们做设计，而是我们将居住在建筑机器之中"[3]。媒体实验室在1980年成立之后，主要探索身体、建筑与信息之间可能的相互关系。这种兴趣主要是源自于他们对人机界面的认可。这也使得媒体实验室出现了两个不同的发展方向：身体的信息化和空间的信息化。

实验室设计了一间"智慧型的房间(Intelligent Room)"，创造出对人体来说非常敏感(Sensitive)的环境，它是以摄影监控器和麦克风与电脑网络相连接的。人们可以通过动作和声音与电脑沟通，甚至控制墙上银幕里的"虚拟环境(Virtual Environment)"，人们穿戴上可穿戴式电脑(Computer to Be Worn)，这种敏感的外衣随时提供使用者信息而不受到空间的限制。而充当扩音器的耳环、电话式麦克风的鞋子，随时地在身体与网络之间传送消息。接下来是身体的网络与区域网络之间连接，这样的网络系统通过相互连接的电子元件对于周围的环境是敏感的。例如，"如果你的电冰箱感觉到牛奶已经快没有了"，透过食物条码的识别，"它将会在你回家的路上，提醒你购买牛奶"。[3]这种人与家庭用品之间的沟通，提醒了一个建筑上不被人注意的重要性，也就是针对个人需求的反应，这就使我们去思考数字信息对于身体与空间所带来的根本改变。这种数字技术能够即时地将身体感觉表达出来，并与周围环境互动，身体的感觉已经不再成为空间被动的体验，而成为与周围环境相互沟通的主体，甚至可以依赖数字技术直接对周围环境产生影响。身体成为与之相互连接的电脑空间中的另一个端口。

同样对身体的这种敏感且动态的体验的探索还有马科斯·诺瓦克(Marcos Navok)。

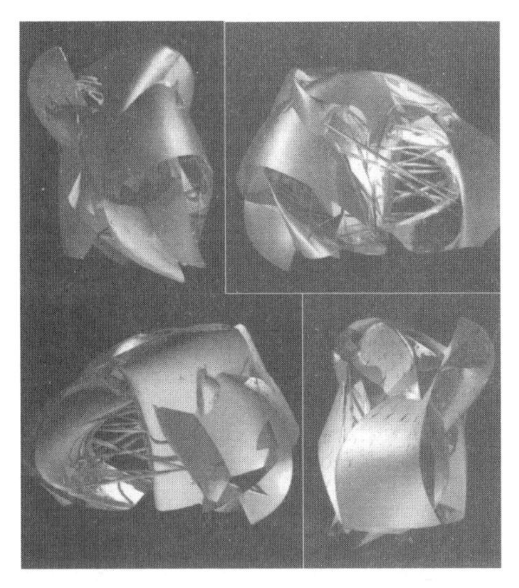

图 6-25　数据导向的四组造型

他创作出来的建筑世界在本质上都是虚拟空间，大部分重要的设计主题都是关于临界点、真实与虚拟空间的相互混杂、三维空间与更多维空间的共处。诺瓦克在1998年所设计的以数据导向形成的四组造型(图6-25)中，他更深入地探索了虚拟空间，其更中心的问题则是指向我们的身体：我们的身体扮演着两个世界的临界点，那就是真实的三维空间与多维的想象空间。

事实上，真实世界中的物理与数学所揭示的空间概念是不可能在现实世界中呈现出来的，但是现在有可能在虚拟世界出现，它可以被想象与建构，并不是三维空间的复制，而是更多维的空间呈现。

在这样的情况之下，身体成为介于不同空间之间的表面，成为真实与虚拟空间并置的双重经验的交换场所，因此产生了一种全新且单一维度的新空间经验。这样的身体经验的空间错置，使我们对于周围的世界与我们自身的关系产生了疑问，产生了多重维度的空间体验。

6.3.3　机械化的建筑

我们的身体感觉逐渐被新科技所扩张与入侵，成为某种形态的“建筑”，甚至是可以将“建筑物”类比成我们的身体组织，而不再是具有固定秩序或者是投射的僵硬躯体，而成为更具有敏感性、有弹性、有智慧，并且具有沟通能力的新建筑类型。也就是说，我们的身体通过信息科技的帮助而扩张了对于空间的定义，而建筑设计也朝向更具智慧与更具敏感性的方向上发展。为了使我们活生生的身体与更敏感的空间相结合，传统观念中对于电脑是机械式与数位式的抽象逻辑，将会转向更加复杂的视觉与隐喻，就好像真实且具有感觉的生命体一般。

因此，计算机技术的发展在建筑中产生了一种新的对身体的类比：

一种新的建筑身体的图像可能是位于生物科学中的身体的分子图像中。在这个模型中，身体不再被看作是与上帝同在的神人同形同性，或者是一种无形的聚集，而是被看作是一种外在轮廓在不断变化的自组织的系统……如果一种新的有机的生物形态成为可能的话，外轮廓就会逐渐变得清晰，它并不是基于一种统一的身体的有机的图像上的，而恰恰相反——它是基于身体的分子图像的基础上。[7]

许多建筑师开始研究拓扑表面的组织的可能性来替代笛卡尔的体积，这些探索经过计算机的模拟，让我们认识到一种新的对身体上的形态学上的类似，更接近于一个单细胞无定形的块状物(blob)，而不是一个对称的竖立的人。[8]

神人同形同性将建筑喻为整个身体，但随着对身体观的改变，和对身心的重新再认识，建筑不再与整体的身体产生类比。韦塞利(Dalibor Vesely)反复重申了这种利用人的身体作为建筑的隐喻的不和谐：

将身体脱离于灵魂而孤立地存在，来探讨秩序与和谐作为身体的外在表面的一种看不见的指导原则的显现这种问题是大错特错的。这样的一种简单化的和扭曲化的理解可以在许多文艺复兴的建筑文章中和现代主义的评论中看得到。[9]

图 6-26　科学城天文馆

西班牙建筑师和工程师圣地亚哥·卡拉特拉瓦(Santiago Calatrava)的许多作品或者表达了身体的某种元素，或者表达了身体组织的方式。1991 年设计的位于西班牙巴伦西亚的科学中心的天文馆(图 6-26)，就是以人的眼睛为创作灵感。天文馆变成了眼球，外围覆盖了一个巨大的钢和玻璃的，并且可以开合的"眼睑"(图 6-27)。水池中的倒影使建筑的图像变成了完整的人的眼睛的图像(图 6-28)。

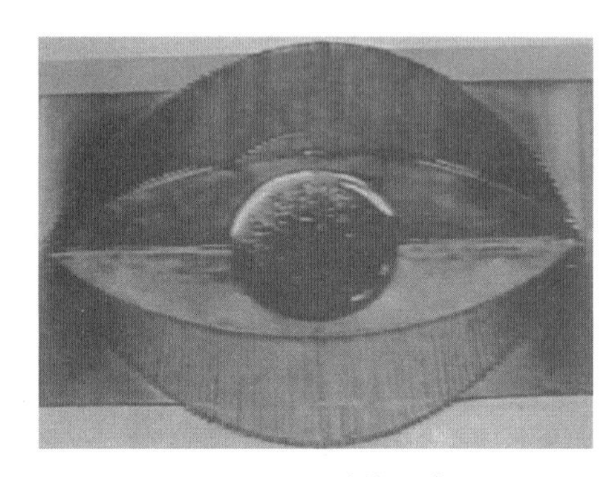

图 6-27　眨动的眼睛 1

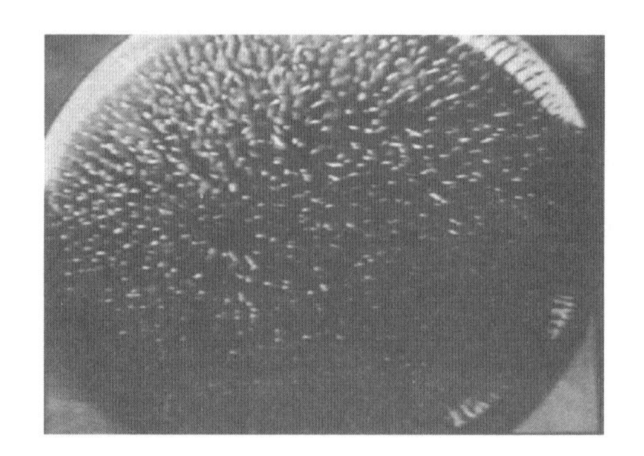

图 6-28　眨动的眼睛 2

身体被科技入侵与放大之后，我们相对地将建筑比拟为身体，但不是以身体为秩序与形式准则的模型，而是使建筑具有敏感、弹性、智慧与沟通的能力。也就是，身体的空间广度被扩张的同时，而建筑的未来也将模拟身体的特性。如果电子化革命所带来的是在这类的复杂生活与活动中注入一种新的有机弹性，那么，生命科技的革命将带领我们开启一扇通往异世界之门，一个介于真实与虚拟的维度，生产介于有机与无机之间的事物，产生既是基因又是数字化的信息符号。

6.4　迪勒与斯科菲迪奥的实践

在 20 世纪 80 年代初，探索建筑与文字、建筑与戏剧、建筑与媒体驱动的信息世界之间的关系，两位美国建筑师伊丽莎白·迪勒(Elizabeth Diller)与里卡多·斯科菲迪奥(Ricardo Scofidio)值得一提。他们对多学科间的交叉研究提出了建筑在文化与社会习俗中的位置问题，并用分析的方法解释现有的设计风格、休闲生活和空间组织等。

伊丽莎白·迪勒，1954 年出生于波兰，1979 年毕业于库帕联盟建筑学院建筑专业，并在这一段期间认识斯科菲迪奥。1981年任库帕联盟副教授，1990年起担任普林斯顿大学教授。

里卡多·斯科菲迪奥，1935年出生于美国纽约。1952—1955年在库帕联盟建筑学院学习建筑，1960年哥伦比亚大学建筑专业毕业。1967年起任库帕联盟学院教授。

从20世纪70年代之后的十几年期间，迪勒与斯科菲迪奥的创作主要集中于现场表演和艺术环境中的建筑装置，使他们能够实现在真实空间中的建筑构想，才能获得观众的回应。1984年，与剧作家和导演马修·麦奎尔(Matthew Maguire)合作，在拉玛玛实验剧场(La MaMa ETC)上演《美国的神秘》(*The American Mysteries*)。这使他们开始探索舞台布景如何影响剧本文字、实际演出和观众对表演的理解。在1983—1998年期间，他们推出了9项表演艺术作品，每次都尝试他们感兴趣的问题，如怎样强化人们对建筑的体验，怎样建造能够得知观众感受的作品。这些作品以及他们与编舞家、作家和导演的合作，构成了他们的建筑理论基础。迪勒与斯科菲迪奥多样化和具有独创精神的剧场作品，不仅成为他们建筑构想的工作模型，而且为他们早期建筑创作所展示出来的独特设计概念找到了实验室。

他们的实验性探索得到了越来越多的认可。在20世纪80年代，他们获得了来自格雷厄姆基金会、纽约基金会的艺术研究奖学金，芝加哥学会建筑学和城市主义的奖学金以及克莱斯勒成就和设计奖。几年后，迪勒与斯科菲迪奥成为第一个获得麦克阿瑟奖学金(MacArthur Fellowship)的建筑师，麦克阿瑟基金会引用他们作品中的话："探索空间如何在我们的文化中发挥作用，当建筑学被理解为社会关系的物质表现时，建筑学不仅仅存在于建筑物中，建筑学将无所不在。"[10]

随着研究的深入，他们不再关注实际的建造，而将建筑作为一种思考方式，他们很少以传统的建筑形式及建筑表达来进行思考和建造，而是分析社会习俗或规则是如何影响人们使用场所、物体和事件的方式。迪勒和斯科菲迪奥的工作就是去揭示那些规则，然后让我们从规则中解脱出来。

6.4.1 肉体

迪勒与斯科菲迪奥在1994年出版了著作《肉体：建筑的探索》，这本书集中地表达了他们对建筑学的理解，这种理解正是从对肉体的理解开始的，在他们看来，肉体是由公共和私人领域共同关注的一种永远不确定的财产。肉体是身体的最外层表皮，是最初的界面，勾画了身体与空间的关系界限。《肉体》一书的封面(图6-29)是一张臀部的图像，从封面的女性特征转变到封底的男性特征。书脊则类似于一种身体的折叠。书名"肉体"是以阴刻的方式铭刻臀部表面上。从书的目录中就可以看出他们对不同人的身体的研究，包括不正常的人、精神病患者、邻居、罪人、管理人员、旅行者、喜欢在家消遣的男人等。

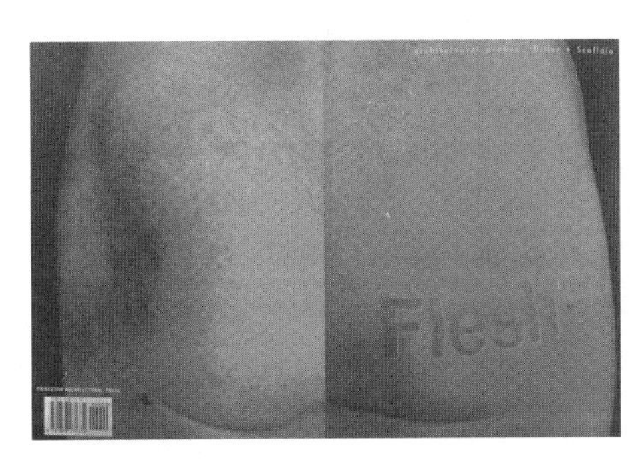

图6-29 《肉体》封面和封底

对肉体表面的关注是迪勒与斯科菲迪奥的一些作品所从事的主题，如“糟糕的熨烫”中褶皱衬衫的展示等。对他们来说，肉体表面或肉体的包裹物既是本质的又是表面的“本性”，是衣物的潜在欲望，是面具和表皮的秘密语言。

对迪勒与斯科菲迪奥来说，服饰就是身体的第二层皮肤，它同皮肤一样，反映了社会对其表面的印记与铭刻，这种多样性的表面同样涉及了一种时尚或者社会状态，它们能够被操作来接近一种认知的意义。服饰通过变成一种纯粹的符号，而在“社会的”层面上达到认知。反过来，穿着服饰的身体就接受了相应的名称或者是认同。

如福柯所言：“权力关系直接作用于身体，消耗它，标志它，训练它，强迫它完成任务，执行仪式，或者传播符号。”规训的技术和权力技术已经在驯良的身体上打上了深深地烙印，使身体已经与制度化的结构不能分离。例如，士兵规训良好的身体，就是具有一种强制性的代码，这种代码就是通过覆盖在士兵皮肤上的制服来授予的。[4]

制服就是使规训的身体变得可以理解的制度化的皮肤。作为一种表达体系，它在一种既定的制度中界定了身体的功能，从而定义了它的行为。按照劳伦斯·朗纳(Lawrence Langner)的说法：“如果没有制服和服饰的发明，政府从来都不能成为可能，无论它是君主性、专政或者是民主政府，通过其士兵和警察力量来超越大众的力量。这些制服从普通大众中区分出权威的四肢，并保护了即时的服从。”更加普遍深入地是由社会系统转化的制服：如华尔街的律师、俱乐部孩童等。一个群组、制度，或者意识形态中的成员，通过预先建立对身体想象的连贯一致性，变得更加易懂。比如超人、蝙蝠侠、蜘蛛侠都有自己特定的服装，甚至全民超人汉·考克(Hancock)也被劝说，如果不穿制服去执行任务，就不能获得别人的认同。

6.4.2 身体作品

1) 身体效率

迪勒与斯科菲迪奥对最熟悉的家务劳动进行描写，研究现代主义环境下的身体效率、家庭空间管理以及身体与空间的关系等问题。

19 世纪晚期，身体与空间的不可分割性已经清楚地表现出来，像建筑一样，身体也要变得更整洁、迅速、高效和敏捷，来满足社会变化的需求。19 世纪末和 20 世纪初，身体逐渐被认为是工业生产力的机械部分，科学管理，或者是泰勒主义使身体运动理性化和标准化，利用其能力并转换成有效的劳动力。能量的动力学运用方式是很多乌托邦社会和政治意识形态的中心：“泰勒主义、布尔什维克的政策和法西斯主义。所有这些运动把身体看作是生产力和政治工具，身体的能力应该服从按照科学方法设计的组织系统。”[4]身体工程学的实践被引入到办公室、学校、医院，甚至是女性和男性的行为中。科学管理被引入家庭，应用于家庭的家务劳动。时间-动作的研究，发展到分解工厂劳动者的每一个动作，最终理想的劳动者被引进入家庭，创造理想的家庭主妇，细察家庭管理中的每一个动作(图 6－30)。

20 世纪 20 年代，科学管理应用在节省劳动力上，结合家用电器的引进，新的“电子仆人”可以减少家庭主妇的身体支出，节省时间和能量，使得妇女从家庭中解脱出来。弗兰克·吉尔布雷斯(Frank Gilbreth)提出了砖砌效率，通过减少弯腰来提高砖砌的效率。最

图 6-30 家庭主妇准备晚餐的工作效率比较

早的家庭科学效率的代表者克里斯汀·弗雷德里克(Christine Frederick)就提出:"我们为什么不能像砌砖工人一样,减少在厨房、水池和烫衣板前不必要的弯腰?"受弗雷德里克启发,在1925年的"法兰克福厨房"[10]中可以找到关于"效率"的完整表达,使人类能量、时间、空间和金钱的支出达到最优的配置。

迪勒与斯科菲迪奥认为家庭生活及卫生清洁使身体陷入到一种重复性的劳动和习惯性的整理中。更有甚者会出现一种患有强迫症("洁癖")的家庭妇女,她们会逼迫自己一遍遍地清洁自己的房屋。同时对效率的迷恋所带来的身体苦行在欧洲受到批判,因为它被认为是"身体在非人性化的环境和过程中被缩减为一种代码"。今天,在家庭和身体维护之间发现了一种新的联合——休闲泰勒主义就出现了,打扫卫生和整理内务等主要家庭劳动吸收了工业社会的实用主义,跟着电视节目中健美教练的节拍,将家务劳动与日常有氧健身相结合,在获得效率的同时减少了脂肪。

"糟糕的熨烫"(Bad Press,1993)关注熨烫、家务劳动的日常实践,是与对效率的追崇和家居化的身体相关的。迪勒与斯科菲迪奥认为这种对效率的追求就印记在衬衫的折痕中,折痕就代表了一种符号系统。标准熨烫的工作是依赖一种最小值来控制的。比如在熨烫一件衬衫,常常把衬衫折成最小化的平面以形成一个二维的、重复的单元(图 6-31),这样就消耗最小化的空间。男人衬衫的标准化的熨烫模式就是常常使衬衫形成一个扁平的、矩形的形状,这种形状同时对直角的储存系统来说也是非常经济的,无论是在装箱的立方体箱子,还是用来售卖的矩形展示格中,就算是在家庭的衣柜或者出差便携的手提箱,这个衬衫的折叠都遵照了经济的最小化的契约(contract of minimums)。

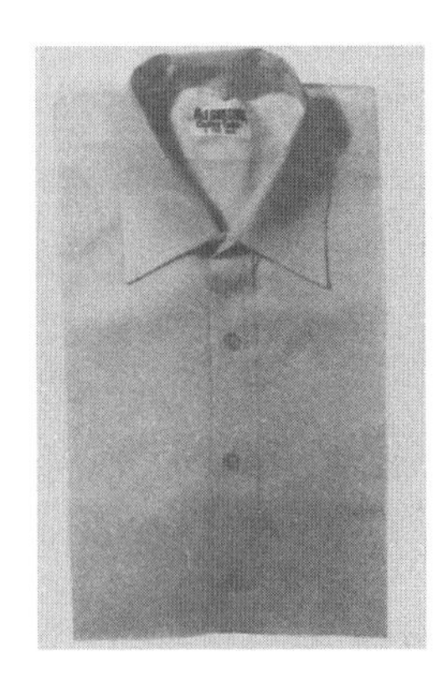

图 6-31 衬衫标准的折叠

图 6-32 衬衫的折痕

当穿戴的时候,这种折痕就非常明显地残留在衬衫的表面上(图 6-32),代表着对效率的追求。但是如果熨烫能够自由地从效率的折痕中完全地脱离出来的话,一种意见不同的熨烫的实践,也许能够发展新的编码,更加适合地表达后工业化的身体。例如,监狱犯人之间利用洗烫的细节在衣服上发展出的一套隐蔽的语言,一种只有少部分人才能理解的语言。就像文身一样,折痕有可能重新设计另一套效率的编码(图 6-33)。

迪勒与斯科菲迪奥认为,这种折痕能够在反

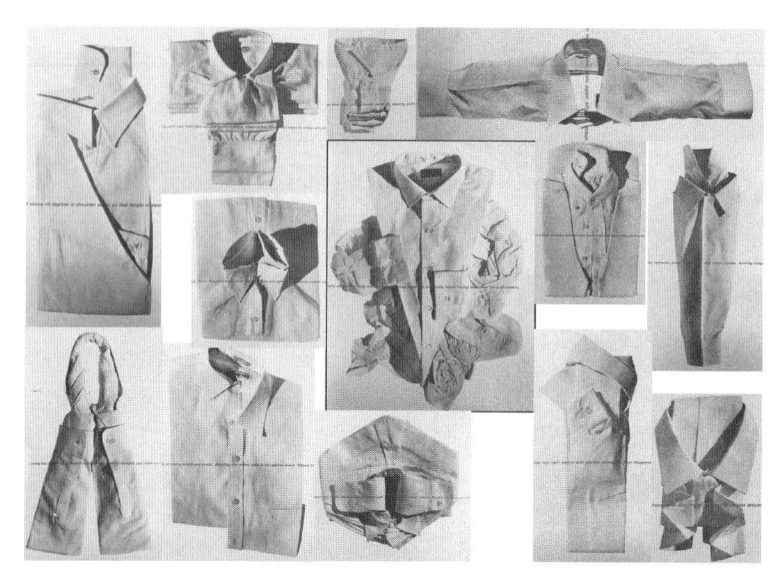

图 6-33 糟糕的熨烫

对"折叠(fold)"的层面上来进行探讨。来自德勒兹话语中的"折叠"避免了任何形式上的思索。它首先定义了德勒兹式的、预先主观性的内涵,它是指我们每一个人都是以许多错综复杂的、不规则的方式被"折叠的"。约翰·拉基曼(John Rajchman)解释道:"对德勒兹来说,折叠包括了一种我们存在的不同方式的'情感的'空间。"他还提出了一个问题:"'现代主义者的生存机器'为新的机械化的身体寻求表达清洁的、有效率的空间,但是谁将会发明一种新的方式来表达那些其他的多元化的身体的情感空间?"[4]

折叠在后结构主义者的建筑讨论中一直是一个有用的隐喻,因为它指向了一种含糊、不明确的状态,如表面和结构、形象和组织。折叠的主要的品质之一就是易变性,如果某些事物可以折叠,它就可以被展开和重新折叠。折叠是健忘的。在这个层面上,折叠与折痕发生了关系:折痕成为折叠的踪迹,它具有记忆,具有表达的价值;但是折叠暗含了可逆性,折痕却是收集信息的单方向的不可逆的体系。当然,折痕并不是绝对的,它可以被热蒸汽消散。

2) 家庭生活

迪勒与斯科菲迪奥在 1987 年的室内装置作品"退出的房间(The Withdrawing Room)"中审视了家庭中的几种组织策略:财产所有权(Property Rights)分配了私人和公共的特权和限制。建筑物的表面实际上随着身体上、视觉上和听觉上的渗透,是非常容易附着印记的。这样控制身体的就是法律,通过罚金和关押对越界进行惩罚。礼节的规则(Rules of Etiquette)则按照社交礼仪的习俗分配了主人和客人的行为。桌面就成为主要的约束和控制的表面。控制身体的就是习俗,而社会的疏远就是其对越界的惩罚。婚约(Marriage Contract)从与另一个身体的关系的角度分配了道德代码、权利和责任。床就是这种可协商的表面。控制身体的是道德心,而对越界的惩罚就是心理或情感上的惩罚。空虚(Vanity)是一种自我强加的约束责难,它是由媒介来促使的对独特性和一致性的追求。镜子就成为这种控制性的表面,身体通过负罪感来进行控制,而羞耻就是对这种越界的惩罚。

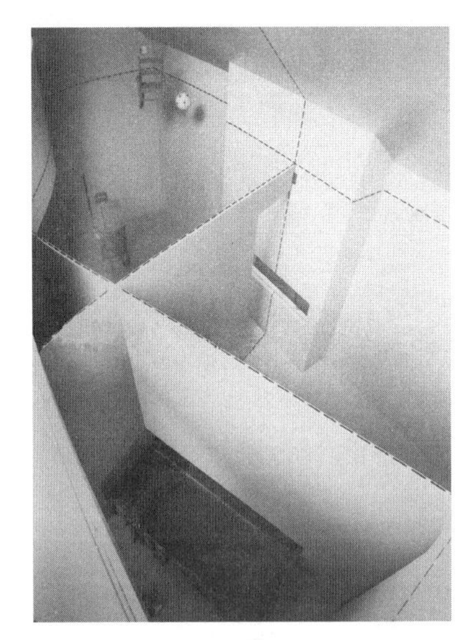
图 6－34 “退出的房间”全景

“退出的房间”是迪勒与斯科菲迪奥为一个改造工程所做的室内装置(图 6－34)，这个有着 100 年之久的木结构房屋位于旧金山，是由雕塑家戴维·艾兰德(David Ireland)将其改造成画廊的工程。其居住和画廊的双重行为彼此作用于这个装置的主题：私人的“家”和公共代码。观众被邀请来自由穿梭在装置中，可以看到真实的和虚拟的“家庭生活”，并可以通过窥视孔来窥探艺术家的生活区域，这样久而久之，这种公共领域和私人领域的相互交叠，二者就变得越来越模糊，然后得到互换，私人领域屈服于公共(观众)的凝视，私人行为则是不经意地切入到公共空间中。

这个装置空间上是与私人习俗不相关的。两层高的体积又被相互交叉的墙体分割成四个小部分。一个虚线印记在墙体上暗示为二层的楼板。这种布局保证了连续的具有优势的视点，既可以是主观的视点，也似乎是透视的和正投影式的视点(具有客观的平面、剖面和立面的特点)。这个装置颠倒了建筑表现制图上模拟真实的这种标准的想法。设计者通过对客观性的具有局限性的视点的真实的物化，正常地表现其局限性，表现了对非真实的模拟，而这种非真实正是非抽象的建造过程(现代主义最明显的成就就是将建造过程抽象化)中所已经遗失的。这样，这个“家”中熟悉的一切事物，就提供了不同的表达模式，这种模式就促进了参观者、科学的观察者、窥探者的连续的凝视。

日常生活留下的无意识痕迹印刻在地板和墙壁表面上：咖啡杯在桌面上留下的交叉环；当床移开的时候，床下的灰尘成垂直投影的图形；松动的平开门经常性地开关，在地板上留下一段弧线；门锁撞击墙壁留下凹陷的表面等等。这个装置通过一些故意而为之的痕迹使“家”的概念得到认可。

在这个装置中，迪勒与斯科菲迪奥采用了切割(cutting)来作为设计的语言，这种语言在指派一种新的意义的时候，去除了其约定俗成的意义，这是“回归事物本身”的现象学思考。一些习以为常的家具(椅子、桌子和床)首先被进行切割，失去原有的功能，然后采用一种修补术装置来进行重组。

图 6－35 结合镜子的椅子

一张两条腿的椅子被装上第三条腿，穿过占有者的两腿之间，并且在与面部相对的位置上装有一个镜子，这样镜子与面部之间的空间成为所有场地中最私人的空间(图 6－35)。这是一个为单身汉设置的一个简单的家具，镜子提供了对分离的消除方式，当单身汉面对镜子的时候，空间就被压缩了。

“必要数目的盘子被恰当地放置，并且与餐桌中心保持两英尺等距离地环绕着餐桌。”这个基于桌子中心的布局是为了确保每一位顾客能够拥有一片安全的私人领域。每一套餐具和玻璃杯都是围绕着盘子摆放，这是为了增强这个私人的领域感。餐桌是一个微缩的文化代码的场地，这些文化代码由主人和客人，不同的性别角色，食客与膳食在桌面上进行的外交行为以及桌面下进行的违法行为来表演。

在上层的悬挂着的整套餐桌椅中（图 6－36），每一个椅子都通过机械与餐桌相连，椅子是以每套餐盘的中心为轴，自由地拖前或者向后，这保证了社会礼仪上能够接受的领域。桌子的上部表面和下部表面持续不断地接受在餐桌上面和下面所上演的场景的连续不断的符号系统。悬挂的桌子保证了桌下的活动是可见的，这样，客人在悬挂的桌下的活动不仅仅印刻在桌子的下部表面，而且还接收到了下面观众的凝视，一种双重的铭刻和视点在悬挂的桌子下面发生。

图 6－36　悬挂的餐桌椅

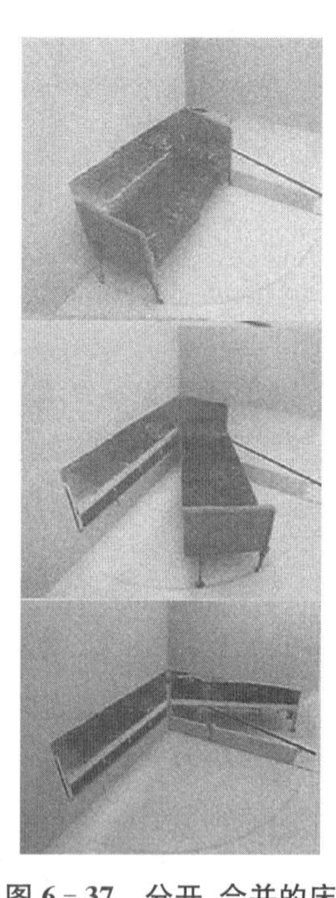

图 6－37　分开、合并的床

夫妇间的床沿着性别联系的轴被切成两半（图 6－37），并且在床头板处铰接在一起，正好在交叉的墙的中心线上。住宅的象征性的中心，从前是壁炉，后来是电视，在这里由一个机械的铰链——正反（双重个性）并存的器械——所代替。两个居住者在空间上是离异的，尽管他们的身体可能很容易结合。床的一半是固定的，另一半是活动的，可以绕着铰链旋转到隔壁的区间。在 180°的极限点，分开的床再次结合，床头板对床头板。动作的范围考虑到居住者之间的亲密行为的等级——从室友到玩伴。在这场欲望和拒绝的游戏中，统治的位置是不确定的。床日日夜夜都在谈判，可以自由选择床旋转的位置。床成为家庭的谈判中心和戏剧舞台。

图 6-38 他的、她的毛巾

在这个案例中，迪勒与斯科菲迪奥进行了关于家庭生活的讨论。他们使用日常生活中的小道具作为基本元素：床（看见一半）、椅子（镜子插在中间）、桌子（悬吊在天花板下面）以及毛巾（His/Her Towels）（图 6-38），每一件物品都是可识别的，但是都不再以原先的方式使用。作品总结了家庭生活中的身体、家具、活动和空间之间的关系及组织。他们希望通过对日常生活的放大和对日常家具的解体，来揭示我们被家庭生活所规训的空间特征以及身体特征。

3）身体运动

迪勒与斯科菲迪奥的作品"受难男人或牵线木偶的床（Bed for the Condemned Man or Automarionette）"（图 6-39），将沙袋通过杠杆悬挂着，并附着在一名男模特的身体上，从而在身体运动的过程中凸现了作用于骨骼和身体外部的张力。身体因此被看作是一个预应力的结构，其间的张力被演示了出来。

图 6-39 受难男人或牵线木偶的床

迪勒与斯科菲迪奥为编舞家弗拉芒（Flamand）的舞蹈团演出创作了三件作品："活靶子""平常速度行走的人"和"惯性"。

"活靶子"的起源是《尼金斯基日记》[11]。"平常速度行走的人"和"惯性"，以麦布里奇（Eadweared Muybridge）的运动人体连续摄影，作为舞蹈运动和舞台设计的灵感来源，记录运动肢体的电脑绘图、系列化形象和机械的感觉。

"活靶子"以宏大的尺度扩展了他们早期创作的手段和概念，尤其是通过平立面所表现的"叠置现实"。舞台一样大的镜子，呈 45°面对观众，提供了一个舞台的平面视角，将重力的方向旋转。结合录像和电影投影，以及放映着舞蹈者表演录像的与舞蹈者等高的影像，将现场表演与影像中的人物融为一体。预先录制的表演录像，通过镜子反射到台上，加入到由镜子所反射的现场表演者之中，使得表演者仿佛在空气中飘浮。斯科菲迪奥说道："在这种舞台和屏幕空间的二重奏中，舞蹈者具有了超乎全能的本领。现场表演者从重力的束缚中解脱出来。录像中的表演者从身体的物理能力中解脱出来，他们的运动借助于蜕变技术。"[4]

身体运动与视觉之间的关系一直是迪勒与斯科菲迪奥的研究兴趣之一，不同于传统的探索，他们使用了媒体技术，如蒙太奇这种摄像技术。当身体运动在空间中，运动的状态导致了视觉定点的不确定性，这些画面的彼此交叠，将视觉从固定的透视法中解放出来，也将身体从被动的运动中释放出来。

4）身体规训

“规训”一词来自福柯，这与“铭刻”一样，迪勒与斯科菲迪奥对身体的理解极大程度上受到了福柯的影响。而社会对身体的“规训”与“铭刻”在媒体时代发达的今日，则有增无减。

现代的媒体及网络技术的发展，尤其是电影、电视以及商品广告这些“景观”文化时时渗透到我们的日常生活中，视觉中心主义的全景敞视机器已变成了日常生存中的一种梦魇式的存在，网络增强了这种无所不在的看与被看的相互交织[12]。身体就时时刻刻地处于这种窥视与反窥视的监视中。

“窥视孔（Loophole）”，是一个兵工厂的改建项目，这个军事基地将被改建成当代艺术博物馆新的总部所在地。迪勒与斯科菲迪奥在这个作品中采用现代媒体技术对传统窥视孔进行了现代诠释。兵工厂是典型的中世纪风格的防御性建筑，有着厚重的墙体和用来防御的塔楼和射击孔。在左右对称的楼梯间，迪勒与斯科菲迪奥叙述了8段故事。“窥视孔”意思是观察或窥视，源自中世纪防御工程的一个小的垂直开口，用来开炮或观察。智能武器和电子眼的出现使厚重的墙和射击孔失去功用，成为“防御”的符号和分界线。在楼梯的中心，摄像机监视着楼梯内部：有一列窗的墙面、楼梯及休息平台以及窗外的城市景象。8扇窗分别对应8对液晶面板，面板在透明和半透明状态之间规律地变化着。每对面板陈述一个虚构的故事。城市景象和文字交替变换。当观众驻足窗前，侵入了窗外的私人场所。当面板变得不透明时，观众的视线被打断，但同时他也打断了摄像机的视线，于是观众就成为被监视者。摄像机的影像被传递到楼梯平台处俯视现状的显示器，视觉控制权再次发生变化。

迪勒与斯科菲迪奥在这个曾经执行监视功能的建筑内部上演了媒体时代的监视游戏，传统的监视孔伴随着建筑功能的丧失，成为一种符号和象征，摄像机与显示器执行了监视的功能，成为新的权力中心（图6－40）。

图6－40　窥视孔

媒体时代的监视器取代了福柯借以说明权力运作艺术的全景敞视模型，一个“规训的社会”的范式转变为新的可见的更具有德勒兹特征的“控制的社会”。我们的身体正在承受着媒体技术所带来的感官体验和规训。

6.4.3　建筑作品

1）悠闲住宅（The Slow House，1989）

“悠闲住宅”位于长岛，是一座为私人设计的海边别墅。迪勒与斯科菲迪奥从关注“度假”一词，来关注居住者、度假与家三者之间的关系。单词“vacation”来自拉丁词vacare，其意思是使家变空，这个含义就是说人们是不可能在家中适宜地度假的，除非这个家就是度假屋（vacation home）。度假村是休闲产业的产物。从词源学上，单词“leisure”是源自拉丁词licere，其意思是允许一种自由的行为。休闲被看作是对艰苦工作的奖赏，这种对立式的划分增强了休闲与工作的对立，休闲时光一定是要在远离了工作环境的休闲空间中度过。

但是随着网络及传媒的发展，这种工作空间与休闲空间越来越暧昧。商人无论是在咖啡馆，还是在打高尔夫，都可以通过网络来完成国际化的商业贸易。同时，越来越多的年轻人愿意在办公室玩网络游戏来度过无聊的周末。办公室变得既是一个生产场所，也是一个休闲场所。度假屋也就不再被看作是一个单独的逃离了信息传输的休闲场地。这样，为了维持一种舒适和休闲的状态，度假屋就必须将自己表达成为一个避难所，因此它必须表达一种逃离。

图 6－41　悠闲住宅模型 1

所以，“悠闲住宅”探讨了居住者从城市过渡到海边度假的一个过程，它是一座度假屋，探索了一种替代的自由。在这座住宅中，水平视野的愉悦成为设计中极力追求的目标。建筑的形式将度假者与海面的景观这两者密切地联系起来，用一种弯曲的结构，使整个住宅像一组视线可以穿透的框架。它以良好而开阔的观海视野为其设计的首要目标，并最终以生动的橱窗展现出来。“悠闲住宅”的设计灵感来自于马拉帕特别墅，名称来源于从正立面的门到投影屏幕式橱窗的缓慢下降的韵律(图 6－41)。

住宅探讨了三种“逃离”文化和接近文化的视觉装置：汽车挡风玻璃，在城市和度假屋之间一种可逆性逃离的媒介空间；电视屏幕，一个孤独的逃避的媒体空间，电视通过媒体技术来吸引逃避者；落地玻璃窗，一个私有的有市场价值的景色空间。这三种装置都组织进住宅的逻辑中，被看作是通向悠闲时空的逃避之门。电视和汽车在住宅的两端相互对立，暗示了差异的无穷性，而落地玻璃窗及交叠在一起的电视屏幕则减缓了后退的速度，将其压缩到一个纯粹的平面中。

悠闲住宅叙述了逃离城市的一个过程，汽车住宅的落地玻璃窗，相当于挡风玻璃，住宅里记录错过的和过去的海景的摄像机相当于汽车的后视镜反射过去的风景。这个逃离的过程以一个红色的大门开始，以一个挂在落地玻璃窗上的电视机结束。住宅将传统的一点透视变形，视觉轴线被弯曲，顺着别墅弯曲的墙面，呈现不断变化的景象，原来的中心偏离，失去平衡。迪勒与斯科菲迪奥指出：“悠闲住宅是一种激励的机械装置，激起视觉的欲望，并且缓慢地满足它。”[4]

住宅的平面是一个呈弧线展开的形式(图 6－42)，较窄的一端是住宅的入口，宽度恰好是一扇门，住宅的两堵墙面弯曲着向海边伸展，逐渐分开，住宅的另一端是一面大玻璃，朝向大海。一台摄像机拍摄着大海的风景，并将图像传输到室内的电视机中，玻璃窗前的电视同时播放着大海的风景，将图像传输到室内的电视机。摄像机可以通过遥控器伸缩控制：放大、缩小、记录。这些电视图像并不只是“现场直播”，图像可以快进、延迟或者定格。天气好的时候，可以坐在起居室中透过大玻璃窗观看大海；天气不好的时候，同样可以坐在起居室中在大屏幕上看到晴朗的大海景色。这个系统，实际上是运用了摄影技术中的“过度时间(excess time)”。按照 VCR 的创造者保罗·维利里奥(Paul Virilio)的话说：“一个储存的另一天，可以替代正常的生活的一天。”而且这种景观可以快进也可以放慢，它能够被分解成一帧帧的定格。它也是便于携带的，拍摄下来的海洋景观可以被传输到住宅的不同地方，甚至可以传输到城市中。

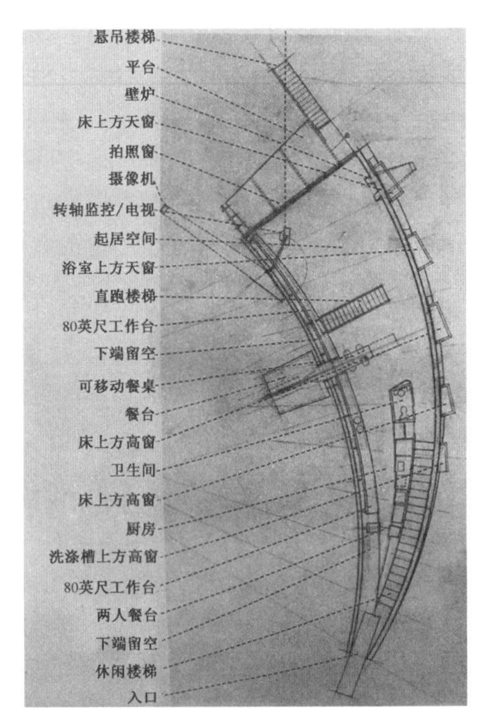

图 6-42　悠闲住宅装置安装位置

运动与视觉之间的联系就是“悠闲住宅”的创作基础，在某种意义上它类似于麦雷将动物运动分解成冻结的和抽象的图像。“悠闲住宅”描述了从纽约驾车到长岛海湾途中风景的减速过程，速度本身被冻结和分解。住宅扭曲了传统透视的模型。并且，切开的断面是没有确定的视觉轴的，而是按照曲线的视觉剖切线设置的，是一种与定点透视的彻底决裂。多段剖面分解并缓解运动的过程，每个剖面被凝视和叙述，创造慢动作的减速眩晕。

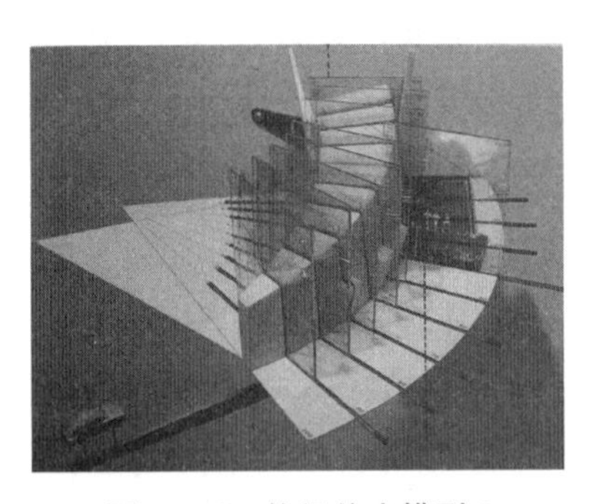
图 6-43　悠闲住宅模型 2

“悠闲住宅”设计了 9 个系列剖面(图 6-43)，通过对时间进行切割，体现了延迟状态，这种延迟使时间变得缓慢，因此每一帧画面被凝视和赋予意义。剖面终止于悠闲住宅的大玻璃，落地玻璃窗呈现自然景色，悬挂的电视对应于落地玻璃窗，则变成了另一类型的窗。

“悠闲住宅”的思想通过模型和绘图得以呈现。复杂的思考无法用传统的平面、剖面和立面清晰地表达。其中的一个模型是由 9 个穿过住宅的连续的玻璃切片组成的。9 个玻璃板都是缓慢穿过住宅内部的运动剖面，每个剖面都是对家庭生活细节的特写与凝视。

迪勒与斯科菲迪奥揭示了家庭环境中组成元素的潜在象征品质，包括：汽车、前门、壁炉、电视、录像机、落地玻璃窗。每一部分都成为一个接合点，被编写进住宅戏剧的剧本中。通过激进的创造，普通的标记和关联被替换。

这个设计包括了一系列的研究方面，大约有 30 多种包括文学、音乐或美术在内的蒙太奇，汇聚了绘画、摄影、工程设计、模型制作以及那些提出家庭生活概念的研究，也就是对制度习俗的研究与检验。这座住宅本身已成为一个景点。由于这项工程，迪勒与斯科菲迪奥 1991 年获得了由纽约杂志“进步建筑”颁发的奖。

2）模糊建筑(Blur Building，2002)

图 6－44 “模糊建筑”远观

“模糊建筑”(图 6－44)是一座为 2002 年瑞士博览会所建造的临时展示馆,它建造在瑞士的 Neuchatel 的湖上，是一个“虚无的制造(the making of nothing)”。整个“建筑”站立在水中,只有结构骨架,没有围合和明显的建筑体量。

整个建筑是以张力结构所建构出的长、宽、高分别是 91.44 米、60.96 米、22.86 米,建筑面积为 7 432 平方米的构架。建筑的原始材料是来自现场的水,迪勒与斯科菲迪奥选择了湖中的水。首先,他们将水从湖里抽出、过滤;其次,通过一系列密集的高压喷雾器喷出一片细致的薄雾,使气态的水呈现出可供观赏的物质景观。这些产生出来的雾团随每个季节、每天、每小时、每分钟都呈现出连续的动态的自然变化。整个构建使用了一套智慧型的天气系统,用来侦测出温度、湿度、风速和风向的气候变化情况,然后在中央电脑系统里处理所收集来的数据资料,以调节 31 500 个喷嘴阵列的水压。这些喷嘴喷出的水珠所包围的空间,就形成了“模糊建筑”的核心概念。

“模糊”的景观不仅具有视觉冲击力,而且营造出一种难以捉摸的气氛。动词“模糊”指的是朦胧、变得暗淡、隐藏、乌云密布、暧昧等。模糊的图像是因为在显示或复制技术中一种机械的故障引起的,因此它被认为是一种视觉缺陷。它是一种反景象,一切都暧昧不清,是一种创造“不强调”的方法。因此,与进入一座建筑不同,模糊建筑提供了截然不同的居住媒介——一种无空间、无形体、无特征、无规模、无质量、无外表和无容积的居住媒介。参观者可以自由地浸润在薄雾中,平时被建筑所束缚的空间被解放了。

设计者在这个设计中通过“模糊”表现出了反展览的效果,展览给予视觉特权,但是视觉是模糊的主要抉择。从海滨远望,雾团是一个视觉的景象,但是从“模糊”自身观望,可见得很少,模糊是一种环境,消除了对世界的关注,我们的视觉信任则成为了焦点。

迪勒与斯科菲迪奥在水雾形成的模糊空间中使用了交互媒体的技术。他们让参观者穿上一种无线的“电子雨衣”(图 6－45)。参观者的“电子雨衣”会互相作用,使他们之间显示出正极或负极的亲和关系,这些都由颜色和声音操纵。模糊的空间似乎成为一个大磁场,参观者好比带有正负电荷的粒子,由于这种环境的改变,磁场强度、磁力方向和粒子电性也发生改变,粒子之间时而吸引,时而排斥。因此导致参观者在这个空间中,很多时候不能控制自己的行动,加上雾气蒙蒙,创造了一种独特的体验。

图 6－45 电子雨衣

这种穿戴式的“电子雨衣”可以看作是身体的义肢，在扩展身体知觉的同时，也界定了身体自身的运动。在水雾形成的模糊空间中，雨衣之间的信号是人与人交流的唯一途径。电子雨衣将身体与建筑相连接，身体成为一个信息终端，接受和传递信息，身体就像空间中的一个电子，在电场中居住和游移。

《建筑》杂志这样评论：“模糊建筑许诺了一个有着令人惊讶之美和深刻的错乱空间。如果说一种现代主义的形式诞生于19世纪初旅行者们穿越阿尔卑斯山被巨大辽阔的山岳和峡谷所振奋时，那么这里，迪勒与斯科菲迪奥正提出，在同样的群山的阴影下，一个无限大的空间，也是我们自己技术的产物。模糊建筑描绘了处于现代生活核心的匿名空间，在其中，现实，被空气调节、人工光源、人造材料、公众行为规则，以及大量生产的影像所隐瞒。”[11]

6.4.4 身体、媒体与建筑

迪勒与斯科菲迪奥的作品不仅探索了对身体的扩展，而且还探索了学科间的影响关系，即建筑与身体、建筑与戏剧、建筑与文字、建筑与媒体驱动的信息世界之间的关系。迪勒与斯科菲迪奥通过身体研究来解析建筑学，剖析社会文化、思维方式以及生存环境。这种多学科间的交叉研究为研究建筑在后现代社会中的特性拓展了更多的领域。

迪勒与斯科菲迪奥的作品实现了学科的广泛交叉，他们以行为、媒体、戏剧等方式进行建筑的实验性研究，强调心理的体验，关注肉体的社会建构。身体与他们的作品已经形成了有机的一体，这个有机体颠覆了传统的神人同形同性，而形成了身体、媒体、建筑新的有机体。

1）身体与建筑

迪勒与斯科菲迪奥的作品中多以装置或者实验作品为主，相较于建筑或空间而言，他们更加关注的是身体本身的特性和建筑学学科的特性。他们通过研究身体、身体的精神状态以及身体上所负载的各种社会符号和权力等来剖析建筑学、当下社会特性、人的思维方式及生存环境等。另一方面，这些作品中也反映了社会、权力等因素对社会建构的演变过程。关于迪勒与斯科菲迪奥对身体与空间的研究，可以分为几个方面：

（1）身体的特性

迪勒与斯科菲迪奥试图在作品中反映出身体在当下社会中的许多特征。“玻璃中的延迟”中身穿机械盔甲装置、头戴旋转面纱的新娘，以及“受难男人或牵线木偶的床”中通过悬吊沙袋来表现身体预应力的单身机器，是对杜尚作品的纪念，反映了工业时代的机械美学特征。

（2）身体与符号、权力空间

迪勒与斯科菲迪奥对这个方面的理解，更多地受到福柯的影响，如权力、偷窥、符号等。这种影响体现在“糟糕的熨烫”“窥视孔”等作品中。

（3）性别

迪勒与斯科菲迪奥在很多作品中都涉及了对“性别”在空间中的差异的研究。他们在关于对家庭生活的探讨中都涉及这个主题，因为空间不只是被形式所描绘，也不只是被社会、经济、文化所涵构，同样也受到性别的逻辑支配，尤其是表现在家庭空间中。迪勒与斯科菲迪奥认为家庭内的管理可以直接用空间策略来解决。他们的作品"'他的'/'她的'毛巾"就是对家庭内部空间与财产、控制权力的研究。

这些对身体各个层面的研究被迪勒与斯科菲迪奥整合到对建筑的研究中，同样媒体技术的发展更加促使了身体与建筑的结合。

2）媒体与建筑

迪勒与斯科菲迪奥的身体与建筑的结合是依赖于媒体来实现的，他们把媒体作为建筑设计的工具，创造互动的、动态的、以多媒体为基础的信息空间。迪勒与斯科菲迪奥善于运用各种媒体技术来强化和迷惑观众的身体知觉，从而创造出非常的体验，他们将技术与身体结合起来，探索了技术所造成的恐惧与愉悦的双重体验。他们在"悠闲住宅"中，通过一系列媒体空间中心理反应及身体经验的研究，探讨了真实空间与虚拟空间的关系。"模糊建筑"中使用的电子雨衣则扩展了身体知觉，电子雨衣将身体与建筑相连接，成为人与空间连接的一个介质，身体也成为一个信息终端，接收并传递信息。

技术的发展改变了身体，相应地改变了我们的生存环境，身体与建筑、空间再也不是主体、客体的关系，也不再仅仅是梅洛-庞蒂的"情境"的概念，因为物质化的身体在数字中彻底地消失了，身体的精神、感知与体验彻底地融入到建筑中，依赖媒体，与建筑成为有机的整体。

6.5 本章小结

身体的变异源于对身体的电子特性的探索，医学上的修补术使得身体变异成为可能。技术的发展使得身体发生了根本的变化，手机、iPad、导航仪等电子产品完全成为现代人的义肢，扩展了身体的概念。这些新的对身体的操作，在过去数年中在不同的主题领域中产生了广泛的争辩，最具有代表性的争辩就是对"虚拟社会"来临的讨论。主观与客观的混淆、人与机器的难以区分，以及人将来是否会被遥控的自动化所替代等等，都成为悲观者和乐观者所难以避免的问题。无论我们是否喜欢这种改变，电脑已经完全地侵入到我们的生活与身体。同样，它改变了生命、现实与建筑。

技术的发展并不仅是帮助人们从地球上解放，而是对我们生活方式的根本改变，也就是，我们不能再以"地球人（Terrestrial）"的角度来思考人类。正如麦克卢汉（McLuhan）所说的：

电灯加深了人类在文化上的复杂度，扩展了人类在住宅与城市中有机的弹性，这是在以前任何年代所无法达到的……电灯扩展了人类的可能性这个例子，告诉了我们这样的扩展同时可以改变我们的认知[……]媒体即是讯息，当电灯点亮着的时候我们对于这个世界有着特殊的感觉，灯熄灭了以后，这一切都消失了。[3]

电子的发展将导致这个世界的许多事物都相互依赖，加深了社会的参与，使得我们可以将许多发生的事情呈现出来，并且从各个不同的点介入进去。在这样的情况下，"所有的媒介都是转化经历为新形式力量的积极隐喻"。电子所容许最有力量的转换将不只是虚拟的身体，而是使我们真实的身体可以沉浸在这个世界的不同经验之中，我们可以从身体的内部与外部去获取不同的经验，从世界各地甚至是全宇宙，或者是从微小的分子单元中。并且，电子领域的进步有助于我们了解自然世界（Natural World）的多样性，这是有别于由第一次科学革命所建构的机械世界（Mechanical World），机械世界是由数学定理所主导的世界。但是到了20世纪，尤其是电脑技术的产生以来，现代科学的概念从伽利略、笛卡尔，甚至是牛顿以来，面临着重新被审视的危机。

数字信息时代的身体，脱离了传统笛卡尔与欧几里得的狭隘的思考方式与再现方式，成为一种动态、弹性与敏感的生命系统。这种身体使得建筑与媒体、技术紧密地结合在一起。

迪勒与斯科菲迪奥的作品成为对身体、媒体、建筑三者相结合的最好的诠释。一方面，身体借助于媒体与电脑技术来感知外在空间，另一方面，建筑通过媒体来向身体传递信息。身体、媒体、建筑形成了全新的有机体，彻底地颠覆了神人同形同性。物质形态的身体在建筑中消失了，复苏的是一种融合了身体各个层面的建筑。建筑不再依赖材料、结构形成物质化的空间，而变成了依赖媒体、电脑科技形成可以感知的虚拟空间。

这种建筑是社会发展的新趋向还是先锋者的宣言？身体与建筑会依赖数字技术而成为相互融合的一体吗？

在迪勒与斯科菲迪奥的作品中，这样的概念已经初露端倪，"模糊建筑"不再作为一个永久的物质形态存在，它依赖于技术产生雨雾空间，一旦雨雾消失，"模糊建筑"也就不存在了。

可以说，这是对当下媒体急速发展的社会的回应，或者我们选择回避，或者我们选择运用它。虽然在现实世界中，建筑领域对电脑技术和媒体技术的运用并不普遍，但是媒体与电脑的发展绝对不仅仅是改变了建筑的物质形态，电脑以有别于客观、数学与量化的方式，在开放与动态的系统中发现"秩序"的新模式，其对于周围的环境是敏感的，并且是以不可见的方式影响周围的环境。

建筑完全可以采用电脑技术与媒体技术拓展其传统的物质形态，产生开放与动态的空间，并对周围的环境做出敏锐的反应。同时，媒体技术与电脑技术的发展更加促使建筑来思考其学科本身的特性，他们提供了多种维度来思考建筑与身体、社会、空间等关系。以此来看，多学科的交叉成为其中的主导。

本章注释

1 《神经漫游者》（*Neuromancer*）是第一本获得"雨果奖（Hugo Award）""星云奖（Nebula Award）"与"菲利普·狄克奖（Philip K. Dick Award）"三大科幻小说大奖的著作，迄今无人超越。本书描写了反叛者兼网络独行侠凯斯，受雇于某跨国公司，被派往全球电脑网络虚拟空间中，去执行一项极具冒险的任务。在这个巨大的网络空间中，凯斯并不需要乘坐飞船或者火箭，他只需要在大脑神经中植入插座，然后接通电极，电脑网络便可以被感知。当网络与人的思想意识合为一体后，即可遨游其中。主人公将自己的神经系统与全球的计算机网络挂钩，并且能够使用匪夷所思的人工智能与软件为自己服务。事实上，凯斯并不想主宰世界，他希望能超越肉体的束缚，逃避废墟般的现实世界，自由地在网络构成的虚拟空间中遨游……在这个虚拟的空间中，既没有自然山川，也没有人工城市，只有庞大的三维信息库和各种信息在高速流动。吉布森把这个空间取名为"赛博"空间，也就是现在所说的网络空间。

2 吉布森最初在《神经漫游者》一书中使用这个术语时，他将它描述为一种"同感幻觉"。后来吉布森解释道:“媒体不断融合并最终淹没人类的一个阀值点。赛博空间意味着把日常生活排斥在外的一种极端的延伸状况。有了这样一个我所描述的赛博空间,你可以从理论上完全把自己包裹在媒体中,可以不必再去关心周围实际上发生着什么。”

3 “赛博朋克”文化,即是用一种迷恋高科技的目光来观察世界,但是却轻视用常规的方法来使用高科技。这股浪潮在电子信息化的当代,大肆冲击着传统的主流文化。

4 塚本晋也(1960—)日本杰出的现代电影人。*Testuo* 中文另翻译为《铁男 1:金属兽》,影片充满了离奇与超现实的元素,讲述了一个平凡的男人变成一个巨大机器人,导演借此所提出的是人最终会被机器所替代的悲观论调。

5 莫比乌斯环数学模型:只有单边的表面,以一个长条方形为建模基础,将其中一边的末端旋转 180 度之后,结合在另一边的末端。克林瓶模型:一个管状物的较尖端经过蜿蜒后又插入较宽的另一端,产生一连续的管状面。

6 http://www.ce.cn/kjwh/ylmb/ylysj/200705/10/t20070510_11305147.shtml。

7 第一种是对相对静止的曲线型不规则建筑形态的研究,一种静止物质的混乱状态研究,比如盖里的毕尔巴鄂古根海姆博物馆;第二种是关注一种建筑处理过程中的流动性和平滑性,以至可以通过不同系统的流动或循环以及内部空间的安排来间接体验形态的柔软,比如格雷戈·林(Greg Lynn)的胚芽住宅设计研究以及其他作品。比较而言,第一种倾向关注的是最终形态,醉心于某种艺术形态的想象。第二种倾向会流入对抽象空间的关注中。参见虞刚.软建筑[J].建筑师,2005(6):24-32。

8 Ping 是 Packet Internet Grope(因特网包探索器)的缩写,是一种用于检查网络是否通畅或者网络连接速度的命令,对于网络管理员或者黑客来说,Ping 命令是第一个必须掌握的 DOS 命令。

9 斯蒂拉克为“人造头”输入的这些答案非常大众化。比如问它:“你昨晚睡得好吗?”答:“和大多数人差不多,后来被手机吵醒了。”问:“声音可不可以大点儿?”它就会提高声音。在 2008 年参加北京“国际新媒体艺术大展”时,斯蒂拉克还让他的一个中国学生给它输入了可能会被问到的关于北京的问题。斯蒂拉克还建议观众可以问一些比较虚的问题,有时会产生奇妙的答案。比如问:“你喜欢哲学吗?”答:“那要看什么了。”“生是什么?”答:“死的对立面。”“那死是什么?”答:“生的对立面。”

10 “法兰克福厨房”诞生于 1927 年由维也纳女建筑师玛格丽特·舒特(Margarete Schütte-Lihotzky)与建筑师恩斯特·梅(Ernst May)以及法兰克福政府的合作下设计的一项先进的住宅建筑项目中。这种厨房的技术设计借鉴了 20 年代以来著名的“泰勒主义(Taylorism)”,设计者用计时器计算在厨房里完成各种功能的时间,如同泰勒的管理体系的测算,以达到最优化和最符合人体工程学的使用空间。这种厨房的设计既紧凑又十分舒适,在 1925—1930 年,法兰克福市政府大约建造了一万套左右包含这种厨房的公寓。二战后,这种厨房被视作现代厨房的标准而在欧洲和美国广泛应用,被看作是统一厨房设计的典范。

11 《尼金斯基手记》共分四册,是现代芭蕾舞的开创者尼金斯基在精神上脱离社会的束缚,但心中还残存有一丝理性时的作品。文中记述了他悲惨的童年、辉煌的艺术生涯、家人的隔离疏远和对生活的焦虑。书中充满了作者的幻想、记忆和喃喃自语,如同一个装疯的“哈姆雷特”,通过一个疯子的眼睛看到了这个世界的真相。

12 腾讯公司出版的“QQ”聊天软件,能够随时随地地进行视频,“QQ 珊瑚虫版”甚至能够显示聊天者的 IP 地址,使得聊天者无所遁形。

本章参考文献

[1] Imperiale A. New flatness: surface tension in digital architecture[M]. Basel: Birkhäuser Publisher for Architecture, 2002: 17-18, 30.

[2] Rajchman J. Constructions[M]. Cambridge: The MIT Press, 1997: 113.

[3] Palumbo M L. New wombs：electronic body and architectural disorders[M]. Basel：Birkhäuser Publisher for Architecture，2002：25，31，67，70，75.
[4] Diller E，Scofidio R. Flesh：architectural probes[M]. London：Triangle Publishing Co，1994：16，19，25，38，39，41，43－44，67，70，110，226.
[5] Zellner P. Hybrid space[M]. London：Thames & Hudson，1999：118，120.
[6] 虞刚. 软建筑[J]. 建筑师，2005(6)：24－32.
[7] Davidson C C，et al. Anybody[M]. Cambridge：The MIT Press，1997：42－43.
[8] Lachowsky M，Benzakin J，et al. Folds，bodies & blobs：collected essays[M]. Brussels：Bibliothèque Royale de Belgique，1998：176.
[9] Dodds G，Tavernor R，et al. Body and building：essays on the changing relation of body and architecture[M]. Cambridge：The MIT Press，2002：33.
[10] 白小松. 身体与媒体[D]. 南京：东南大学，2005：8.
[11] 刘珩. 定位、移位和再定位——迪勒＋斯科菲迪奥的针对具体场地/视点的三件作品[J]. 时代建筑，2008(1)：36－41.

7 研究结论

维特鲁威在探讨房屋起源的时候，他是这么说的：

因此，由于火的发现在人们之间开始发生了集合、聚议及共同生活，后来人们就和其他动物不同，从自然得到了恩惠，譬如能够不向前弯下、直立行走、观看宏大的宇宙星辰，多数聚集在一起，还使手和关节活动起来，比以前更容易处理他们想要的东西；把这些聚集在一起，有些人便开始用树叶铺盖屋顶，有些人在山麓挖掘洞穴，还有一些人用泥和枝条仿照燕窝建造自己的躲避处所；后来，看到别人的搭棚，按照自己的想法添加了新的东西，就建造出天天改善形式的棚屋。[1]

在维特鲁威看来，房屋的起源来自两个方面：首先是人要看星星，满足身体的精神需求；其次是人要遮风避雨，满足身体的物质需求。以此来看，建筑一开始就是与身体的各方面紧密联系在一起的。那么，人们对身体的探索达到某种新的境地，必然会以此来推动建筑学的发展，及对建筑学本质的思考。

本书以“身体”这一关键词作为研究切入点，探讨其与建筑和城市之间的关联，由此可以贯穿建筑学和城乡规划领域所涉及的许多主题，如形式、比例、几何学、神人同形同性论、空间、体验、离奇、崇高的美学、权力、事件等等。这些主题皆因与身体发生关系而表现在建筑和城市中，身体不仅最初为建筑学提供了蓝本，并且在许多层面上拓展了建筑学的领域。

1）身体的直接体现

建筑在维特鲁威那里，真正开始变成了一门学科。维特鲁威通过将身体与神庙的设计进行类比，使得神庙建筑获得一种自治性的设计，从而使建筑获得了一种自治性。身体并不是简单地被建筑容纳，而是产生了建筑的原则。建筑通过与身体的类比，获得了设计原则，建筑的各部分的设计可以通过自身相互之间的比较来进行相互矫正，小到线脚、大到楣梁的高度等，都可以产生有机的关联。身体成为所有建筑的蓝本这种原则，在文艺复兴时期成为建筑的标准。

另一方面，维特鲁威通过身体与柱式之间的比较，将柱式分为三种，并分出适合其柱式的三种神庙。虽然这种分类是粗糙的，而且似乎有些牵强，但是维特鲁威试图完成建筑体系下的自我组织结构，这种源于身体的分类法在文艺复兴时期也得到发展。

为什么文艺复兴的理论家如此不厌其烦地阐释维特鲁威的身体与建筑的类比，因为在这种类比中，文艺复兴的理论家找到了足以抵抗宗教神学的工具，建筑通过与人的特性相比较，获得了类似“人相学”的分类，这种分类虽然不是最基本的，但是却可以通过它来唤起建筑师的记忆，身体成为建筑学分类中有效的工具。特别是建筑的檐口可以与人的脸面进行类比，来获得某种特性，布劳戴尔认为这是一种非常有效的教学方式，它能够迅速地使学生分清楚各个柱式的特性。

按照维特鲁威的描述，文艺复兴时期的达·芬奇创作了著名的人体比例图，并成为后来许多建筑师的比例模板。比例的产生使得建筑获得了一种形式自治的语言。

身体将自身物质上的属性直接投射到建筑上，成为古典主义建筑学中的一个重要且基本的特性，可以说，身体成为古典主义建筑的蓝本，建筑通过与身体的直接类比，成为一个有机的整体，产生了形式上的自治。

2）身体在精神上的反映

当建筑学发展到18世纪，已经沦陷到不断模仿复制的泥淖，形式上的反反复复持续到启蒙时期。18世纪，部雷的幻想式建筑汲取大自然的灵感，创造了具有“崇高”美学的建筑；其后维德勒利用弗洛伊德的词汇进行分析，认为部雷的建筑是建筑的“离奇”，开拓了身体的精神领域。维德勒认为，离奇可以作为工具，来恢复人们日益被压抑的身体体验，同时也是对模仿、符号等形式主义的拒绝。

“离奇”在19世纪的大都市得到加强。对于波德莱尔来说，大都市的职能就是产生震惊(shock)，而震惊则与离奇相伴而生。大都市创造了前所未有的资本运转的社会和物质空间，齐美尔认为这些使人们之间开始变得陌生的空间是一种“理性面具”。

源于身体精神上的需求，拓展了古典建筑与身体的直接类比。一方面，精神上的体验认为建筑可以产生离奇感。离奇可以被看作一种工具，尤其是对现代主义先锋派来说，他们故意创造出“陌生感”或者是“疏离感”来产生震惊或者疏离的效果，唤醒人已经在形式玩弄下的无意识。这样，离奇就被重新作为美学上的类别，成为现代主义震惊和骚动倾向的一个真实标志。

另一方面，离奇的产生使得人们产生了“反离奇”，这导致了人们对“栖居”的回归，对身体真实体验的回归，而不是惶恐茫然的体验。海德格尔在《建居思》中表达的思乡愁，就是希望在二战后的城市中重新寻回心灵的家园。诺伯格-舒尔茨和卡斯腾分别在《场所精神》和《建筑的伦理功能》中对海德格尔的“栖居”做出了建筑学上的回应。但是认为现代建筑应该追求栖居的这些观点，对海伊能来说都是水中月，他恰恰认为，“非栖居”才是建筑学现代性的真正体现。

身体精神上的反映，在建筑中，首次是源于19世纪末的移情理论。艺术历史学家沃尔夫林在1886年的论文《建筑心理学序言》(*Prolegomena to a Psychology of Architecture*)中，将身体以新的心理学学科的方式引入到讨论中。建筑现象学上的讨论也是以身体的体验与知觉为基础的，这与心理学的发展有着必然的关联。

将身体的心理体验带入到建筑学的讨论中，扩展了单纯的物质上的投射，也超越了对身体体验的简单复制，从此，建筑所表达的不再是有机的形式，而是看不见的内在状态。

3）身体作为力，重新涉入建筑领域中

当尼采重新呼吁身体回归之时，他所指的身体充满了欲望、意识，已经不再是古典主义时期基督的身体了，因为他已经被钉死在十字架之上。在德勒兹看来，身体更是纠结了政治、权力、欲望、外在的和内在的力，成为负载各种欲望的场域。德勒兹的思想影响了许多先锋建筑师，包括蓝天组、建筑电讯派和屈米等。他们开始重新审视身体，再次将它载入到建筑创作的过程中。在这些先锋建筑师眼中：一方面，建筑可以作为身体而游离于社会的边缘；另一方面，身体也是负载了政治和权力等外在因素的载体，是触媒，可以激发建筑空间与社会空间的相互作用，并碰撞出一系列的事件。

在这一阶段，身体也不仅仅是内在精神的投射，它再一次作为“诱因”扩展了建筑学的领域，使建筑学不再是一个封闭的学科，它一定要与社会、政治、资本、性别等涉及其他学科的主题发生关系，身体在此过程中成为结合多学科交叉的媒介，无论在建筑空间上还是建筑学本身的发展上，都激发了建筑师的灵感。

4）身体的变异扩展了建筑学的领域，将建筑与媒体、身体密切地联系在一起

身体的变异源于对身体电子特性的探索，而医学上对身体的研究使得身体结合和身体变异成为可能，如修补术和修复术的发展。按照梅洛-庞蒂“身体域”的概念，身体变异必然导致空间的变化。迪勒与斯科菲迪奥的实践诠释了这种身体-空间的全新概念，在他们的作品中，身体、媒体和空间形成了有机体的概念，他们将身体与数字技术和媒体结合起来，探索了身体所感知的空间。实际上，对身体本性与建筑本质的探索才是他们的兴趣所在，因为谁也不知道身体究竟是什么样，会怎么样，建筑学究竟会是什么样，太多的物质显现掩盖了他们的本质，因此，在迪勒与斯科菲迪奥的实践中，所有与身体相关的主题，如效率、权力、性别、心理分析等，都成为他们的研究对象，借此来对建筑学进行更广泛的思考。

这种对新的身体-空间的探索再一次拓展了建筑学的领域，它使得建筑、城市与媒体、身体发展成为一个有机的整体。

上述的四个阶段并不是一种历史分期。身体作为西方文化不可回避的主题，在宗教、社会、哲学等层面都有所表达。在建筑层面上，身体从形式、体验、知觉、媒体等多学科交叉上不断拓展建筑学领域。对“身体”本身的研究，无论是施莱默这样的设计师，戴维·哈维这些社会学家，还是像斯蒂拉克这样的艺术家，他们所做的研究都是借由对身体本身的探索，进而扩展到对空间（物质空间和社会空间）、社会规律、人的本性的探索，而这些探索所涉及的一些主题，如权力、资本、性别、媒体等都成为当下建筑学的属性。

相较于西方不同时期的对身体的研究，中国对待“身体”的观点并没有像古希腊伦理学家伊壁鸠鲁那样的崇尚身体也没有经历尼采那种哲学的冲击。在诸多百家的学说中，儒家的学说影响最深。儒家给予身体以社会的规定，身体必须合乎于礼的尺度，如“坐如钟，站如松”“发乎情而止乎礼”“修身、齐家、治国、平天下”等。这些规定在思考自然和社会对于身体规定的时候，忽略了身体自身的差异、充满欲望的个体性。所以中国的反身体、抵制感官的道德主义观念一直延续了几千年。这种儒家重礼的精神同样也渗透在建筑中，表现为中国古建筑重礼仪、重群体等特点。

黄俊杰将当前中国身体观研究所展开的视野、维度概括为三种方向：身体作为思维方法，身体作为精神修养呈现，身体作为权力展现场所。[1] 这几种方向接近于西方哲学领域中对身体的研究，同时为研究中国当代建筑学的走向提供了一个侧面。从“身体”角度出发，对研究当代建筑学有着一些显著的意义：

1）人本思想是设计之本

关注身体，是直接从关注人开始，这种源自于文艺复兴时期对人真正关注的人本思想，在今天已经完全被忽视了。建筑学中的人本思想不仅仅关注人客观的物质需求，更重要的是关注人的精神需求，表达出一种时代精神。

从西方与中国的比较来说，关注人客观的需求，表现在对中国之“身体”与西方之“身

体”之间的差异性。这不仅仅体现在地域性上，而是一种更深层的差异。当下的中国建筑师过多地关注西方建筑表面上的变化，或是夸张的形式，或是刻意的材料表现，却都忽视了这些表面形式下的内在差异，这些差异性体现在各个方面，比如地域、文化、背景、特定的时间等等。“差异性”是现象学的维度，关注身体、场地、材料、知觉本身，思考人客观的物质需求。这已经逐渐成为中国当代许多建筑师的思考方式。

首先，关注人的个体精神需求，反映在中国古建筑中，以古典私家园林最具代表性。私家园林代表了士大夫的情操和文人的闲情雅致。这种古韵因为历史原因曾经丧失过，但随着经济的发展，越来越多的人开始注重中国的传统文化和个人修养的培养，一旦达到某种成熟的阶段，能够体现这种身体精神状态的建筑必然会出现。

其次是身体的社会精神需求，这与关注建筑的社会性有一定的关系。19 世纪初西方城市与建筑中出现的“离奇”，就是一种普遍的大众精神的体现，从实践层面上，以“离奇”为工具，建筑师可以创造怪诞和陌生的形式来表达他们对大众精神的理解。那么，中国当下的社会精神状态是什么？大众的身体观是什么？这种对人体本身的关怀正是现代大部分建筑师所缺少的，以人的个体角度和社会角度出发，才是建筑设计的根本。

2）现代科技条件下对身体概念的新认识

随着数字技术的发展，身体的概念也在不断地拓展，身体不再仅仅是一个生理上的有机体，而是一个由硬件、软件和身体本身相结合的新有机体。新的身体概念改变的不仅仅是身体本身，也改变了身体与周围环境接触的方式。这种改变直接导致了建筑学领域中对空间的理解与对建筑体验的改变。建筑与身体通过电子媒体与数字技术形成新的生理意义上的有机体，是对当代媒体时代迅速发展的回应。

以身体结合科技的观点，身体完全可以作为一个全新的工具，来对周围环境做出敏感的反应。结合现象学的研究，身体结合科技拓展了生理上的身体，身体感觉逐渐被新科技所扩张与入侵，成为某种形态的“建筑”，甚至是可以将“建筑物”类比成我们的身体组织，而不再是具有固定秩序或者是投射的僵硬躯体，而成为更具有敏感、有弹性、有智慧，并且具有沟通能力的新建筑类型。我们的身体通过信息科技的帮助扩张了对于空间的定义，而建筑设计也朝向更具智慧与更具敏感的方向上发展。空间距离不再是以传统的时间和距离来衡量，而是以电子的传导速度来衡量。空间不再是具有长、宽、高的一种具象的表现，而变成无方向、无度量的拓扑学意义上的空间。乐观者认为这种改变发展了建筑学，而悲观者恰恰认为建筑学消失在电子信息之中。无论如何，科技的发展都是建筑师不可回避的现实，最重要的是只要保证人本身的体验与大脑理性的控制，身体和建筑学就不会坠入无法控制的深渊。

3）身体概念与生态观念的融合

生态学是一个庞杂的学科，实际上，它是一门关于栖息的科学，研究有机体与其周围环境——包括非生物环境和生物环境——相互关系的科学。从这个意义上，对身体的研究可以与生态观念产生融合。首先，对栖居概念的探讨。如果说身体是从精神层面来探讨了人类的栖居，那么，生态学是从更广泛的环境、自然等物质形态来探讨生物的栖居，二者又是相辅相生的。其次，生态观念关注的不仅仅是个体的身体，更加关注群体的身体。社区，成为联系个体与群体之间的纽带。中国传统民居一般是以血缘或地缘而布局的，这种格局很好地诠释了个体的身体与种群、自然之间的关系，它不仅维系着种族之间的关系，体现出传统思想的“礼”，也体现了身体与自然之间的有机融合。再次，生态最终表达出的是一个有机的概念，自然、环境和聚居者的有机发展，身体成为人与自然环境之间的介质，成为生态研究的一个重要侧面。

4）个体的身体与社会的身体的辩证结合

“修身、齐家、治国、平天下”这句话就蕴含了中国传统思想中对自然身体与社会身体之间的辩证关系，二者各有发展但又相互结合。这也是儒家学说中“仁”与“礼”的很好体现，“仁”注重内省，关注个体的身体，“礼”注重社会秩序，举止有度，关注社会的身体。从西方对后现代身体的理解来看，身体是承载社会、经济与政治等各种因素的载体，表达个体与社会之间的冲突。其与中国传统思想所不同的是：西方的思想注重表现个体与社会之间的矛盾与暴力，在相互冲突中发现问题；而中国的传统思想注重表现个体与社会之间的和谐，更加强调整体性。

实际上，从中国当代的现状来看，对社会性/社会的身体的漠视是当代中国建筑师的一个重要的缺失。太多的建筑师追求艺术性，而忽视了对城市现状与居民现状的社会性的研究，这也恰恰是当代中国建筑混乱、不辨方向的一个重要原因。当前的中国正在处于资本发展的初期，城市化达到 40%，其发展现状可以与西方 20 世纪早期的城市发展相比较，在这一时期，许多建筑师如柯布西耶、赖特等都对当时的城市问题提出过思考与质疑，而柯布西耶的许多住宅研究更是为了解决二战后无家可居的居民住房问题。中国现在的建筑师大多失去了杜甫的情怀。

从“身体”的角度来看待城市现状，分析个体、权力与都市空间的交织关系，以了解都市空间中所蕴含的社会性及其他特性。同时，利用“身体”可以探索现代化进程中所出现的“公共领域”的问题，由于“家园同构”的概念和政治因素的影响，在中国古代几乎不存在真正意义上的“公共建筑”或公共建筑空间，这种空间强调的不仅仅是公共可达性，更主要的是大众参与社会生活的公共精神。通过建筑来探讨真正的公共参与和内外交流，来探讨建筑与城市中的空间之间的互文性，这在张永和的建筑中已有所体现。

“身体”担当了多学科交叉的一种媒介，交叉学科成为建筑学发展的趋向，在中国建筑学领域中亦是如此。事实上，对中国“身体”本身的研究就是一种多学科的交叉。而从中国“身体”理解的基础上出发，分析其所引发的事件、情境，必然会激发建筑师的灵感。

本章注释

1 http://eblog.cersp.com/userlog17/34882/archives/2008/751705.shtml。

本章参考文献

[1] 维特鲁威. 建筑十书[M]. 高履泰，译. 北京：知识产权出版社，2001：37.

参考文献

中文文献
奥斯卡・施莱默,等.包豪斯舞台[M].周诗岩,译.北京:金城出版社,2014.
巴蒂斯塔・莫迪恩.哲学人类学[M].李树琴,段素革,译.哈尔滨:黑龙江人民出版社,2004.
白小松.身体与媒体[D].南京:东南大学,2005.
鲍桑葵.美学史[M].张今,译.北京:商务印书馆,1997.
柏拉图.斐多[M].杨绛,译.沈阳:辽宁人民出版社,2000.
彼得・库克.建筑电讯[M].叶朝宪,译.台北:田园城市,2003.
伯克.崇高与美:伯克美学论文选[M].李善庆,译.上海:三联书店,1990.
陈国胜.自我与世界[M].广州:广东人民出版社,1999.
陈洁萍.斯蒂文・霍尔建筑思想与作品研究[D].南京:东南大学,2003.
陈洁萍.一种叙事的建筑——斯蒂文・霍尔[J].建筑师,2004(111):90.
陈坤宏.空间结构——理论与方法论[M].台北:明文书局,1991.
褚瑞基.建筑历程[M].天津:百花文艺出版社,2005.
大师系列丛书编辑部.斯蒂文・霍尔的作品与思想[M].北京:中国电力出版社,2005.
大师系列丛书编辑部.伯纳德・屈米的作品与思想[M].北京:中国电力出版社,2006.
戴维・哈维.后现代的状况——对文化变迁之缘起的探究[M].阎嘉,译.北京:商务印书馆,2004.
戴维・哈维.希望的空间[M].胡大平,译.南京:南京大学出版社,2006.
戴维・史密斯・卡彭.维特鲁威的谬误——建筑学与哲学的范畴史[M].王贵祥,译.北京:中国建筑工业出版社,2007.
丹纳.艺术哲学[M].傅雷,译.南宁:广西师范大学出版社,2000.
东南大学建筑学院.概念建筑专辑二[J].嘉禾,2006(9):8-19.
方海.感官性极少主义[M].北京:中国建筑工业出版社,2002.
方海.北极圈内的建筑杰作——建筑大师帕拉斯玛对传统民居的现代诠释[J].华中建筑,2004(6):21-28.
费德希克・格雷.福柯考[M].何乏笔,杨凯麟,龚卓军,译.台北:麦田出版社,2006.
冯珠娣,汪民安.日常生活、身体、政治[J].社会学研究,2004(1):107-113.
弗洛伊德.论文学与艺术[M].常宏,等,译.北京:国际文化出版公司,2001.
傅朝卿.西洋建筑发展史话[M].北京:中国建筑工业出版社,2005.
海德格尔.建居思[J].陈伯冲,译.建筑师,1995(47):84.
汉诺-沃尔特・克鲁夫特.建筑理论史——从维特鲁威到现在[M].王贵祥,译.北京:中国建筑工业出版社,2005.

贺承军. 建筑现代性、反现代性与形而上学[M]. 台北：田园城市文化事业有限公司，1997.
赫伯特·斯皮尔伯格. 现象学运动[M]. 王炳文，张金言，译. 北京：商务印书馆，1995.
胡恒. 匡溪历史[J]. 建筑师，2002(10)：92.
胡恒. 观念的意义——里伯斯金在匡溪的几个教学案例[J]. 建筑师，2005(6)：65 - 76.
吉尔·德勒兹. 尼采与哲学[M]. 周颖，刘玉宇，译. 北京：社会科学文献出版社，2001.
杰夫·刘易斯. 文化研究基础理论[M]. 郭镇之，任丛，秦洁，等，译. 北京：清华大学出版社，2013.
杰弗里·斯科特. 人文主义建筑学——情趣史的研究[M]. 张钦楠，译. 北京：中国建筑工业出版社，2012.
鹫田清一. 梅洛-庞蒂：认识论的割断[M]. 刘绩生，译. 石家庄：河北教育出版社，2001.
卡尔·白舍尔. 基督宗教伦理学[M]. 静也，常宏，译. 上海：上海三联书店，2002.
卡米诺·西特. 城市建设艺术——遵循艺术原则进行城市建设[M]. 仲德崑，译. 南京：东南大学出版社，1990.
卡斯腾·哈里斯. 建筑的伦理功能[M]. 申嘉，陈昭晖，译. 北京：华夏出版社，2003.
康德. 判断力批判[M]. 邓晓芒，译. 北京：人民出版社，2002.
克里斯蒂安·诺伯格-舒尔茨. 西方建筑的意义[M]. 李路珂，欧阳恬之，译. 北京：中国建筑工业出版社，2005.
肯尼斯·弗兰普顿. 沙里宁之后的匡溪——根植于日臻完美的现代主义根源的偶像学院[J]. 世界建筑，2002(4)：75.
理查德·帕多万. 比例——科学·哲学·建筑[M]. 周玉鹏，刘耀辉，译. 北京：中国建筑工业出版社，2005.
理查德·桑内特. 肉体与石头——西方文明中的身体与城市[M]. 黄煜文，译. 上海：上海译文出版社，2006.
廖炳惠. 关键词 200——文学与批评研究的通用词汇编[M]. 南京：江苏教育出版社，2006.
刘珩. 定位、移位和再定位——迪勒＋斯科菲迪奥的针对具体场地/视点的三件作品[J]. 时代建筑，2008(1)：36 - 41.
罗宾·米德尔顿，戴维·沃特金. 新古典主义与 19 世纪建筑[M]. 邹晓玲，等，译. 北京：中国建筑工业出版社，2000.
罗兰·马丁. 希腊建筑[M]. 张似赞，张军英，译. 北京：中国建筑工业出版社，1999.
罗素. 西方哲学史(上卷)[M]. 何兆武，李约瑟，译. 北京：商务印书馆，1963.
罗小未，蔡琬英. 外国建筑历史图说[M]. 上海：同济大学出版社，1986.
米歇尔·福柯. 规训与惩罚[M]. 刘北成，杨远婴，译. 北京：生活·读书·新知三联书店，2007.
苗力田. 古希腊哲学[M]. 北京：中国人民大学出版社，1989.
莫里斯·梅洛-庞蒂. 知觉现象学[M]. 姜志辉，译. 上海：商务印书馆，2005.
尼采. 上帝之死：反基督[M]. 刘崎，译. 台北：志文出版社，2004.
诺伯格-舒尔兹. 存在·空间·建筑[M]. 尹培桐，译. 北京：中国建筑工业出版社，1990.

诺尔曼·布朗.生与死的对抗[M].冯川,伍厚恺,译.韦铭,校.贵阳:贵州人民出版社,1994.
曲静.上帝也在细部之中——意大利建筑师卡洛·斯卡帕建筑思想解析[J].建筑师,2007(2):32-37.
沈克宁.建筑现象学初议——从胡塞尔和梅罗-庞蒂谈起[J].建筑学报,1998(12):44-47.
沈克宁.城市建筑乌托邦[J].建筑师,2005(4):5-17.
沈克宁.建筑现象学[M].北京:中国建筑工业出版社,2008.
瓦尔特·本雅明.论波德莱尔的几个主题[J].张旭东,译.当代电影,1989(5):103-114.
万书元.当代建筑西方美学[M].南京:东南大学出版社,2001.
汪民安.身体、空间与后现代性[M].南京:江苏人民出版社,2005.
汪民安,陈永国.后身体、文化、权力和生命政治学[M].长春:吉林人民出版社,2003.
汪民安,陈永国.身体转向[J].外国文学,2004(1):36-44.
王建国,张彤.安藤忠雄[M].北京:中国建筑工业出版社,1998.
王志弘.流动、空间与社会——1991—1997论文选[G].台北:田园城市文化事业有限公司,1998.
维特鲁威.建筑十书[M].高履泰,译.北京:知识产权出版社,2001.
魏泽崧.人类居住空间中的人体象征性研究[D].天津:天津大学,2006.
夏铸九,王志弘.空间的文化形式与社会理论读本[M].台北:明文书局,1999.
叶叔华.中国大百科全书·天文学卷[M].北京:中国大百科全书出版社,1980.
禹食.美国建筑师斯蒂文·霍尔[J].世界建筑,1993(3):54-60.
原口秀昭.世界20世纪经典住宅设计——空间构成的比较分析[M].谭纵波,译.北京:中国建筑工业出版社,1997.
约翰·奥尼尔.身体形态:现代社会的五种身体[M].沈阳:春风文艺出版社,1999.
约翰·B.沃德-珀金斯.罗马建筑[M].吴葱,张威,庄岳,译.北京:中国建筑工业出版社,1999.
约瑟夫·里克沃特.城之理念——有关罗马、意大利及古代世界的城市形态人类学[M].刘东洋,译.北京:中国建筑工业出版社,2006.
张祥龙.朝向事物本身——现象学导论七讲[M].北京:团结出版社,2001.
郑金川.梅洛-庞蒂的美学[M].台北:远流出版社,1993.
卓新平,许志伟.基督宗教研究(第5辑)[M].北京:宗教文化出版社,2002.

英文文献

Beckman H P. Oskar Schlemmer and the experimental theater of the Bauhaus: A documentary[M]. Alberta: University of Alberta, 1977.
Bloomer K C, Moore C W. Body, memory and architecture[M]. New Haven and London: Yale University Press, 1977.
Cacciari M. Eupalinos or architecture[J]. Oppositions, 1980(21): 107-115.

Chadwick H, Grant R M. Origen: contra celsum [M]. Cambridge: Cambridge University Press, 1965.
Collins C C. Camillo Sitte and the birth of modern city planning[M]. New York: Dover Publications, 1995.
Davidson C C. Anytime[M]. Cambridge: The MIT Press, 1999.
Diller E, Scofidio R. Flesh: architectural probes[M]. London: Triangle Publishing Co, 1994.
Diller E, Scofidio R. Blur: the making of nothing[M]. New York: Harry N. Abrams, 2002.
Dodds G, Tavernor R. Body and building: essays on the changing relation of body and architecture[M]. Cambridge: The MIT Press, 2002.
Douglas D M. Natural symbols: explorations in cosmology[M]. New York: Pantheon, 1970.
Farquhar J, Lock M. Beyond the body proper: reading the anthropology of material life [M]. Durham: Duke University Press, 2004.
Forty A. Words and buildings: a vocabulary of modern architecture[M]. London: Thames & Hudson, 2000.
Gropius W, Wensinger A S. The theater of the Bauhaus[M]. Middletown: Wesleyan University Press, 1971.
Hale J A. Build ideas: an introduction to architectural theory[M]. New York: John Wiley & Sons, Ltd, 2000.
Harvey D. The condition of postmodernity[M]. Cambridge: Blackwell, 1992.
Hays K M, et al. Architecture theory since 1968 [M]. Cambridge: The MIT Press, 1998.
Heidegger M. Poetry, language, thought[M]. New York: Harper and Row, 1971.
Heynen H. Architecture and modernity[M]. Cambridge: The MIT Press, 1999.
Hoffman D. Architecture studio: Cranbrook Academy of Art, 1986—1993[M]. New York: Rizzoli International Publication, 1994.
Hollander A. Seeing through clothes [M]. Oakland: University of California Press, 1993.
Holl S. Anchoring[M]. New York: Princeton Architectural Press, 1989.
Holl S. Intertwining[M]. New York: Princeton Architectural Press, 1996.
Holl S. Parallax[M]. New York: Princeton Architectural Press, 2000.
Holl S, Pallasmass J, Pérez-Gómez A. Questions of perception: phenomenology of architecture[J]. Architecture and Urbanism, 1994(7): 45-116.
Imperiale A. New flatness: surface tension in digital architecture [M]. Basel: Birkhäuser Publisher for Architecture, 2002.
Jammer M. Concepts of space: the history of theories of space in physics [M].

Cambridge: Harvard University Press, 1954.
Lachowsky M, Benzakin J, et al. Folds, bodies & blobs: collected essays[M]. Brussels: Bibliothèque Royale de Belgique, 1998.
Lock M, Scheper-Hughes N. The mindful body: a prolegomenon to future work in medical anthropology[J]. Medical Anthropology Quarterly, 1987(1): 8.
Mallgrave H F. Gottfried Semper: architect of the nineteenth century[M]. New Haven: Yale University Press, 1996.
Mallgrave H F, Ikonomou E, et al. Empathy, form and space: problems in German aesthetics, 1873—1893 [M]. Chicago: The Getty Center/The University of Chicago Press: Getty Research Institute, US, 1994.
Mitchell W J. City of bits[M]. Cambridge: The MIT Press, 1996.
Nesbitt K. Theorizing a new agenda for architecture: an anthology of architectural theory(1965—1995)[M]. New York: Princeton Architectural Press, 1996.
Norberg-Schulz C. Existence, space & architecture[M]. New York: Rizzoli, 1971.
Norberg-Schulz C. Genius loci: toward a phenomenology of architecture[M]. New York: Rizzoli, 1980.
Norberg-Schulz C. The concept of dwelling[M]. New York: Rizzoli, 1985.
Norberg-Schulz C. Intentions in architecture[M]. Cambridge: The MIT Press, 1966.
Pallasmaa J. The eyes of the skin: architecture and the senses[M]. London: Wiley-Academy, 2005.
Palumbo M L. New wombs: electronic body and architectural disorders[M]. Basel: Birkhäuser Publisher for Architecture, 2002.
Panin T. Space-art: the dialectic between the concepts of raum and bekleidung[D]. Philadelphia: The University of Pennsylvania, 2003.
Pérez-Gómez A. Architecture and the crisis of modern science[M]. Cambridge: The MIT Press, 1993.
Rajchman J. Constructions[M]. Cambridge: The MIT Press, 1997.
Risebero B. The story of Western architecture[M]. Cambridge: The MIT Press, 1985.
Rykwert J. The Dancing column: on order in architecture[M]. Cambridge: The MIT Press, 1996.
Scarry E. The body in pain: the making and unmaking of the world[M]. New York: Oxford University Press, 1985.
Schwarzer M. German architectural theory and the search for modern identity[M]. New York: Cambridge University Press, 1995.
Tschumi B. Architecture and disjunction[M]. Cambridge: The MIT Press, 1994.
Tschumi B. The Manhattan transcripts[M]. New York: Wiley, 1994.
Tschumi B. Event: Cities Ⅰ[M]. Cambridge: The MIT Press, 2000.
Van de Ven C. Space in architecture[M]. Amsterdam: Van Gorcurn, 1977: XIII.

Vidler A. The building in pain: the body and architecture in post-modern culture[J]. AA Files, 1990(19): 3 - 10.

Vidler A. The architecture uncanny: essays in the modern unhomely[M]. Cambridge: The MIT Press, 1992.

Weisman L K. Discrimination by design: a feminist critique of the man-made environment[M]. Urbana and Chicago: University of Illinois Press, 1992.

Wittkower R. Architectural principles in the age of humanism[M]. New York: W. W. Norton & Company, 1971.

网站资源

http://en.wikipedia.org/wiki/Oskar_Schlemmer.

http://www.ce.cn/kjwh/ylmb/ylysj/200705/10/t20070510_11305147.shtml.

http://eblog.cersp.com/userlog17/34882/archives/2008/751705.shtml.

http://www.stelarc.va.com.

图片来源

图2-1 源自:罗兰·马丁. 希腊建筑[M]. 张似赞,张军英,译. 北京:中国建筑工业出版社,1999.
图 2-2 源自:傅朝卿. 西洋建筑发展史话[M]. 北京:中国建筑工业出版社,2005.
图 2-3 源自:罗兰·马丁. 希腊建筑[M]. 张似赞,张军英,译. 北京:中国建筑工业出版社,1999.
图 2-4 源自:罗兰·马丁. 希腊建筑[M]. 张似赞,张军英,译. 北京:中国建筑工业出版社,1999.
图 2-5 源自:汉诺-沃尔特·克鲁夫特. 建筑理论史——从维特鲁威到现在[M]. 王贵祥,译. 北京:中国建筑工业出版社,2005.
图 2-6 源自:理查德·桑内特. 肉体与石头——西方文明中的身体与城市[M]. 黄煜文,译. 上海:上海译文出版社,2006.
图 2-7 源自:约翰·B. 沃德-珀金斯. 罗马建筑[M]. 吴葱,张威,庄岳,译. 北京:中国建筑工业出版社,1999.
图 2-8 源自:理查德·桑内特. 肉体与石头——西方文明中的身体与城市[M]. 黄煜文,译. 上海:上海译文出版社,2006.
图 2-9 源自:傅朝卿. 西洋建筑发展史话[M]. 北京:中国建筑工业出版社,2005.
图 2-10 源自:理查德·桑内特. 肉体与石头——西方文明中的身体与城市[M]. 黄煜文,译. 上海:上海译文出版社,2006.
图 2-11 源自:罗小未,蔡琬英. 外国建筑历史图说[M]. 上海:同济大学出版社,1986.
图 2-12、图 2-13 源自:褚瑞基. 建筑历程[M]. 天津:百花文艺出版社,2005.
图 2-14、图 2-15 源自:傅朝卿. 西洋建筑发展史话[M]. 北京:中国建筑工业出版社,2005.
图 2-16 源自:汉诺-沃尔特·克鲁夫特. 建筑理论史——从维特鲁威到现在[M]. 王贵祥,译. 北京:中国建筑工业出版社,2005.
图 2-17 源自:王建国,张彤. 安藤忠雄[M]. 北京:中国建筑工业出版社,1998.
图 2-18 至图 2-22 源自:汉诺-沃尔特·克鲁夫特. 建筑理论史——从维特鲁威到现在[M]. 王贵祥,译. 北京:中国建筑工业出版社,2005.
图 2-23 至图 2-26 源自:Rykwert J. The dancing column: on order in architecture [M]. Cambridge: The MIT Press, 1996.
图 2-27 源自:汉诺-沃尔特·克鲁夫特. 建筑理论史——从维特鲁威到现在[M]. 王贵祥,译. 北京:中国建筑工业出版社,2005.
图 2-28 至图 2-30 源自:Dodds G, Tavernor R. Body and building: essays on the changing relation of body and architecture[M]. Cambridge: The MIT Press, 2002.

图 3－1 至图 3－3 源自：原口秀昭. 世界 20 世纪经典住宅设计——空间构成的比较分析[M]. 谭纵波，译. 北京：中国建筑工业出版社，1997.

图 3－4 源自：卡米诺・西特. 城市建设艺术——遵循艺术原则进行城市建设[M]. 仲德崑，译. 南京：东南大学出版社，1990.

图 3－5 源自：汉诺-沃尔特・克鲁夫特. 建筑理论史——从维特鲁威到现在[M]. 王贵祥，译. 北京：中国建筑工业出版社，2005.

图 3－6 源自：理查德・桑内特. 肉体与石头——西方文明中的身体与城市[M]. 黄煜文，译. 上海：上海译文出版社，2006.

图 3－7 至图 3－11 源自：Dodds G，Tavernor R. Body and building：essays on the changing relation of body and architecture[M]. Cambridge：The MIT Press，2002.

图 3－12 源自：Palumbo M L. New wombs：electronic body and architectural disorders[M]. Basel：Birkhäuser Publisher for Architecture，2002.

图 3－13：http：//www. ce. cnkjwhscpmtzjbxhdsxhdh20050901W020050901428169591765. jpg.

图 4－1 至图 4－6 源自：Hoffman D. Architecture studio：Cranbrook Academy of Art，1986—1993[M]. New York：Rizzoli International Publication，1994.

图 4－7 至图 4－18 源自：大师系列丛书编辑部. 斯蒂文・霍尔的作品与思想[M]. 北京：中国电力出版社，2005.

图 4－19、图 4－20 源自：方海. 感官性极少主义[M]. 北京：中国建筑工业出版社，2002.

图 4－21 至图 4－26 源自：曲静. 上帝也在细部之中——意大利建筑师卡洛・斯卡帕建筑思想解析[J]. 建筑师，2007(2)：32－37.

图 5－1、图 5－2 源自：戴维・哈维. 后现代的状况——对文化变迁之缘起的探究[M]. 阎嘉，译. 北京：商务印书馆，2004.

图 5－3、图 5－4 源自：米歇尔・福柯. 规训与惩罚[M]. 刘北成，杨远婴，译. 北京：生活・读书・新知三联书店，2007.

图 5－5 至图 5－12 源自：Palumbo M L. New wombs：electronic body and architectural disorders[M]. Basel：Birkhäuser Publisher for Architecture，2002.

图 5－13 至图 5－15 源自：沈克宁. 城市建筑乌托邦[J]. 建筑师，2005(4)：5－17.

图 5－16 至图 5－20 源自：大师系列丛书编辑部. 伯纳德・屈米的作品与思想[M]. 北京：中国电力出版社，2006.

图 6－1 至图 6－3 源自：Imperiale A. New flatness：surface tension in digital architecture[M]. Basel：Birkhäuser Publisher for Architecture，2002.

图 6－4 至图 6－8 源自：Palumbo M L. New wombs：electronic body and architectural disorders[M]. Basel：Birkhäuser Publisher for Architecture，2002.

图 6－9 至图 6－16 源自：Imperiale A. New flatness：surface tension in digital architecture[M]. Basel：Birkhäuser Publisher for Architecture，2002.

图 6－17 源自：http：//www. stelarc. va. com. au/photos/01. jpg.

图 6－18 源自：http：//crossings. tcd. ie/issues/1. 2/Longavesne/stelarc. jpg.

图 6－19 至图 6－21 源自：Palumbo M L. New wombs：electronic body and architectural disorders[M]. Basel: Birkhäuser Publisher for Architecture, 2002.

图 6-22、图 6-23 源自：Imperiale A. New flatness: surface tension in digital architecture[M]. Basel: Birkhäuser Publisher for Architecture, 2002.

图 6-24 源自：http://www. stelarc. va. com. au/pingbody/layout. html.

图 6-25 源自：Palumbo M L. New wombs: electronic body and architectural disorders [M]. Basel: Birkhäuser Publisher for Architecture, 2002.

图 6-26 至图 6-28 源自：Diller E, Scofidio R. Flesh: architectural probes[M]. London: Triangle Publishing Co, 1994.

图 6-29 至图 6-43 源自：Diller E, Scofidio R. Flesh: architectural probes[M]. London: Triangle Publishing Co, 1994.

图 6-44、图 6-45 源自：Diller E, Scofidio R. Blur: the making of nothing[M]. New York: Harry N. Abrams, 2002.

后记

本书是在我的博士论文《西方建筑学中的“身体”话语研究》基础上修改而成。自维特鲁威开始，关于身体和建筑的关系的讨论从来没有停止过。建筑的边界是什么？建筑的核心是什么？这一直是我思考的问题。一直以来，建筑学的研究大致会分为两个方向：第一，对建筑物本身的研究，如研究结构、材料和形式美学等；第二，把建筑看作是人与周遭世界发生关系的媒介，如现象学和类型学等。实际上，二者之间区分并不明显，这也正是建筑学魅力之所在。它既是客观物质存在，也是主观意识的体现。“身体”恰好介于二者之间，它成为联系人与建筑和城市之间的纽带，并与周遭世界发生关系，可以说，人的身体就是建筑，它构筑了人存在于世的根本。从这个角度看，媒体时代下重新讨论“身体”更加有意义。当客体被消解，还有主体，当主体被代码化，至少还有身体。

博士论文的写作大部分是消化文献资料的过程。对文献的收集、整理与阅读成为写作的最大困难。西方建筑学领域中对身体理论的研究已经进入到较深的领域中，许多建筑师借由身体来探讨城市空间的形成，尤其是大都市空间以及地理学意义上的空间变迁等，其中涉及许多社会学、地理学的概念。身体本身是一个哲学概念，其中蕴含了太多的哲学背景与社会学理论，这也为理解与写作带来不少的困难。虽然如此，本书还是希望尽量避免过多的哲学语言的描述，从建筑学本身的角度出发来理解身体概念，所以这也使得本书从一些与建筑学紧密相关的主题来关注对身体概念的理解，比如神人同形同性、崇高的美学、离奇、体验以及空间知觉等。希望本书能够成为一本了解建筑学中的“身体”研究资料集。在当下，构建中国本土的建筑学理论体系显得极为迫切而必要，然而，国内建筑领域对西方文献推介和翻译工作还远远不够，这种积累必然会成为构建新体系的基础。

博士论文能得以完成并出版，首先要感谢恩师刘先觉教授，论文从选题开始直至最后定稿，都得益于刘先生的悉心指导，先生不仅从总体结构上审核了论文，并非常仔细地纠正了论文中出现的错误，对论文的遣词造句、标点符号和错漏等也做了批改修正。刘先生严谨求实的治学态度和不断探索的钻研精神会不断鞭策我自己，激励我以后在学习道路上继续前进。谨此祝愿刘先生与邓老师身体健康，永远年轻！

感谢东南大学韩冬青教授、朱光亚教授、黎志涛教授、仲德崑教授、周琦教授对论文选题的指导；感谢新南威尔士大学的冯仕达教授为论文的选材提出了独到的建设性意见；特别感谢天津大学张玉坤教授，张教授在素昧平生的情况下，耐心诚恳地解答我的疑问，并无私地寄来维德勒文章的译稿，在此表达自己深深的敬意和感谢。

感谢东南大学葛明教授为论文的修改和完善提出许多建设性意见；感谢台湾的徐铭哲和梁宇元两位师兄，不辞辛劳替我收集繁多的资料，并从宝岛带来；感谢汪晓茜师姐和刘门诸多师姐师兄对我的认可和鼓励。

本书是本人主持的国家自然科学基金青年项目“基于身体差异的城市公共空间研究(51208329)”研究成果之一，能够得以出版要感谢“江苏省高校优势学科建设工程项目”的支持。感谢东南大学出版社徐步政编辑和孙惠玉编辑的辛勤工作和对本书出版的大力支持！

感谢苏州科技大学夏健教授和邱德华老师对本人工作和本书出版的支持！

感谢我的家人，他们的支持是我坚强的后盾！

楚超超

2017 年 6 月 20 日